编委会名单

主　　编： 黄建伟

副 主 编： 曹隆坤　官泽桐

参编人员（以姓氏笔画为序）：

文　正　邓淇升　冯梓泓　许浚伟　许博杨
李俊桦　李洪毅　杨楚帆　何芷茵　邹泽城
沈　岱　张玮霖　张明悦　陈　邦　陈卓寅
林诗韵　林梓帆　胡德邻　洪巽阳　谈丹怡
梁竞昊　詹筑畅　谭毅滢

SSAA天文探索

SSAA ASTRONOMICAL EXPLORATION

主 编 ◎ 黄建伟

暨南大學出版社
JINAN UNIVERSITY PRESS

中国·广州

图书在版编目（CIP）数据

SSAA 天文探索/黄建伟主编. —广州：暨南大学出版社，2015.7（2019.11 重印）
ISBN 978－7－5668－1572－9

Ⅰ.①S… Ⅱ.①黄… Ⅲ.①天文学—普及读物 Ⅳ.①P1－49

中国版本图书馆 CIP 数据核字（2015）第 168928 号

SSAA 天文探索
SSAA TIANWEN TANSUO
主 编：黄建伟

出 版 人：徐义雄
责任编辑：张仲玲 王莎莎 高 洵
责任校对：周优绚 梁嘉韵
责任印制：汤慧君 周一丹

出版发行：暨南大学出版社（510630）
电 话：总编室（8620）85221601
营销部（8620）85225284 85228291 85228292（邮购）
传 真：（8620）85221583（办公室） 85223774（营销部）
网 址：http：//www.jnupress.com
排 版：广州市天河星辰文化发展部照排中心
印 刷：佛山市浩文彩色印刷有限公司
开 本：787mm×1092mm 1/16
印 张：14.5
字 数：371 千
版 次：2015 年 7 月第 1 版
印 次：2019 年 11 月第 2 次
定 价：46.00 元

序　言

每次参加有关中小学天文科普的活动，无论是各级各类比赛（省天文奥赛、全国天文奥赛、国际天文奥赛），还是各种天文实践活动（路边天文活动、特殊天象观测活动），经常听到广东实验中学天文社（SSAA）。当看完 SSAA 成员用心血铸就的《SSAA 天文探索》时，我更能感受到 SSAA 的魅力与影响！

翻开《SSAA 天文探索》，社团文化气息扑面而来，不论是理论学习篇，还是省实天文观测篇，以及天文之星篇等，都体现出优秀的精神文化。

理论学习部分，涵盖了基础天文学，内容上虽略显稚嫩，却是 SSAA 骨干成员多年的学习经验总结，适用于初学天文爱好者。这不仅为以后的 SSAA 学员在探索天文学之路上留下了一笔不可多得的财富，也为其他天文学爱好者提供了典范，传承了科学精神。

观测部分，是指导老师的心血之作，体现着天文指导老师如何组织学生参加天文观测活动，如何去激发和提高学生对天文的学习兴趣，让学生在天文之路上走得更远、更好。正是他们的滴滴汗水，SSAA 学员才能在各级各类天文赛场上摘金夺银。看完 SSAA 学子写的理想、亲身经历，我从心底为他们的经历和成绩喝彩。

面对繁重的学习任务，SSAA 天文爱好者能保持这样一份对星空的好奇与热爱，对科学的追求与探索是多么难能可贵！“仰望星空，脚踏实地”是他们的真实写照。希望 SSAA 学员能在他们指导老师的引领下，在天文之路上不断创造新的辉煌。我希望《SSAA 天文探索》为其他天文社团起到示范和引领作用，共同为我国天文事业的繁荣作出贡献，为我们头顶的这片星空添上一抹绚丽的色彩。

广东省天文学会会长
广州大学物理与工程学院院长

2015 年 5 月

目录
CONTENTS

省实天文观测篇

SSAA天文之星篇

摘要篇

竞赛获奖篇

常用星空软件推荐篇

理论学习篇

本篇共有 14 章，全部是 SSAA 骨干多年的学习经验总结，主要针对各类天文竞赛，也是学校天文校本授课内容。打开理论学习篇，您就进入了天文学的大门，祝您学习愉快，收获良多！

1

四季星空

1.1 天体的距离

1.1.1 天文单位（AU）

1 天文单位 =149 597 870 700 米，表示地球到太阳的平均距离，计算时多简化为 1 天文单位 =1.5 亿千米，多用于太阳系内，如木星到太阳的距离约为 5.2 天文单位。

1.1.2 光 年（l. y.）

1 光年 =63 239.8 天文单位≈9.46 万亿千米，表示光在 1 个儒略年（365.25 日）的时间里行走的直线距离，多用于衡量恒星间的距离，如距太阳最近的恒星比邻星与太阳的距离为 4.22 光年。

1.1.3 秒差距（pc）

1 秒差距 =206 265 天文单位，表示周年视差为 1 角秒的恒星与地球的距离。具体测量方法见图 1 - 1。

以日地平均距离（一个天文单位）为底边所对应的三角形内角称为视差角。当这个角的大小为 1 角秒时，这个三角形（由于 1 角秒所对应的两条边的长度差异完全可以忽略，因此，这个三角形可以想象成直角三角形，也可以想象成等腰三角形）的一条边的长度（地球到这个恒星的距离）就称为 1 秒差距。

$$1\ pc = 1\ AU/\tan 1$$

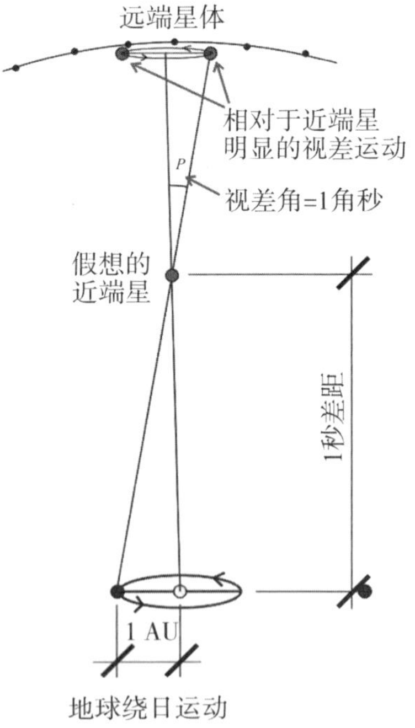

图 1 - 1　秒差距的定义

1.2 天体的周日视运动

根据相对运动原理，虽然地球自西向东自转，但是人们无法感知是地球在运动，因为他们只能看到所有天体都围绕着天轴（地球自转轴的延伸）自东向西运动，24 小时运转一周，这就叫天体的周日视运动。所有的天体都参与这一运动，沿着与赤道平行的小圆绕天极旋转，只有赤道上的天体才沿赤道作大圆运动。南北两极不参与周日视运动。

站在地球不同纬度处的观测者，所见天体的升、落情况有所不同，这是因为不同纬度地区天极的高度不同（图 1 - 2 为北极星附近的星围绕天极的周日视运动）。

1.2.1 在南、北极观察天体的周日视运动

在地球的北极或南极（地理纬度 $\Phi = \pm 90°$），人们看到的天体都平行于地平圈运动，看不到升落的情况，如图 1－2 所示，在北极地区只能看到北半天球的星，永远看不到南半天球的星，而在南极地区只能看到南半天球的星，永远看不到北半天球的星。在两极，半年是白天，半年是黑夜。在北极地区，从春分到秋分看到太阳每天以不同的高度围着观测者转，永远不落，半年都是白天；从秋分到春分，太阳永不上升，半年的黑夜，北极星高悬天顶，其他星都围绕着天轴转圈，永不下落。而在南极地区，从春分到秋分，半年都是黑夜；从秋分到春分，半年内太阳永不下落，都是白昼。

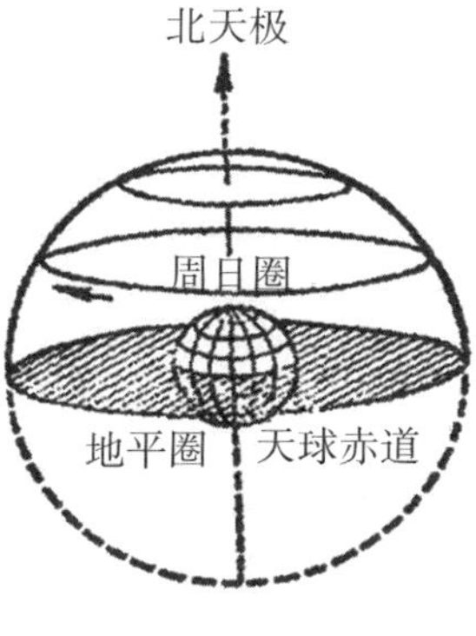

图 1－2　在地球北极所见的恒星周日视运动

1.2.2 在赤道地区观察天体的周日视运动

地球赤道地区（地理纬度 $\Phi = 0°$）的观测者所看到的情景是所有天体都垂直于地平面作圆周运动，如图 1－3 所示。这个地区，在春分日和秋分日中午时刻太阳在天顶，是真正的"太阳当头照，立竿不见影"。

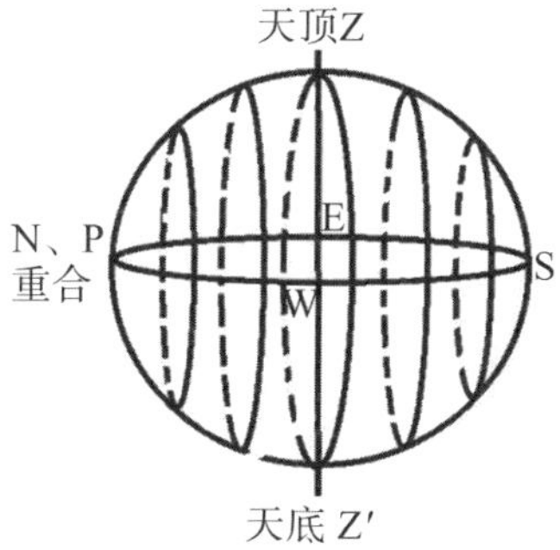

图 1－3　在赤道地区天体的周日视运动

1.2.3 在两极和赤道之间的地区观察天体的周日视运动

在两极和赤道之间的地区（地理纬度 $0° < \Phi < +90°$ 或 $0° > \Phi > -90°$），例如在北极和赤道之间的地区，可看到全部北半球的天体及部分南半球的天体，如图 1－4 所示，地理纬度越高，天极离地面越高，可看到的南半天球的天体就越少。例如在北京，北极星的高度约 40°，那些赤纬（天体的赤道坐标）大于或等于 50°的天体永不下落到地平以下，而一部分南半天球的天体（赤纬小于 －50°）则永远看不到。所以在广州夜晚可看到老人星，而在北京就看不到。

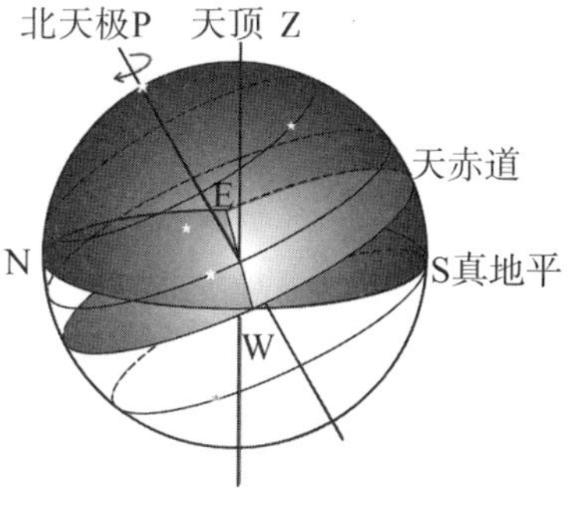

图 1－4　在两极和赤道之间地区天体的周日视运动

1.2.4 天体中天和永不升落的天体

天球上通过天极与天顶的大圆称为子午圈，刚好通过正南正北方向。天体周日视运动通过子午圈称为天体中天，离天顶近的一次（常在地平线之上）称为上中天，离天顶远的一次（有时在地平线以下）称为下中天。天体升起时高度为 0，然后高度不断增加，上中天时达到最大值，上中天后高度逐渐降低，落入地平线时又降为 0。下中天是天体高度取最小值的时候。上中天时，天体的高度 h、赤纬 δ 和地理纬度 Φ 之间满足关系：

$$h = 90^\circ - |\delta - \Phi|$$

下中天时，满足关系：

$$h = -90^\circ + |\delta + \Phi|$$

满足条件 $\delta > 90^\circ - \Phi$ 的天体，下中天时的高度仍然大于0，即在一天当中高度最低的时候仍然在地平线以上，不落入地下，称为永不落天体；满足条件 $\delta < -(90^\circ - \Phi)$ 的天体，上中天时的高度仍然小于0，即在一天当中高度最高的时候仍然在地平线下，不升出地平线，称为永不升天体。对于南半球的观测者而言，为负值，天体永不落的条件为 $\delta < -(90^\circ + \Phi)$，永不升的条件为 $\delta > 90^\circ + \Phi$。天体永不升落的条件既和天体的赤纬有关，也和当地纬度有关。在两极，所有的天体都永不升或永不落；在赤道，所有天体都有升有落；在中纬地区，有些天体永不升，有些天体永不落。在与中国北京同纬度的地区，全天21颗最亮恒星中，有6颗永不升起，永不落的一颗也没有。

1.3 太阳的周年视运动

旭日东升，夕阳西下，这是大家都熟悉的太阳周日视运动现象，大家一定也注意到太阳在一年里，每天出没的方位和中午的高度有所变化，不同季节的夜晚的同一时刻（比如晚上8点）所看到的星座也不同，这是太阳的周年视运动现象。由于地球在自转的同时还绕日公转，一年里，视太阳在天球上相对其他背景恒星移动一周。

对于地球上的观察者，天球上的赤道与黄道分别是地球赤道面与地球公转轨道面延展与天球相交的大圆，两个大圆的交角等于赤道面与轨道面的倾角，称为黄赤交角（ε），ε 的精确值为23°26′21.448″。黄道与赤道的两个交点称为春分点和秋分点。

人在地球上不觉得地球绕太阳运动，只看见太阳在星空背景上沿黄道运动（假设白天也能看见太阳后面的星空背景），周期与公转周期相同，这种运动称为太阳周年视运动，简称太阳视运动或太阳周年运动。太阳周年视运动的方向与地球公转运动的真实方向是一致的。但是，在天球上看到的太阳周年视运动的方向与周日视运动的方向正好相反。太阳参与周日视运动，是东升西落、自东向西；同时，太阳相对于星空背景有周年视运动，是自西向东。同样，月亮参与周日视运动的同时，相对于星空背景的运动也是自西向东。但月亮跑得快，一个月就跑一圈；太阳跑得慢，一年才跑一圈。

1.3.1 四季星空的变化

正是因为有太阳周年视运动，才有四季星空的变化。如图1－5所示，狮子、天琴、飞马、猎户是四季星空中著名的星座，太阳沿着箭头所示的方向作周年视运动，中央的圆代表地球，对着太阳的一面是白天，背着太阳的一面是黑夜。春季时，太阳在飞马座附近，半夜时，人们当空看到的是狮子座；夏季时，太阳移到猎户座，半夜当空的是天琴座；秋季时，太阳在狮子座，飞马座成为半夜星空的主角；冬季时，太阳移向天琴座，人们半夜见到的是猎户座。图1－5画出了一年当中星空的变化。下面再来看看一夜之间星空的变化。以夏季星空为例：天琴座当空是半夜时见到的景象，这时飞马座在东边正待升起，狮子座在西天即将没入地平线。由于星空周日视运动，6小时以后，天快亮了，太阳连同猎户座一起移到了东方地平线下，天琴座已经西坠，马上就要落山，升上当空的是飞

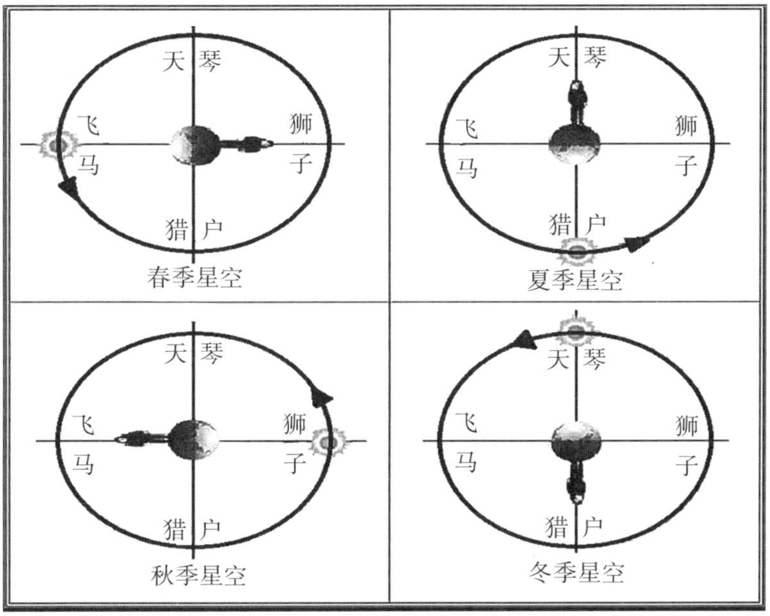

图1-5 四季星空的变化

马座；而半夜之前6小时，太阳与猎户座在西边地平线上，天刚黑，天琴座从东方升起，高踞天空的是狮子座。

1.3.2 太阳周年视运动中黄经的变化

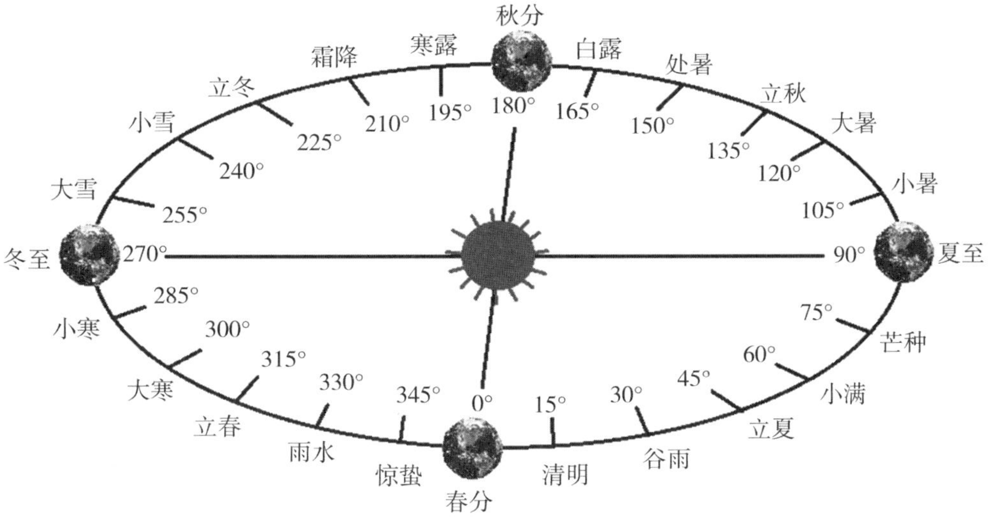

图1-6 太阳黄经的变化

一般来说，天体的黄经从春分点起算，沿黄道与周日视运动的相反方向，也就是太阳周年视运动的方向度量。太阳的地心黄经随太阳周年视运动发生周年变化。每年春分时刻，太阳在春分点，黄经为0°；夏至时刻，太阳在夏至点，黄经为90°；秋分时刻，太阳在秋分点，黄经为180°；冬至时刻，太阳在冬至点，黄经为270°；次年春分，太阳又回到原处，一年一个周期，称作回归年。春分、夏至、秋分、冬至是中国农历中的4个节气。节气一共有24个。二十四节气是中国古代文明的独特创造，它们是一年当中的24个时刻，对应太阳周年视运动的24个等分位置（注意是角度等分，不是时间等分），每隔15°一个，其名称和顺序见图1－6。由于地球公转轨道是椭圆，轨道运动速度不是均匀的，所以以太阳黄经值等分的二十四节气其时间间隔并不均匀。但从任一节气到下一年同一节气的时间间隔都是相同的，都等于回归年。回归年的精确值是365.242 2日。节气的农历日期不是固定的。公历是太阳历，所以节气的公历日期相对固定，但有时也会有1～3天的偏差，这是公历的历法安排不准确造成的。节气比公历日期更符合自然周期，指导农事更为准确。节气是一个时刻，对全球各地的居民都是同一物理时刻，但各地时差不同，所以节气的各地地方时并不相同，甚至不在同一天。例如，2002年立夏是北京时间5月6日凌晨1时，而在法国巴黎却是5月5日下午6时，不在同一日期。由于我国政府规定全国统一使用北京时间，所以中国境内所有节气都应该在同一日期。

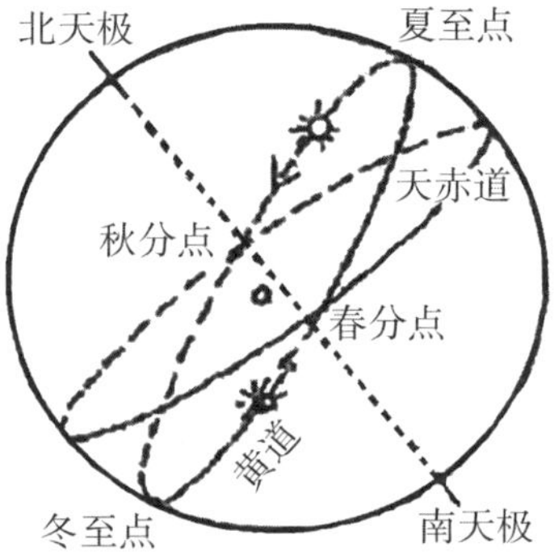

图1－7　两分两至点

1.3.3　春分点和秋分点

在一年里，太阳的周年视运动是沿着黄道运动一周，黄道与天赤道交于两点：太阳沿着黄道由天赤道以南穿越到天赤道以北的那个交点叫升交点，称为春分点，如图1－7所示，在黄道上与春分点相距180°的黄道与天赤道的那个交点叫降交点，称作秋分点。与春分点相距90°且在赤道以北的那一点叫夏至点，在天球上和夏至点相对的那一点，它与春分点相距270°，在赤道以南，叫冬至点。太阳每年在公历3月21日前后到达春分点，6月22日前后到达夏至点，9月23日前后到达秋分点，12月22日前后到达冬至点。

1.3.4　不同纬度处太阳视运动的轨迹

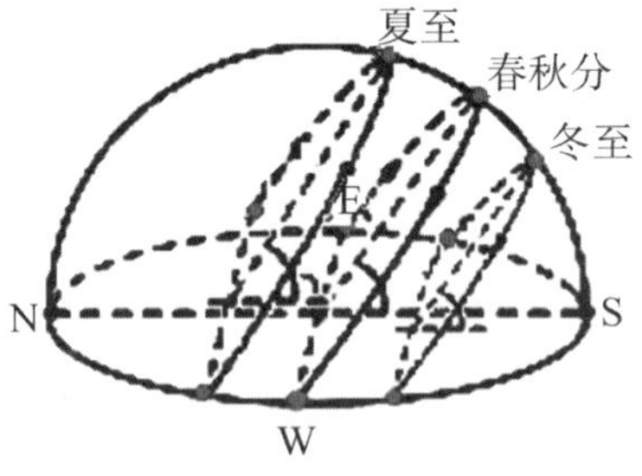

图1－8　中纬度地区太阳的周年视运动

在地球不同纬度处，太阳的周年视运动不同：在北半球中纬地区的春分日和秋分日那天，太阳正好位于天赤道上，早晨日出正东，傍晚日落正西，昼夜等长。春分过后，太阳从东北方升起，西北方落下，昼渐长，夜渐短。正午时刻的太阳高度角逐渐增大，夏至日达到最大，白天的时间最长。夏至过后，太阳正午高度角逐渐减小，白昼也逐渐变短，至秋分日又昼夜平分。秋分过后，太阳南移，正午高度持续降低，冬至日达到最低，白昼最短，太阳从东南方升起，西南方落下。在南半球的中纬地区看到的太阳升落情形正好相反。

在地球赤道地区，春分日和秋分日中午的太阳都位于头顶。从春分到秋分，太阳在天顶北；从秋分到春分，太阳在天顶南。一年中无论哪一天，太阳总沿着与地平面垂直的平行圈升落，一年四季都是昼夜平分。夏至时，太阳在东偏北23°26′处升起，西偏北23°26′

处落下；冬至时在东偏南23°26′升起，西偏南23°26′落下。

在南极地区（$-66.5° > \Phi > -90°$），从春分日到秋分日太阳永不升起，从秋分日到春分日太阳永不下落。北极地区的情况与南极正好相反。在北极圈（纬度为66°34′）上，夏至日那天太阳不落，24小时都是白天，只是在晚上12点时，它才和地平线相切于北点。而冬至日那天太阳迟迟不升起来，只有在中午时分，才在南点附近看到太阳的光芒一现，其余时间就是茫茫的黑夜。读者们根据此道理，可想象在南极圈地区看到太阳升落的情况。

1.3.5 日地距离与四季冷暖变化的原因

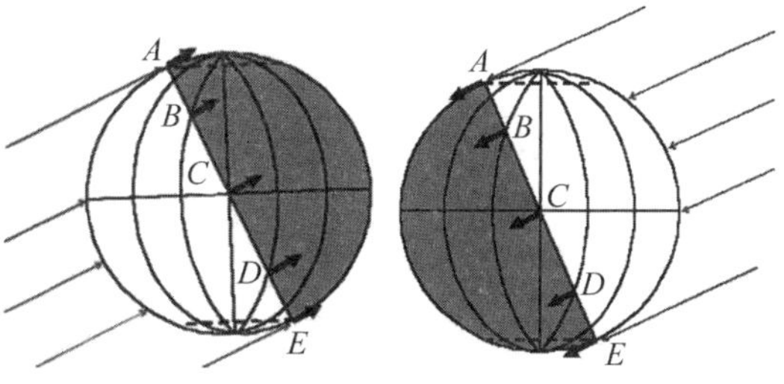

图1-9 北半球冬至日、夏至日日照图

太阳到地球的距离在一年当中确实是变化的，冬天（南半球是夏天）近些，夏天远些。因为地球在每年1月4日前后过椭圆轨道上的近日点，这时日地距离最近；半年以后地球过远日点，日地距离最远。两者相差约500万千米。季节冷暖并不是距离差别造成的，而是阳光斜照和直射使然。冬至时阳光直射南回归线，直射区单位面积上得到的太阳能量最多，南半球过夏季，北半球过冬季；夏至时阳光直射北回归线，北半球过夏季，南半球过冬季。一年当中最冷和最热的时候并不在冬至和夏至，而在大约一个月之后的大寒和大暑节气（即民间的数九和数伏）。这是因为地球体和地球大气层有一个积蓄或散失热量的滞后过程。

1.4 利用北斗七星、仙后座找北极星

观察图1-10，找到天枢和天璇，以天枢和天璇的角距离为1单位，把它们的连线向北延长5单位，就可以找到北极星了。观察图1-11，把ε星与δ星相连，β星与α星相连，它们的延长线交于一点，向γ星方向延长，就可以找到北极星了。

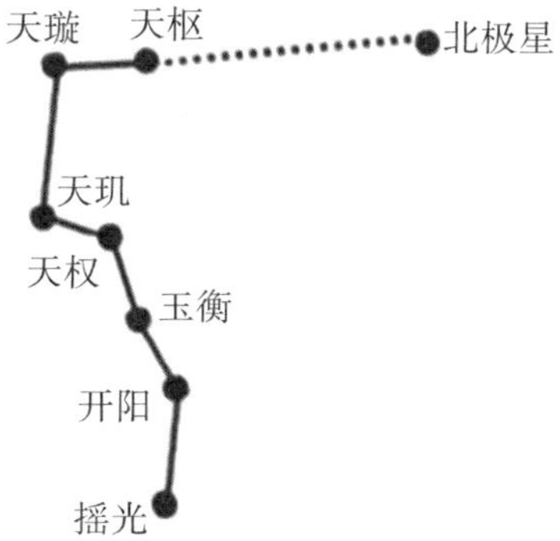

图1-10 北斗七星和北极星

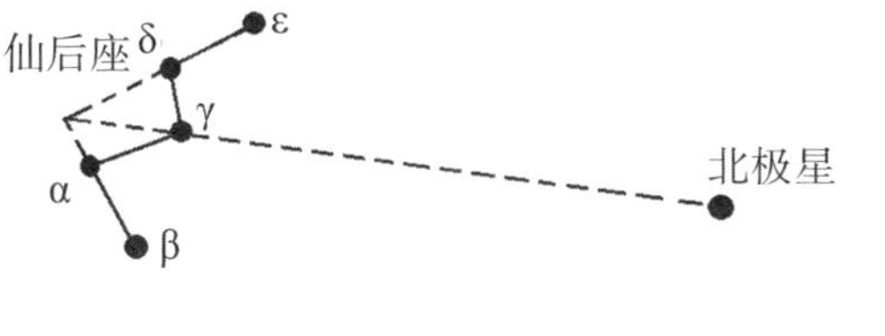

图1-11 找北极星的方法

1.5 天球上的天体距离

在宇宙中，两颗恒星一般相距很远，以光年或秒差距来计算。但在实际观测中，我们不可能使用恒星间的真实直线距离来描述恒星间的相对位置，因此我们使用角距离来描述

天球上恒星间的视距离。它以“度（°）”为单位来计算（一个圆周为360°），在天空中测量起来极其简单——只需举起你的手即可。将胳膊伸直，小指顶端的宽度差不多是1°，足以覆盖太阳或者月亮，两者的视直径都为0.5°左右。北斗七星中指极星的间距为5°，相当于食指、中指和无名指并在一起在一臂远处的宽度。其他数据如下：

（1）小指顶端的宽度为1°；

（2）食指、中指和无名指并在一起为5°；

（3）一个拳头的宽度为10°；

（4）小指和食指间张开的宽度为15°；

（5）张开手，从拇指到小指的宽度为25°。

（因人而异，可以与北斗七星对比得出自己的数据）

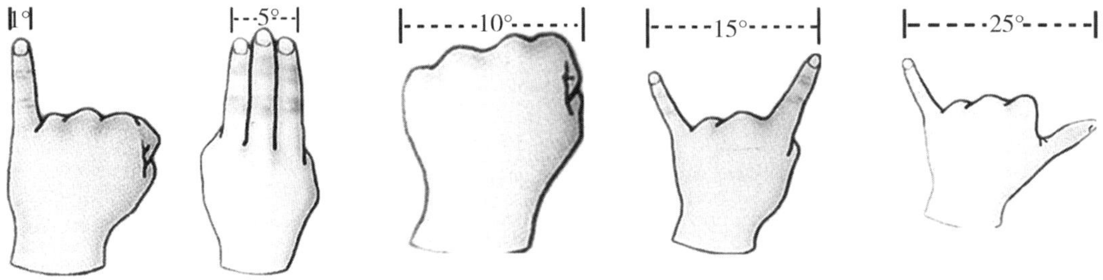

图1－12　估测天球上的天体距离

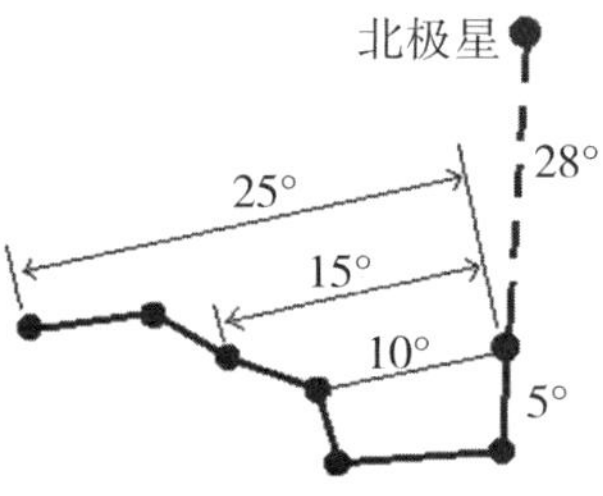

图1－13　北斗七星

1.6　认识星空

1.6.1　春季星空

以4月中旬晚上八九点看到的星空为例，牧夫座和狮子座在春季的星空中非常显眼：头顶上的狮子座就像一个反写的问号，问号的尾端就是著名的“四大天王”之一——轩辕十四，它发出青白色的光芒，是1等星；往东方望去，牧夫座状如巨大的风筝，飘摇在东方的天空，大角星则是其中最亮的星。狮子座的东南方是室女座，天空中第二大的星座。五帝座一、大角星以及角宿一被称为“春季大三角”。这时向北方观测，看到明亮的北斗就在狮子座的北方，斗柄指示着东方，顺着指极星的方向，我们能看到北极星（勾陈一）在低空中忽明忽暗。“春季大弧线”便是从斗柄开始，穿过大角星到达角宿一的弧线。猎户座已经要在西方落下，双子座也逐渐暗淡，而天狼星作为全星空最亮的恒星（除太阳外），依然可以看到它在西南方向散发光芒。

我国古代，把春天的星象归结为四句话："参横斗转，狮子怒吼，银河回家，双角东守。""参"指参宿，即猎户座，横于西天（即冬季星空在西方）。"斗"指北斗，由东北角逐渐转上来。"参横斗转"是说，猎户星座已经横在了西方的天空，它即将沉落下去，北斗七星一天天上升，预示着春天的远去和夏季的到来。狮子星座是春天最壮丽的星座之一。时下，它正在天空的正南方，头朝西，尾朝东，雄踞在天。靠西面的6颗星像一个反写的问号，组成了狮头，靠东面的3颗星像一块三角板，组成了狮尾。反问号与三角板连起来就像一头大狮子。古埃及人很崇拜这个星座，据说著名的狮身人面像就是这个狮子的身体配上室女的头。"银河回家"的意思是春夜的星空中看不到银河。因为当狮子座升入高空的时候，正值银河沉降在地平线上，在天空中人们看不到它，于是，就传说它"回家"了。随着时日的推移，银河会从东方的地平线升起来，银河两岸的牛郎、织女星也会露面（即夏季星空在东方）。那时，炎热的夏季就随之到来了。"双角东守"指的是东方的两颗亮星，一颗是牧夫座的大角星，另一颗是室女座的角宿一。

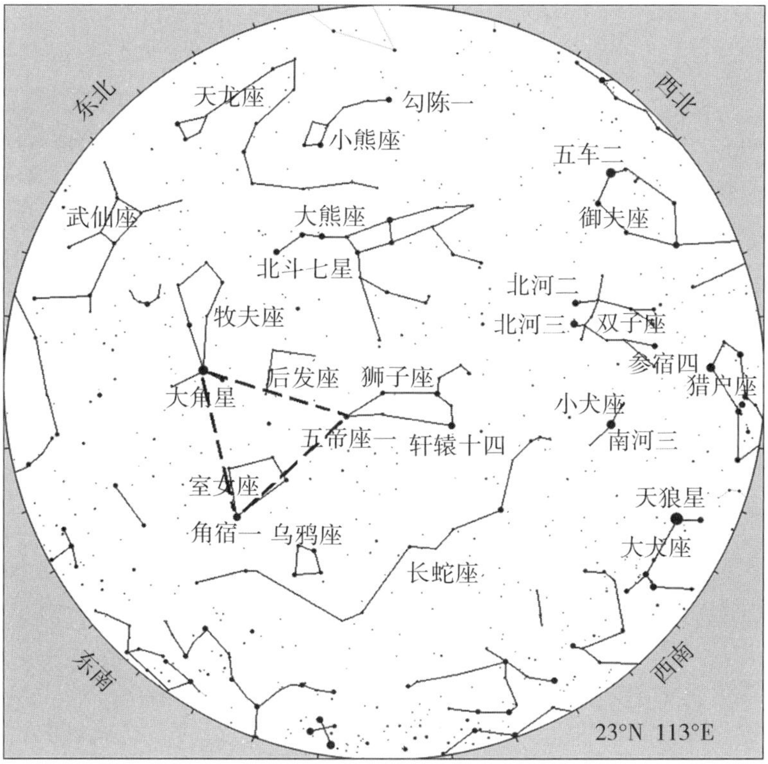

图1－14 春季星空图

1.6.2 夏季星空

星空在夏季开始变得活泼起来，尽管亮星不及冬季的璀璨，但贯穿人马座、天鹰座、天鹅座和仙后座的银河在夏季最为明亮。天鹅座浸泡在银河中，天琴座和天鹰座分别在银河的两端，织女和牛郎也因此而相隔了整整16光年。天津四、织女一、河鼓二被称为"夏季大三角"，与春季不同，这更像是一个直角三角形。天琴座的西面是武仙座，星座内有4颗星组成一个梯形，西方人称之为“拱顶石”，而此刻，武仙的“脚”正踏在位于北方的天龙头上。北斗已经转到了西面，斗柄正指着南方，仙王座正从东北的地平线上升起。往南方望去，就是形如蝎子的巨大的天蝎座，其中最亮的星——心宿二，不仅是“四大天王”之一，还是一颗明亮的红巨星，因此古人又称它为“大火”。在人马座中有南斗六星，但更多人把人马座想象为一个茶壶。蛇夫座在南方则显得暗淡了。在西方则是遗留的春季星座：大角星领导着的牧夫座，它的东边是辉煌的曲线星座——北冕座。

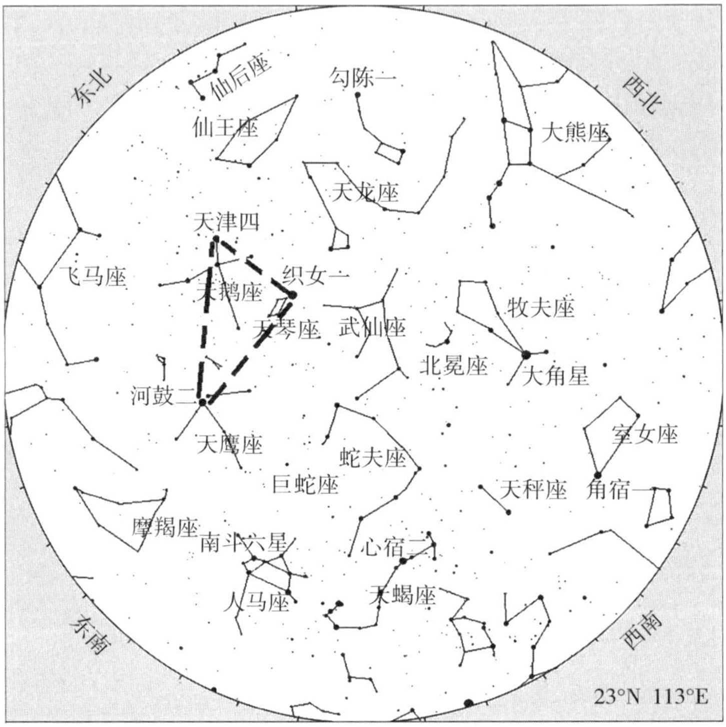

图1－15　夏季星空图

1.6.3　秋季星空

秋季星座有两大主题，分别是北天以仙后座为首的王族星座以及南天的水族星座。秋季，北斗已经沉入地平，仙后座与仙王座正在半空中，与仙女座、英仙座组成了一系列“王族星座”。天顶上是著名的“秋季四边形”，由飞马座的三颗亮星与仙女座的壁宿二组成，它可以大致指示东南西北四个方向。在仙女座β星奎宿九北方约10°的地方，用肉眼可看到一团朦朦胧胧的气体，离我们约230万光年，那是银河系之外的另一个星系，也是居住在北半球的人们唯一可以不需借助望远镜就看得到的系外星系，我们称它为M31仙女座大星系。转向南面，可以看到南鱼座的北落师门，它是秋季星空中南天第一亮星，认星歌诀中如是说：南天寂静亮星少，北落师门赛明灯。它也是黄道“四大天王”之一，在它的东面是鲸鱼座的土司空。“夏季大三角”在秋季会更适合观测，此刻它正悬在西方的天空中。对面，御夫座和金牛座正从东方升起。

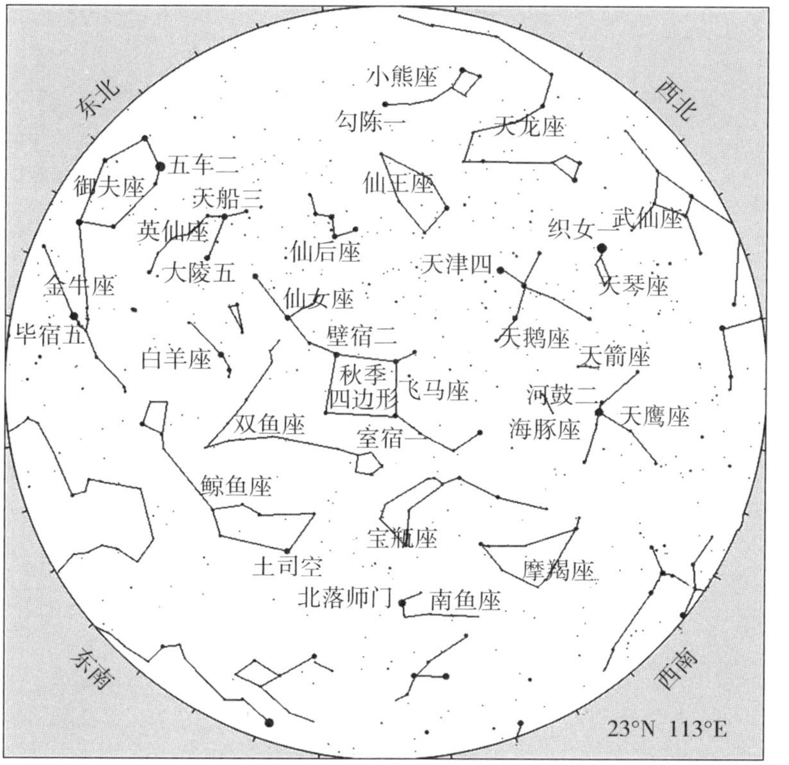

图 1－16 秋季星空图

1.6.4 冬季星空

冬季星空往往是最容易辨认的，一颗“冬季大钻石”高悬于天顶，连接起了金牛座（毕宿五）、御夫座（五车二）、双子座（北河三）、小犬座（南河三）、大犬座（天狼星）和猎户座（参宿七）。而天狼星、参宿四以及南河三则组成了“冬季大三角”。猎户那标志性的腰带（古称“福禄寿”三星）总是让人一眼就认出猎户座，而“三星正南，家家拜年”也说明了三星在冬季星空中的标志性作用。顺着猎户的腰带往两边看，分别可以看到全天最亮的恒星——天狼星以及“四大天王”之一的毕宿五。在南方还有波江座、天兔座等，可惜都比较暗淡，但船底座的老人星是仅次于天狼星的全天第二亮星。在北方，北斗已经伸出了斗勺。在东方，狮子座已经在地平线上出现，而“秋季四边形”正在西方下落。

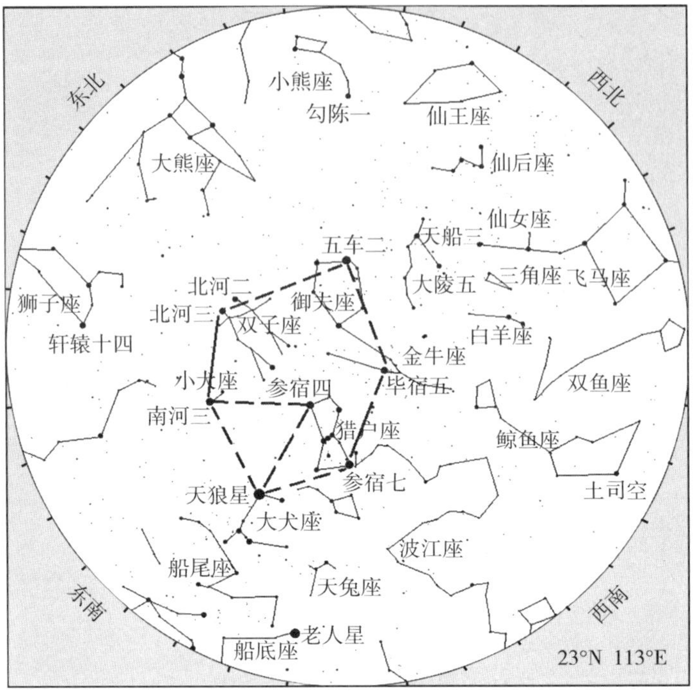

图 1－17　冬季星空图

建议大家在晴朗的晚上多去观测，熟悉星座的分布以及星空的运动，这将有助于更好地学习天球坐标系的知识。

1.6.5　梅西耶天体

梅西耶天体，是指法国 18 世纪中期著名天文学家查理斯·梅西耶（Charles Messier）在《星云星团表》中列出的天体。他编集这个天体目录是为了把天上形似彗星而不是彗星的天体记下，以方便他在寻找真正的彗星时不会被这些天体混淆。现在梅西耶天体有 110 个，M104 至 M110 是梅西耶及他的朋友皮埃尔·梅香（Pierre Méchain）所发现而未被编入《星云星团表》的天体，是后人将其编入的。这 110 个天体 1/3 以上是河外星系，其他的都是银河系内的星团、星云，几乎囊括了业余级小望远镜能看到的所有星系、星团和星云。另一份表——《星云星团新总星表》（简称 NGC）是 19 世纪末编写的，收录非恒星天体 7 840 个。

梅西耶马拉松通常是指有组织的天文爱好者在一夜内寻找到尽可能多的梅西耶天体的活动。在一个夜晚观测 100 个以上的梅西耶天体的活动叫作“梅西耶天体马拉松观测”。这种观测活动每年只能举行一次，即在每年 3 月的下半月，这时太阳运行到缺少梅西耶天体的地区，因此日落到日出的整个夜晚有可能观测到所有的梅西耶天体。

关于梅西耶天体，读者需要知道的是：

（1）星团、星云一般在银河系以内，星系为河外星系，也可从距离上判断。

（2）35 个星座有 M 天体，黄道 11 个，北天 17 个，南天 7 个（人马座最多，有 13 个 M 天体，大熊、室女、后发次之，均有 7 个）。

（3）没有梅西耶天体的星座有 53 个，比较著名的有：

①黄道星座：白羊、天秤；

②北天星座：小熊、牧夫、北冕、仙王；

③南天星座：半人马、小犬、南鱼、波江、南十字、南极。

（4）较著名的 M 天体有：

①M1：金牛座的蟹状星云是超新星遗骸，最早记录于北宋至和元年（1054），中心有脉冲星；

②M6：天蝎座“尾针”上的疏散星团，又称蝴蝶星团；

③M7：也是天蝎座“尾针”上的疏散星团，又称托勒密星团，因为它曾被天文学家托勒密用肉眼发现，在市区里用双筒望远镜也能看到它；

④M8：人马座的一片发射星云，在夜空中面积看起来有 5 个满月那么大，又名樵湖星云；

⑤M13：武仙座的球状星团；

⑥M27：狐狸座的哑铃星云；

⑦M31：40 亿年后将会和银河系相撞的仙女座大星系；

⑧M33：著名的三角星系，是本星系群中仅次于仙女座星系和银河系的第三大星系；

⑨M42：亮度达 4 等的猎户座大星云，是全天唯一能用肉眼看见的气体星云；

⑩M44：著名的鬼星团，又名蜂巢星团，是一个巨蟹座中肉眼可见的疏散星团；

⑪M45：金牛座的昴星团，又被称为七姊妹星团；

⑫M51：猎犬座的涡旋星系，它是天文史上首个被发现有旋臂痕迹的星系。M51 近旁有一个与它相互作用的伴星系 NGC5195，这也是人类发现的第一对相互作用星系；

⑬M82：大熊座的雪茄星系是梅西耶天体中唯一的不规则星系，与 M81 相互作用；

⑭M87：室女座的椭圆星系，又称为室女座 A 星系，几乎是人们已知的最巨大的椭圆星系；

⑮M101：北天大熊座边缘的漩涡星系，又称风车星系，几乎完全面向地球，占据的面积有一个满月那么大；

⑯M104：室女座的草帽星系。

（5）位于大熊座的 M40 是没有物理联系的光学双星；位于宝瓶座的 M73 是没有物理联系的 4 颗星。

1.6.6 晨昏蒙影（了解）

日出前和日没后的一段时间内，天空呈现出微弱的光亮，这种现象和这段时间都叫作“晨昏蒙影”。这种现象是由阳光在大气中散射造成的，与季节、当地经纬度、海拔高度以及气象条件等有关。日出前曙光初露的时刻称为晨光始；日没后暮色消失的时刻称为昏影终。

按不同的需要，晨昏蒙影分为三级：

（1）民用：太阳中心在地平下 6°时称为民用晨光始或昏影终。

（2）航海：太阳中心在地平下 12°时称为航海晨光始或昏影终。

（3）天文：太阳中心在地平下18°时称为天文晨光始或昏影终。这时如果天气晴朗，可以看到在天顶的6等星。在高纬度地区，每年有一段时期整夜出现晨昏蒙影现象，称为“白夜”。

1.7　星图的使用

本书在说明四季星空时使用的是地平式星图，它表示某个时刻在某个地点的星空实况，如本书的春季星空图为2014年4月1日23时在广州（23°N，113°E）看到的星空。星图中的大圆代表地平圈，圆的上、下、左、右分别代表北、南、东、西，圆心代表天顶，越靠近圆心高度角越大。方位角从南点起算，向西递增，共360°。那么地平式星图应该如何使用呢？首先使自己面朝北方站立，然后把手中星图举过头顶，并把星图的北方对准真实的北方，这时星图的东、西与真实的东、西也一致了（这也是星图左东右西的原因），就可以按照星图辨认天上的星星了。

图1－18　活动星图

还有一种活动星图，它也是地平式星图，但是可以表示某个地点在全年的星空实况。其使用方法与地平式星图大致相同，不同的是要先把日期调好。假设要观测3月1日20时的星空，就要把星盘上的3月1日对准20时的位置，然后就可以高举过头顶使用了。

1.8　星座与星名

中国古代把星空划分为三垣二十八宿，“垣”是墙的意思，“宿”是住址的意思。日月穿行在黄道附近，黄道附近的星就被分成28个大小不等的星区，叫二十八宿。二十八宿以外的星区划分为三垣：紫微垣、太微垣和天市垣。紫微垣包括北天极附近的星区，太微垣包括室女座、后发座和狮子座，天市垣包括蛇夫座、武仙座、巨蛇座和天鹰座等星座。

1928年，国际天文学联合会决定，将全天划分为88个星座，其中黄道星座12个（实际上穿过黄道的有13个星座），北天星座29个，南天星座47个。值得注意的是，巨蛇座被分成了两部分，分别在蛇夫座的两边，因此全天有89个星区。

我们的祖先早就给天上的亮星取了名，有的根据神话，如牛郎星、织女星；有的根据二十八宿，如角宿一、参宿四；有的根据颜色命名，如大火（心宿二，红色）；还有的根据恒星所在天区命名，如天关星、北河二等。而在西方文献中也有对亮星的命名，如北斗七星中的天枢就叫作Dubhe。

后来天文学家们把每个星座中的星星从亮到暗排序，以该星座名称加一个希腊字母表示，若某个星座的恒星超过了24个或为了方便，就在星座名称后加阿拉伯数字来表示，如猎户座α（参宿四）、天鹅座61星。还有的是先写希腊字母或阿拉伯数字，再写星座的3字母缩写，如αLyr（织女一）。

2 天球坐标系

2.1 序　言

在平时观星的时候，你是否会遇到这样的问题——你想要指出一颗星给别人看，却没有指星笔，费半天劲也说不出星星的具体位置？这就需要找出一种方法，能够快速地确定一颗星的位置，而这种方法就叫作“天球坐标系”。

2.2 两种常用的坐标系

类比数学上的“平面直角坐标系”，我们同样可以在天球上建立一个“天球坐标系”，这样我们就可以对每一个点（或是天体）的位置用一组数来描述。

在初中的学习中我们知道，平面直角坐标系拥有三个基本要素：原点、正方向和单位长度，并能够用（x，y）这样的方式来确定一个点的位置。同样，在天球上建立坐标系，也需要这三个要素。

2.2.1 地平坐标系

2.2.1.1 原　点

建立以观测者为中心的地平坐标系，以北点为坐标原点。

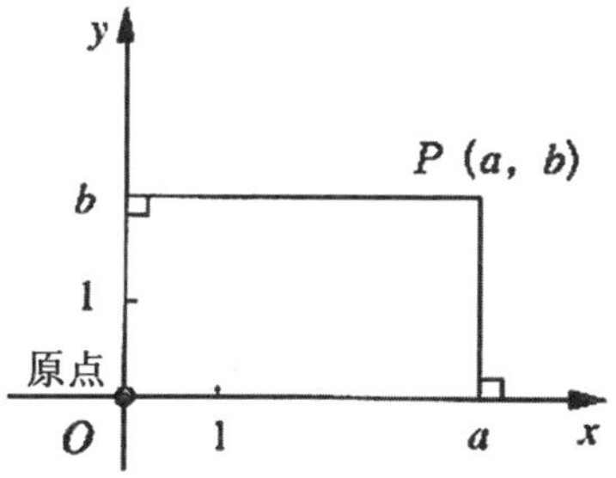

图 2－1　直角坐标系

2.2.1.2 正方向

（1）方位角（A）：以北点为0°顺时针方向度量，一圈为360°。

$$A \in (0°, 360°)$$

（2）地平高度（h）：从地平圈起算为0°向上（下）度量，天顶为90°，天底为－90°。

$$h \in (-90°, +90°)$$

（3）天顶距（z）：即天体与天顶的角距离，与地平高度相联系。

$$z = 90° - h$$

2.2.1.3 单位长度

以角度单位度量——一个单位长度即1°。

2.2.1.4 表达形式

用（A，h）或（A，z）来描述天体相对于观测者的位置。

2.2.1.5 相关专有名词

（1）子午圈：天球上经过北点、天顶、南点、天底，并与天球相交的大圆称为子午圈。

（2）中天：当天体在视运动中运行到子午圈上时称作“中天”，天体在一天中会两次穿越子午圈，并且天体在中天时，其地平高度 h 最高（最低）（想想为什么?），称作上中天（下中天）。

2.2.1.6　优缺点

（1）优点：在观测时可以十分直观地描述一个天体的位置。

（2）缺点：对于某一个天体，在不同时间、不同地点，其地平坐标均不一样（想想为什么?），因此地平坐标仅能描述一个天体在特定时间、特定地点时的位置。

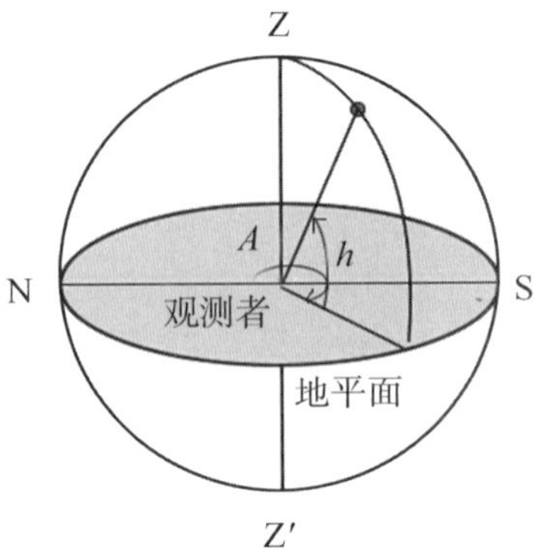

图 2－2　地平坐标系

为了解决地平坐标的缺点，就需要建立一个新的坐标系，使每一颗星的坐标不随观测者的位置与观测时间的变化而变化，从而能够给任意一颗星在天球上定位。

2.2.2　赤道坐标系

因为我们选择的是以观测者所在地平面为参考系而建立的坐标系，由于地球的自转，参考系（即地平面）会相对于天体有一个周期性的运动，这才导致了天体的地平坐标随时间变化而变化。因此，我们需要寻找一个不受地球自转、公转影响的参考系来建立坐标。

对于地球来说，其自转沿着自转轴作匀速圆周运动，因此，自转轴可看作一个不受自转影响的参考系，但是自转轴运用起来并不方便，且过自转轴的平面不可确定，因此我们选择一个与自转轴相垂直的面——赤道面——作为参考系。于是，“赤道坐标系”就由此建立。

我们将赤道的圆无限延伸、放大，使它投影到天球上形成一个大圆，这是一个不受地球自转、公转影响的平面，以地球为坐标系中心，然后确定三要素。

2.2.2.1　原　点

以春分点为坐标原点。（春分点的概念在下面阐述）

2.2.2.2　正方向

（1）赤经（α）：从春分点开始为0°逆时针度量，一圈为360°。

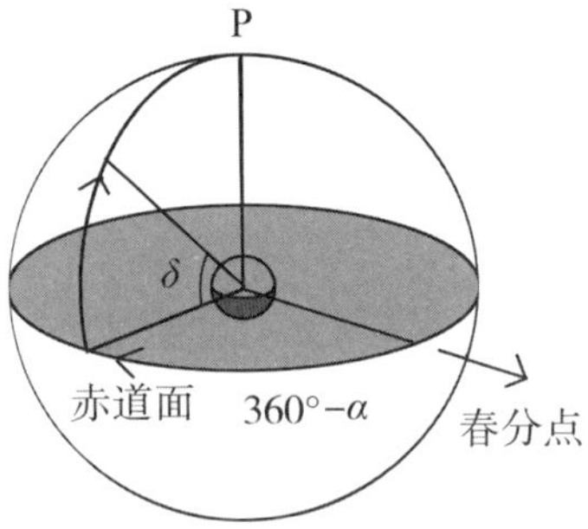

图 2－3　赤道坐标系

$$\alpha \in (0°, 360°)$$

（2）赤纬（δ）：从赤道投影出的大圆为0°开始度量，北天极为90°，南天极为－90°。

$$\delta \in (-90°, +90°)$$

2.2.2.3　单位长度

以角度单位度量——一个单位长度即1°。

2.2.2.4　表达形式

用（α，δ）描述天体在天球中的位置。

2.2.2.5 优缺点

（1）优点：赋予了每一颗星不被时间及地点影响的位置坐标。

（2）缺点：对于观测者来说，即使知道某一颗星的赤经、赤纬，也很难快速地找出该星在某一时间的具体位置，即不直观。

由上文，我们能得到分至点的赤道坐标

$$\begin{cases} \text{春分点 } \alpha=0°,\ \delta=0° \\ \text{秋分点 } \alpha=180°,\ \delta=0 \\ \text{夏至点 } \alpha=90°,\ \delta=23°26' \\ \text{冬至点 } \alpha=270°,\ \delta=-23°26' \end{cases}$$

思考：你能够通过赤道坐标系，解释望远镜赤道仪的原理吗？

2.3 另外一种坐标系

由上可以发现，地平坐标系的缺点就是赤道坐标系的优点，也就是说，这两种坐标系互补。于是自然就想到，我们可以将这两种坐标系结合在一起，形成时角坐标系，如图2－4所示。

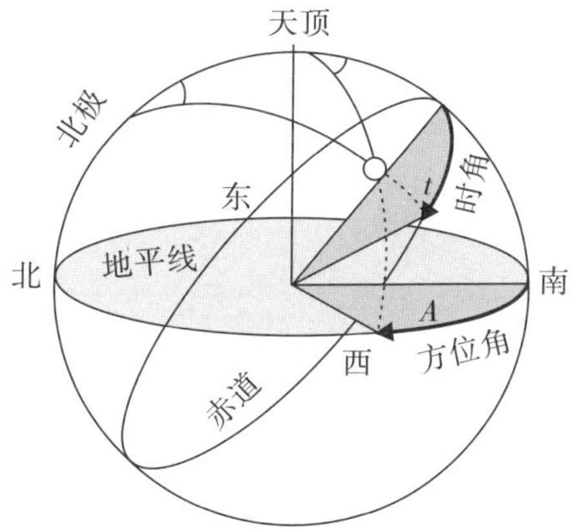

图 2－4 时角坐标系

2.3.1 原 点

以观测者地平面的南点投影到赤道面的点作为原点。

2.3.2 正方向（时角）

从观测者地平面的南点在赤道面的投影点向西点投影点方向度量，即顺时针度量，一圈为 360°。

【注意】时角在赤道面上度量。

2.3.3 赤纬（δ）

从天赤道沿着天体的时圈至天体的角度称为该天体的赤纬。以天赤道为赤纬 0°，向北为正，向南为负，分别从 0°到 90°。

2.3.4 单位长度

以角度单位度量——一个单位长度即 1°。一般用时作单位，令 15°为 1 时（时并不表示时间，而表示一个角度），时角和赤经都能用“时”来表示。

对于一个处于地理纬度 Φ 的观测者来说，其关系如图 2－5 所示。在图 2－6 中，斜着的椭圆的中心表示观测者，球体中心表示地心。

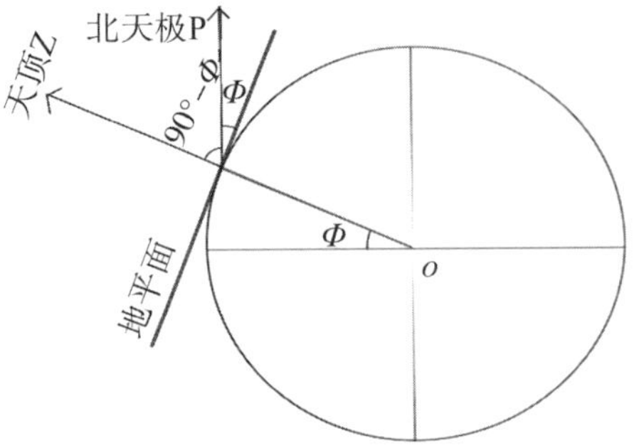

图 2－5　地平坐标系与赤道坐标系的结合

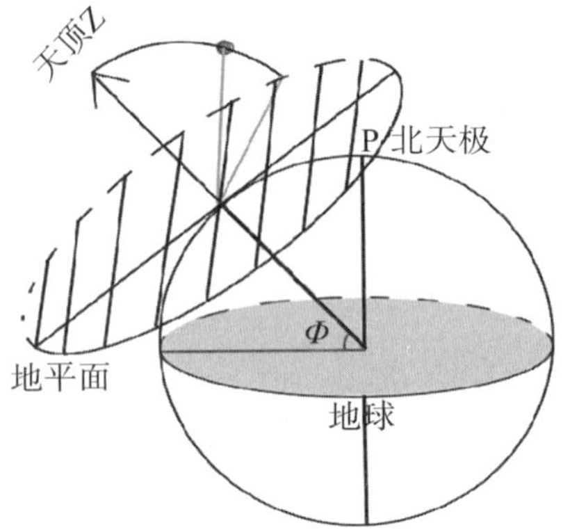

图 2－6　简化图

于是，如上图所示，我们可以得出什么结论？

【结论 1】北天极的地平高度 h = 当地地理纬度 Φ。

证明：

我们将图 2－5 换成简化图，如图 2－6 所示，可以清楚地看出，北天极方向与北点形成的夹角为 Φ，即地理纬度。

因此，当我们知道了北极星的高度（对于北半球而言）时，也就大概猜测出了当地的地理纬度，如图 2－7 所示。

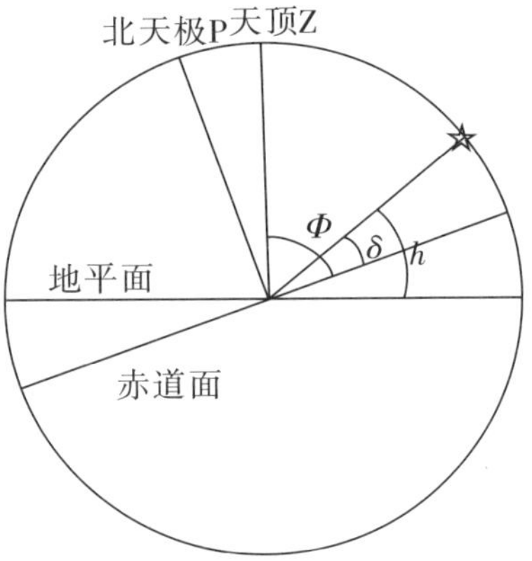

图 2－7　时角坐标系横截面

我们可以想象，将观测者平移到地心，使赤道面以及地平面相交的直线经过地心（或说观测者），这样就将两个坐标系相交在一起了。

暂时不管春分点的位置（因为春分点的位置会相对于地平的东南西北不断变化），也就是暂时不需要确定天体的赤经，这里我们定义一个量，使地平与赤道坐标相联系。

【定义 1】以地平面南点投影到赤道面的点作为原点，从南点投影点向西点投影点方向度量。这个量称作“时角”，时角在赤道面而不是在地平面度量，即

$$\begin{cases}\text{南点} & 0^\circ \\ \text{西点} & 90^\circ \\ \text{北点} & 180^\circ \\ \text{东点} & 270^\circ\end{cases}$$

由定义出发，我们可以获得以下推论：

【推论 1】天体上中天时的时角为 0°，下中天时的时角为 180°。

【推论 2】天球上的每一个点的时角变化速度为 15°/ h。

因为所有天体均在赤纬线上作周日视圆周运动，其周期为 23 h 56 m 4 s（即一个恒星日），其行走的路程为 360°，因此天体的角速度约为 15°/ h。通俗地表达，即天体每个小时时角变化 15°。

为了方便，我们令 15° =1 h，即天体每个小时时角变化 1 h。于是，时角的单位不再是“°”，而是“h”。

此外，我们可以再推广一下，利用时间的“小时 h”的各种性质——“m”（对应时间 minute）以及“s”（对应时间 second），同样令 1 h =60 m，1 m =60 s 推出 1 h =60 m =3 600 s。

这样，天体的周日视运动的角速度就可以极其方便地描述。

【注意】时角的单位 h、m、s 不是时间单位，而是一个角度单位，只是利用时间的 60 进制来描述角度。

由上面的定义我们可以得出角度与时角单位的换算公式：

15° =1 h　　15′ =1 m　　15″ =1 s

可以得到 $\begin{cases}\text{南} & 0\ \text{h}\\ \text{西} & 6\ \text{h}\\ \text{北} & 12\ \text{h}\\ \text{东} & 18\ \text{h}\end{cases}$

【推论 3】为何恒星日比太阳日短了一个 Δt：3 m 56 s？

先按照先前的定义，以远处恒星为参考系。如图 2 -8 所示，假设某一地点某一天太阳和某一恒星同时上中天，由于公转（也可以说是周年视运动），第二天该恒星上中天后，又转了一个角度才到太阳上中天。正是这个角度造成了 3 m 56 s。

由几何可得该角度等于地球公转一天的角度，将其设为 θ，则 $\theta = \dfrac{360}{365} = \dfrac{72}{73}$（即公转一整圈的角度除以公转所需时间）。而上文已说过，自转的角速度 $\omega = 15°/\text{h}$，所以 $t = \theta/\omega = 3$ m 56 s（类似于路程除以速度等于时间）。

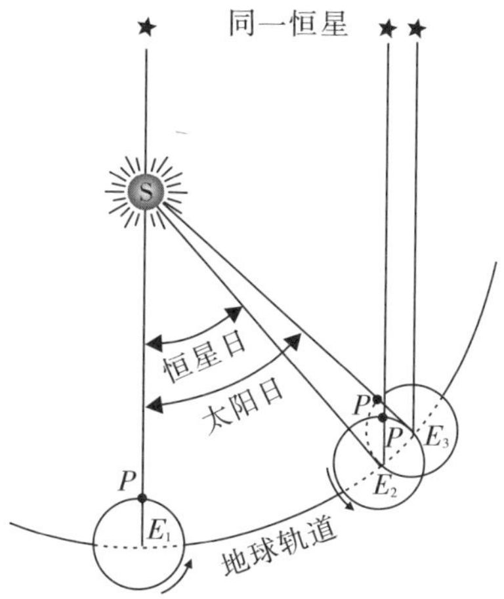

图 2 -8　恒星日比太阳日短的成因

【时角小结】时角在天球坐标系上有着极其深刻的意义，它在赤道坐标系以及地平坐标系的转化方面充当了一个重要的角色。对于时角的应用，我们会在下文中继续深入讲解。

> 思考：时角原点（零点，即南点的投影点）的赤经在一天或一年当中是如何变化的？它的赤纬是否会变化？

【结论 2】一颗赤纬为 δ 的恒星在地理纬度 Φ 的地方，上中天的地平高度 h 可以由下式求出：

$$h = 90° - |\Phi - \delta| \text{和} z = |\Phi - \delta|$$

证明：

如图 2 -5 所示，由几何关系即可证明。

加绝对值的意思是天体中天可能在天顶之北，也可能在天顶之南，因此 δ 与 Φ 的大小关系不确定，而天顶距总为正数，因此需要加绝对值以修正。

思考：
1. 在广州，太阳在夏至以及秋分时的正午高度？
2. “立竿不见影”为什么只有在南北回归线之间才会发生？
3. 你是否能够通过一个给定的地理纬度 Φ 计算出“立竿不见影”出现的日期？

2.4 二分点及恒星时

2.4.1 二分点

地球每年会在3月21日前后及9月23日前后经过春分点及秋分点。换一个角度思考——以地球为参考系，太阳在围绕地球运动——可以认为，太阳大约在3月21日经过春分点，在9月23日经过秋分点。这样就确定了春分点和秋分点在天球上的位置，如图2－9所示。

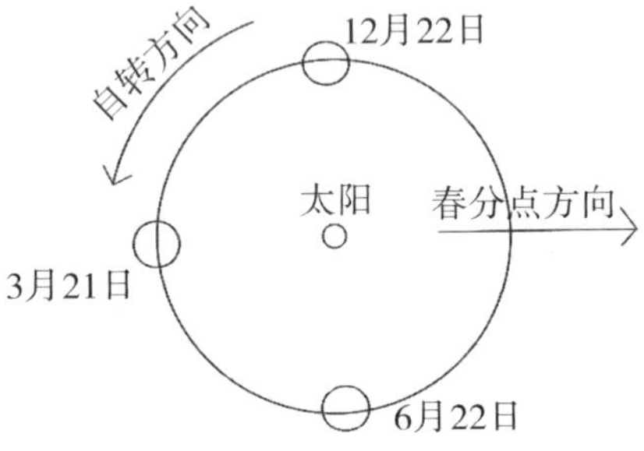

图2－9 春分与秋分

【定义1】在春分时，太阳在天球上的位置即春分点的位置；在秋分时，太阳在天球上的位置即秋分点的位置。夏至与冬至同理。

将二分点及夏至、冬至点投影到天球上，可以知道：

由春分点的定义，能够得出春分点的赤道坐标系坐标，如图2－10所示。

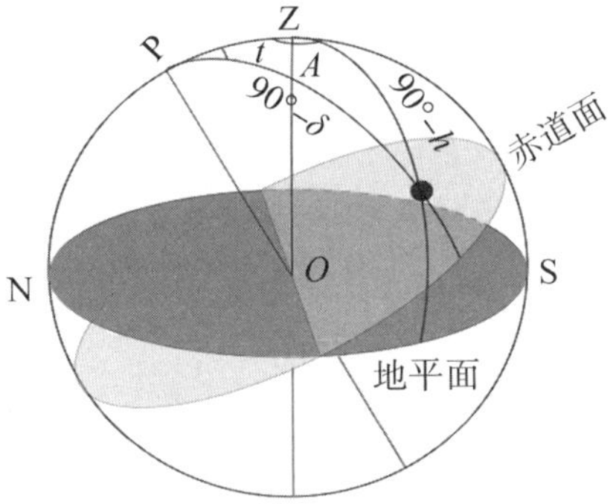

图2－10 春分点赤道坐标系

$$\begin{cases}\text{春分点}\ \alpha=0°,\ \delta=0° \\ \text{秋分点}\ \alpha=180°,\ \delta=0° \\ \text{夏至点}\ \alpha=90°,\ \delta=23°26' \\ \text{冬至点}\ \alpha=270°,\ \delta=-23°26'\end{cases}$$

其中，春分点是最重要的，是赤道坐标系的原点。

由春分点的定义可知，春分点在天球上（或相对于背景恒星）是一个固定点，又由图2－11得知，随着地球的公转，春分点的位置不变，但其相对于太阳的位置发生了改变（改变了一个 $\Delta\theta$）。

【定义2】太阳两次通过子午圈所经历的平均时间称作一个“平太阳日”。$T_{太}$ 即我们平时说的一天，对应24小时。

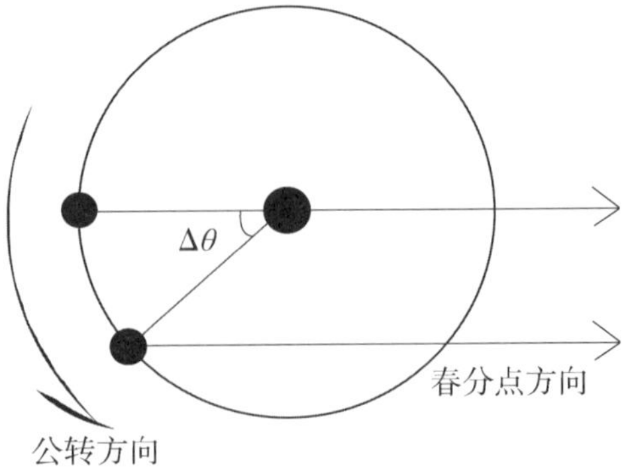

图2－11

我们可以得到一个推论：

【推论1】前后两天的同一个时间，太阳的位置近似相同（忽略公转的不均匀性及黄赤交角），即太阳上中天的时间相同。然后随着地球公转，春分点会与太阳形成一个角度，我们可以假设某一天春分点与太阳一起上中天，过了一段时间，

因为这个 $\Delta\theta$，从而春分点比太阳要更早上中天（春分点两次上中天间隔23 h 56 m 4 s，太阳两次上中天间隔24 h）。

因为春分点相对于恒星背景是固定的，所以可以得到另一个推论：

【推论2】恒星每天经过同一点（中天或下落）的时间要比前一天提早一个 ΔT。

推论2可以理解为：因为地球公转，在地球完成一次自转后，要再多转一个 $\Delta\theta$ 的角度，才能使太阳回到同一个位置，而正是这个地球多转的 $\Delta\theta$，造成了这个 ΔT。

由此得到另外一个定义：

【定义3】春分点两次通过子午线所经历的时间称作一个“恒星日”，即 $T_{恒}$。

由上面的定义及推论，可总结出一句话：一个平太阳日要比一个恒星日更长。

$$(\omega_{公转}+\omega_{太阳日}=\omega_{恒星日})$$

$$\frac{2\pi}{T_{公转}}+\frac{2\pi}{T_{太阳日}}=\frac{2\pi}{T_{恒星日}}$$

于是，我们得出结论：

【结论1】恒星日比平太阳日短3 m 56 s。

【结论2】同一颗恒星每天比前一天提早3 m 56 s到达同一个位置（升起、中天）。

思考：假如地球自转方向从自西向东突然变成自东向西，则恒星日的长度如何变化？

2.4.2 恒星时

对于平太阳日，我们把一天中的每一个时刻，赋予了一个时间（如：3:15、12:21等），因此很自然地联系到，是否能将恒星日的每一个时刻同样赋予一个时间？

于是，得到另外一个定义：

【定义】春分点的时角称作“恒星时”，即 S。

通俗地表达，即当春分点上中天时（时角为0 h），恒星时为0:00。当春分点的时角为15 h 37 m 56 s时，对应的恒星时为15:37:56。

这样我们就能够对一天中的每一个时刻，用一个“S”来表达，那么，我们定义这个“S”的作用是什么呢？由定义可以获得以下推论：

【推论1】$S=\alpha+t$。

其中，S 为恒星时，α 为天体赤经，t 为时角（这里将赤经的单位归算成h）。为了证明这个推论，我们再作一个图，如图2-12所示。从图中很容易看出，恒星的赤经 α + 时角 t = 春分点时角（即恒星时）。推论1是个极其重要的结论，需要大家牢牢记住。由这个公式，我们可以根据观测时的恒星时 S 以及天体的赤经 α 算出时角 t，反过来也是一样的。

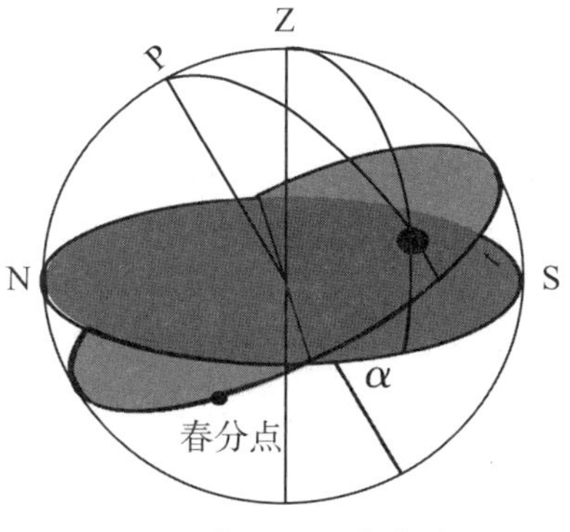

图2-12 “$S=\alpha+t$”推断图

【推论2】一个赤经为 α 的天体上中天时的恒星时 $S=\alpha$。其中 α 的单位为h。

这个结论很容易证明，即令时角 $t=0$ 即可。

【推论3】秋分时，恒星时与平太阳时重合，即恒星时的3:00也对应着太阳时的3:00。

证明：

我们以太阳为研究对象。秋分时，太阳与春分点相距180°，即太阳的赤经 $\alpha_{\odot}=180°=12\ h$，太阳上中天时（即平太阳时）$T_{平}=12\ h$，由推论2可以推出此时恒星时 $S_{\odot}=12\ h$，即$T_{平}=S_{\odot}$得证。

【推论4】$S-t=\Delta t=T\times 3\ m\ 56\ s$。

其中，S 为恒星时，t 为平太阳时，T 表示从秋分算起到观测日期的天数。

证明：

我们知道，恒星时 S 跟平太阳时 t 在秋分的时候重合，之后每天都会有一个时间差 Δt，由此可以推出，秋分之后恒星时要比平太阳时晚，举个例子：

$$\begin{cases}\text{day 1} & \text{恒星时 12 h} & \text{太阳时 12 h}\\ \text{day 2} & \text{恒星时 12 h} & \text{太阳时 11 h 56 m}\end{cases}$$

因此，我们可以得到：$S-t=\Delta t=T\times 3\ m\ 56\ s$（每天提早3 m 56 s）。

从推论4，我们又得出了一种计算恒星时的方法——只要知道日期和平太阳时，就可以知道此时的恒星时。

思考：当一个人把他的手表时间调成了恒星时时，有什么作用？假如他把恒星时当作普通时间（即平太阳时），会导致什么后果？

※拓展内容

我们知道，地球的公转轨道并非正圆，地球不作匀速圆周运动，地球的角速度不恒定。

而这样，我们会得出什么结论呢？

由上面的介绍我们知道，当我们假设地球是圆轨道的时候，地球因公转产生 $\Delta\theta$，这个 $\Delta\theta$ 是恒定不变的。而实际情况是，地球并非圆轨道，从而导致了 $\Delta\theta$ 是一个变量。

（我们再回忆一下 $\Delta\theta$ 的含义——$\Delta\theta$ 可以被当作衡量平太阳日长度与恒星日长度的一个因子，它与 Δt 相关联。）

因此，Δt 也就是一个变量，因为 $T_{恒}=T_{太}-\Delta t$，而恒星日是一个固定的量（想想为什么?）。

因此，$T_{太}$ 就是一个变量。我们称这个变化的太阳时为“真太阳日”，它反映了地球公转的真实状况而导致的太阳的周日变化。类似地，也有“真太阳时”。

平太阳日即我们常用的时间，它是均匀的，且长度恒定为24 h。真太阳时的长度为24 h ± E。E 是地球公转速度的函数，且 E 不会超过17分钟。另外，我们称真太阳时与平太阳时的差为“时差”，因为这个“时差”，所以天空中会出现一些奇特的现象，例如：每天在同一个时刻、同一个地点拍摄太阳，将一年的相片拼接起来，得到的太阳轨迹是一个“8”的形状。有兴趣的同学可以探究一下，

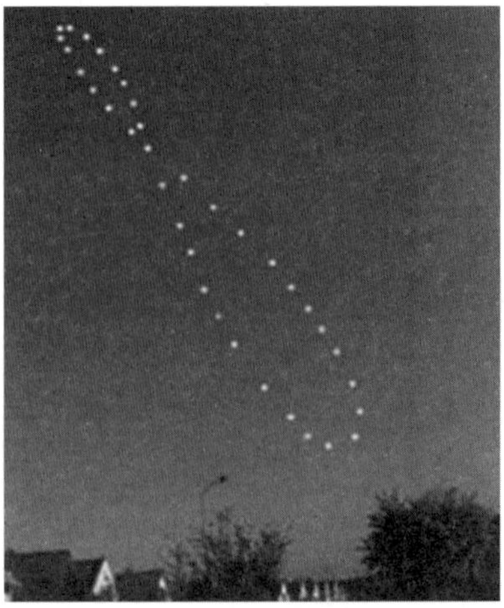

图2-13　八字图

为什么是一个数字“8”？或者上网搜一搜有关“太阳八字”的信息。

2.5 黄道坐标系（了解）

黄道坐标系主要应用于太阳、月亮及行星在天球上的位置和运动。

地球绕太阳运行轨道面无限扩展并同天球相交所成的天球大圆叫黄道，黄道也是太阳周年视运动路线。经过地心并与黄道面垂直的直线叫黄轴，黄轴与天球相交的两点叫黄极，分为北黄极（K）和南黄极（K′），是黄道的两个极。经过南北黄极并且同黄道相垂直的天球大圆叫黄经圈，天球上与黄道平行的小圆叫黄纬圈。黄道和天赤道相交的两点叫二分点，其中黄道对于天赤道的升交点叫春分点（γ），降交点叫秋分点。黄道上与二分点相距90°的两点叫二至点，其中位于天赤道以北的叫夏至点，位于天赤道以南的叫冬至点。

2.5.1 基本圈和基本点

黄道坐标系的基本圈是黄道，基本点是北黄极和南黄极。

黄极是通过观测点（坐标中心）作垂直于黄道面的直线与天球相交的两个点，距北天极较近的点叫北黄极，距南天极较近的点叫南黄极。北黄极与南黄极的连线就是黄轴。

平行于黄道在天球上可以作无数个小圆，即黄纬圈。通过黄极可以作无数个与黄道垂直的大圆，即黄经圈，其中过春分点的黄经圈是黄道坐标系中经度（黄经）度量的起始圈。

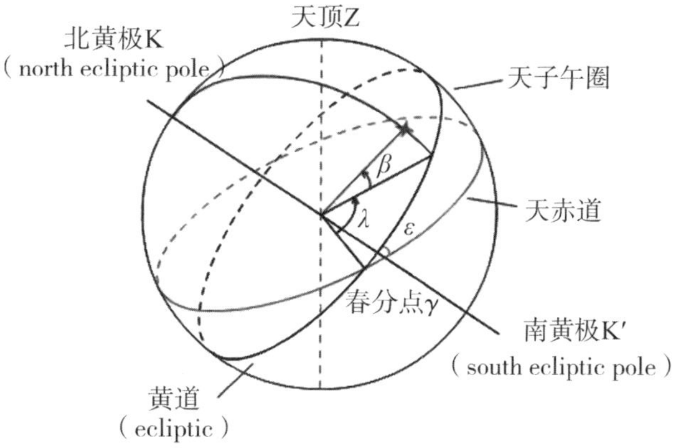

图2－14 黄道坐标系

2.5.2 黄经（λ）

黄经即黄道坐标系中的经度，它是一种二面角。它是春分点所在的黄经圈平面与天体所在的黄经圈平面之间的夹角。黄经的度量是以春分点所在的黄经圈为起始圈，在黄道上沿逆时针方向进行的。用角度来表示，范围为0°～360°。

2.5.3 黄纬（β）

黄纬即黄道坐标系中的纬度，它是一种线面角，是天体与天球中心的连线和黄道平面之间的夹角。黄纬以黄道面为起点面，向南、向北两个方向量算，从黄道面到北黄极范围为0°～+90°，从黄道面到南黄极范围为0°～－90°。

2.5.4 各坐标系极点所在星座

（1）赤道坐标系：北天极、小熊座；南天极、南极座。

（2）黄道坐标系：北黄极、天龙座；南黄极、剑鱼座。

（3）银道坐标系：北银极、后发座；南银极、玉夫座（注意不是御夫座）。

3 光学天文望远镜的使用与观测

3.1 光学天文望远镜介绍

光学天文望远镜分为三种主要类型：折射式、反射式和折反射式。它们各自具有特点，但对所有三种类型的望远镜来说，其效力很大程度上取决于口径。

3.1.1 折射望远镜

折射望远镜的主镜是复合透镜，由两块以上的透镜组成，大的透镜焦距较长，称为物镜，它把星星或其他目标成像到焦点上；焦距短得多的小透镜是目镜，使观测者能在近距离观察物镜所成的像。其光力（即相对口径 A：望远镜口径与其焦距之比 D/F）较小，焦比（$1/A$）较大，镜筒长。

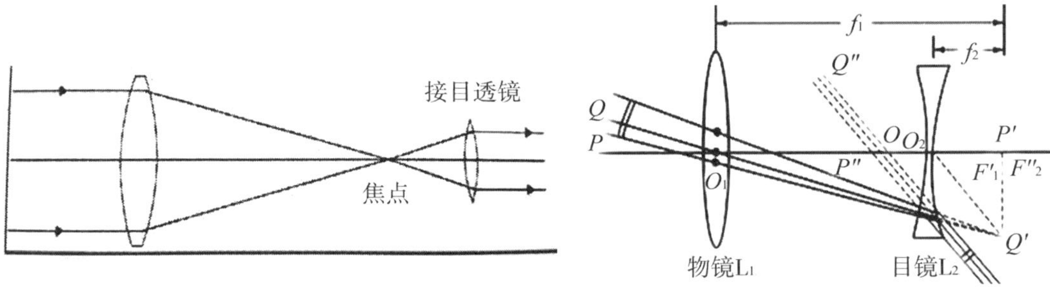

图3－1 折射望远镜光路

折射望远镜分为伽利略式与开普勒式，前者目镜是凹透镜，得正立的像；后者目镜为凸透镜，得倒像。

优点：①没有中心遮挡，有优异的清晰度与图像反差；
②光学部件准直得很好；
③简单目镜也可表现良好；
④分辨行星细节，观察角距离较小的双星有优势；
⑤（对于复消色差望远镜）宽阔的平坦的焦平面，适合摄影。

缺点：①同等口径下最笨重的望远镜；
②难以牢固架设；
③目镜可能位于令观测者很难受的位置上；
④有色差。

3.1.2 反射望远镜

反射望远镜的物镜是反射镜，一般物镜做成抛物面镜或双曲线镜，将进入镜头的光线汇聚后反射到位于镜筒前端的一个平面镜上，再由这个平面镜将光线反射到镜筒外的目镜里。常见的有牛顿系统、格雷戈里系统和卡塞格林（或 R－C）系统。

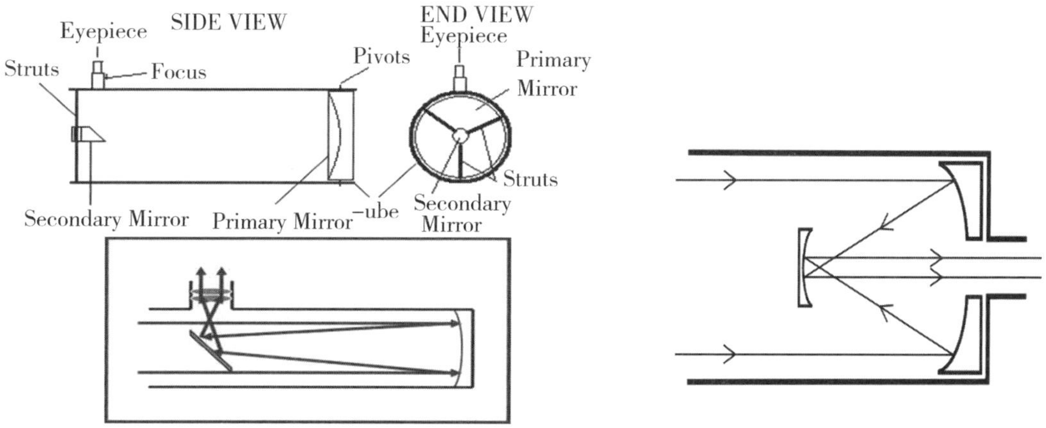

图 3－2　反射望远镜结构与光路

优点：①同等口径下最便宜的系统；
②目镜位于较舒服的观看位置；
③无色差；
④适合观察变星或暗的深空天体。

缺点：①对光轴准直敏感，其准直相比折射镜难于长久；
②需定期镀膜，且镀铝膜会逐渐污损；
③转向镜和其支撑结构会衍射光线，降低图像反差。

3.1.3 折反射望远镜

这种望远镜使用透镜和反射镜片成像，入射光线通过透镜产生曲折，经一面反射镜将光反射聚焦。世界上常见的有两种折反射望远镜系统，分别为施密特式与马克苏托夫式。

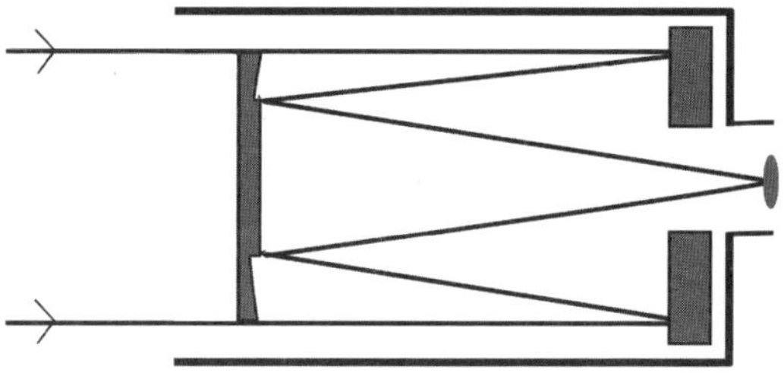

图 3－3　施密特—卡塞格林式折反射望远镜结构

施密特—卡塞格林式：主镜为一个球面反射镜，球面镜的前面配置了一个改正透镜，校正了主镜的像差，是可得到大视场的优质成像系统。

马克苏托夫—卡塞格林式：改正镜为曲率很大的弯月形透镜，其内侧中央部分（凸面）被镀上铝膜，作为副镜使用。

优点：①紧凑，便于携带；

②在舒服的坐姿下，可全天范围进行观测；

③封闭镜筒有效保护反射镀膜。

缺点：①较低图像反差，相对较大的副镜遮挡使更多光能从像的中心转移到衍射环上去；

②使用低倍率时，副镜遮挡在视野中心附近形成盲点。

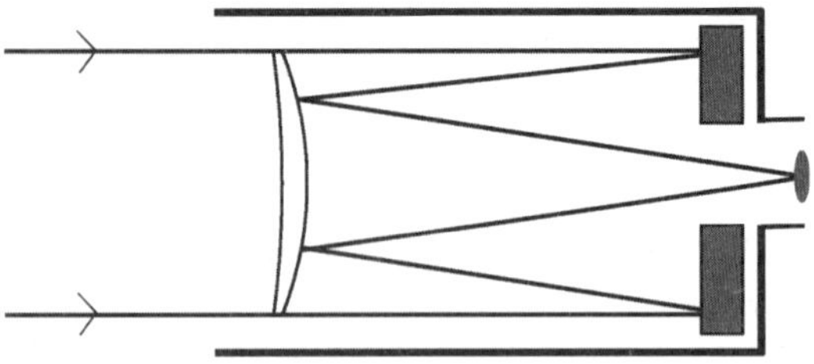

图3-4 马克苏托夫—卡塞格林式折反射望远镜结构

3.2 望远镜支架装置

光学天文望远镜可分为两大类：地平式和赤道式。

地平式支架是望远镜架台中最简单的一种结构形式。它有两根互相垂直的旋转轴系，一根在铅垂方向，叫垂直轴，也就是方位轴；另一根位于水平面内，叫水平轴，也就是高度轴。

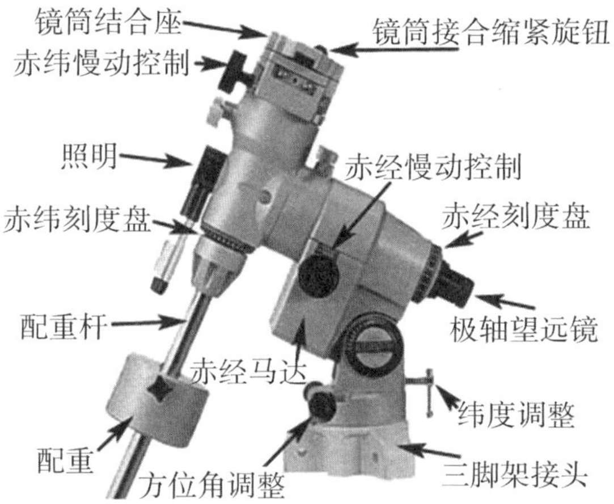

图3-5 赤道仪结构及功能

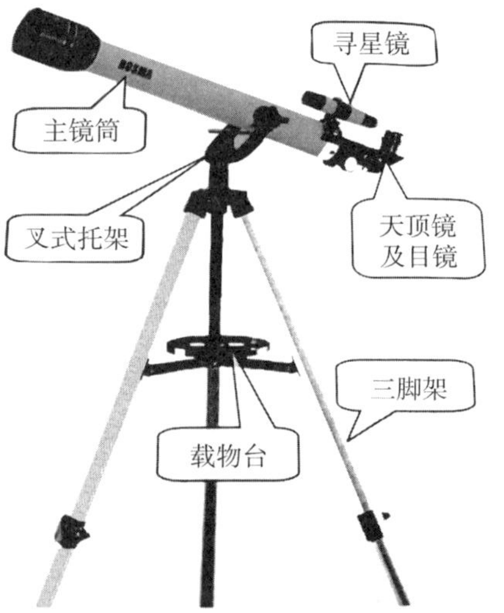

图3-6 地平式系统

高度一般有0°～±90°盘，而方位则往往有0°～360°盘。如果跟踪天体周日视运动（天体的方位与高度随时都在变化），必须两根轴同时旋转，且两根轴的旋转速度也分别需要不断地变化。

在赤道式天文望远镜中，其安装重点在于赤道仪。赤道式支架通过一根与地轴平行的极轴简化了操作，以此为轴沿与地球自转方向相反的方向驱动设备每天转一周，就可以使望远镜镜筒一直指向某颗星，最开始的指向通过旋转极轴调整赤经以及使用赤纬轴调整赤纬完成。对于普及型天文望远镜，往往设计有电动跟踪装置，此跟踪轴的转速是24 h一转，也即15°/h或15′/min。

3.3 望远镜目镜配置（选学）

3.3.1 目镜性能参数

一个合格的目镜应该：①校正了球差；②校正了色差；③具有平坦的视场（视场中央和边缘合焦）；④较大的视野，在边缘有相当的分辨率。

以下为目镜的一些特性与类型。

（1）出瞳距：物镜通过目镜所成的像叫出瞳，目镜外表面到出瞳的距离叫出瞳距。要看到目镜中整个视场，瞳孔应该位于出瞳平面上。若须配戴眼镜，大的出瞳距离是十分必要的。

（2）视场：白天把望远镜指向天空，当眼睛位于出瞳位置时，可以看到一片圆形光斑。这个光斑的视角直径就是这只目镜的表观视场，其数值对不同的设计可以有25°～80°的变化。将表观视场除以放大倍数可得到实际视场大小。

（3）倒像：反射式与折射式都会呈倒像。双筒望远镜和地面望远镜中包含额外的透镜和棱镜，恢复成像方向。但天文望远镜的首要任务是保持最大的光线穿透力及最高像质，故这些部件都被省略掉了。有些折反射望远镜中设置了正像系统，使之可用于观察地面目标。

（4）倍率：望远镜的放大倍数是物镜焦距与目镜焦距的比值。比如一架焦距1 500 mm的折射望远镜或牛顿反射镜，在20 mm焦距的目镜时，放大倍数是1 500/20＝75倍，记为75×。在每台双筒望远镜中，都有关于其性能的两个数据，如7×50。其含义为：7倍的放大倍率，物镜口径为50 mm。每只目镜的放大倍数不是固定的，它与所用的望远镜焦距有关。

3.3.2 目镜类型与使用方法

目镜通常是直插式。2英寸（50 mm）的直插式目镜筒用在超广角和长焦距目镜上。目镜的不同类型如下：

（1）惠更斯目镜：小折射镜中最常见。像场略有弯曲，要看清视场边缘应稍微调整焦点。

（2）冉登斯目镜：与惠更斯目镜相比，视场较小但较平坦。缺点是场镜位于焦点上，上面所有灰尘都会看到；有鬼影。

（3）凯尔涅目镜：有相当宽阔和平坦的视场，出瞳距较长，双筒望远镜中广泛使用。几乎所有凯尔涅目镜都是消色差目镜。

（4）无畸变目镜：因其无畸变的大视场和长出瞳距而著名，不过其标配目镜地位已经被普罗素目镜所取代。

（5）普罗素目镜：提供比无畸变目镜更大和更平坦的视场，得到多数观测者的喜爱。

（6）厄尔夫目镜：标准低倍广角目镜，其视场达60°，焦距20 mm甚至更长。康宁格目镜为其变种，焦距短些。

（7）巴洛镜：一种小型凹透镜，使得通过的光线发散而非汇聚，其效用为增长物镜焦距，把望远镜等效焦距增加到选定的倍数，通常是2×。因为目镜的放大倍数直接和望远镜等效焦距成正比，对于一组目镜来讲，巴洛镜可把使用的倍率数目翻番。使用巴洛镜后，可以获得更高的放大倍率。

3.4 天文望远镜光学性能参数

天文望远镜的光学性能决定其观测的质量，通常由六个参量所决定：①通光口径；②光力（相对口径）；③分辨本领；④视场；⑤放大率；⑥极限星等（贯穿本领）。

（1）通光口径（D）：这是选择天文望远镜时最重要的因素，望远镜的口径是指望远镜物镜的玻璃直径或者是主要的镜片大小，用毫米或者是英寸来表示。口径越大，对于光线的收集能力就越强，成像就越好。口径越大，呈现出的画面细节也就越清晰，比如：在观测一个 M13 的球状星云的时候，用 4 英寸口径的望远镜需要用 150 的电源，但是若用 8 英寸口径的望远镜和同样的电源，星云图像比用 4 英寸的清晰 4 倍。因而，大口径显示着探测暗弱天体的威力大，这是因为望远镜接收到天体的光流量与物镜的有效面积（$\prod r^2$）成正比。

（2）光力（A）：望远镜光力也叫相对口径，即口径 D 与焦距 F 之比，$A = D/F$。光力的倒数叫焦比（$1/A = F/D$）。光力越大，观测有视面天体（太阳、月亮、流星、星云）就越有利，其亮度与光力 A^2 成正比。焦比越大，越容易得到高的倍率；物镜焦距越短，焦比越小，越不容易得到较高的倍率，但影像更亮，视野更大。

（3）分辨本领（R）：这是望远镜呈现图像细节的能力，分辨本领越高，细节呈现就越好。口径越大的望远镜，分辨本领就越高。分辨本领由望远镜能分辨的最小角度（分辨角）决定。分辨角（θ）指刚好能够分辨的两个点光源的角距。分辨角越小，细节呈现越多，分辨本领越高。

分辨角与物镜口径及波长有关：$\theta = 1.22\lambda/D$（弧度制）。

由于目视观测敏感波长为 555 nm，则有以下公式：$\theta'' = 140''/D$（角度制）。

（4）视场（ω）：分为主镜观测视场与目镜表现视场。主镜观测视场指观测者通过望远镜能看到的天空的张角，用角度表示。如果将图3－7中的主光线看作所有星星的主光线中能进入目镜且与水平轴夹角最大的主光线，则 2α 即为主镜观测视场，2β 即为目镜表现视场。望远镜成像良好的天空区域在观测者眼中所张的角度，也称视场角，用角度表示。放大倍数越大，视场越小。视野角度的计算公式：所使用的目镜的视野角度除以望远镜的放大率，即 $\tan\omega = \tan\omega'/G$。

视场理论初步值：$\tan(\omega/2) = D/F$。

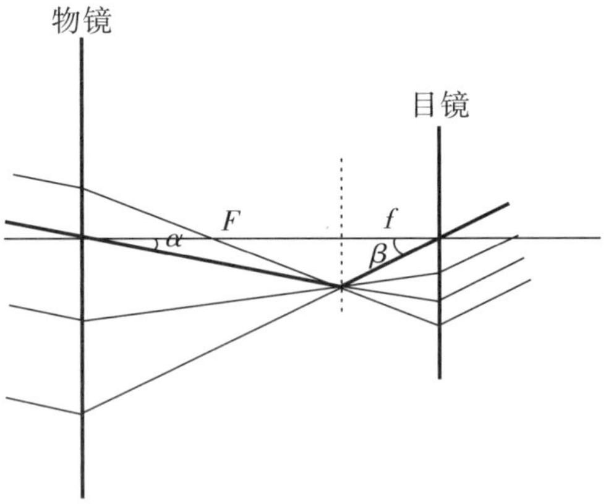

图 3－7 折射望远镜成像原理

注：所有经过透镜的相互平行的光线都会聚集在图中虚线上，称为焦平面。图中加粗直线表示主光线。实际上，物镜处的主光线和目镜处的主光线并不是同一直线，为了方便表达才这么画的，因为从物镜射入或从目镜射出的光线都互相平行。

（5）放大率（G）：一个望远镜配备多个目镜，就可以获得不同的放大率。目视望远镜放大率等于物镜焦距 F 与目镜焦距 f 之比，即 $G = F/f$。

望远镜并非放大率越大就越好，口径小、分辨率低，也是看不清楚的。

【推导】（以下计算采用弧度制）

如图 3－7 所示，设图中光线聚集点到水平

轴的距离为 h，

∵ 在 α、β 很小时，$\beta \approx \tan\beta$，$\alpha \approx \tan\alpha$。

且 $\tan\alpha = \dfrac{h}{F}$，$\tan\beta = \dfrac{h}{f}$，

∴ $G = \dfrac{\beta}{\alpha} = \dfrac{\tan\beta}{\tan\alpha} = \dfrac{F}{f}$。

（6）极限星等（m）：望远镜所能观测到最暗的星的星等，称为极限星等。极限星等直接取决于望远镜的口径，口径越大，看到的极限星等也就越高。

对于目视望远镜，它的极限星等可以用以下公式计算：

由人瞳孔在黑暗环境下瞳孔距离 d 为 6 mm，所能看到的极限星等为 6.5^m，可得 $m = 2.1 + 5\lg D$（mm）。

（7）底片比例尺（s）（照相机）：即物体的视直径与其成在底片上的长度的比值，即 $s = \dfrac{\theta}{x} = \dfrac{206\,265''}{F}$（单位为角秒/毫米，注意使用 $\dfrac{\theta}{x} = \dfrac{206\,265''}{F}$ 时单位要统一）。

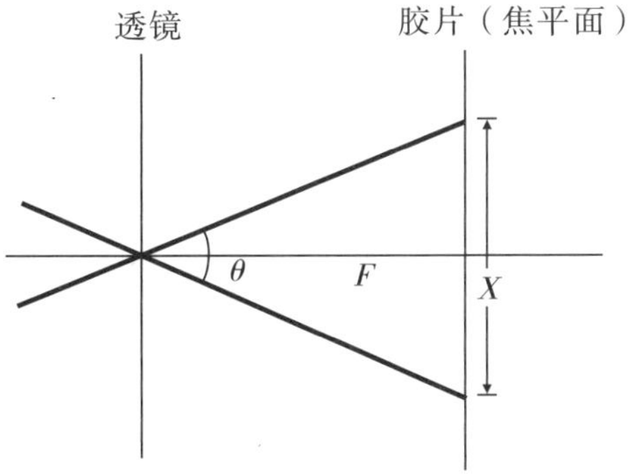

图 3－8　底片比例尺

注：如图表示物体透过单透镜成像在胶片上，由于遥远物体的每一点的光线都近似与主光线平行，故图中只画出主光线。

【推导】

由于 θ 很小，所以 $\tan\dfrac{\theta}{2} = \dfrac{x/2}{F} \approx \dfrac{\theta}{2}$，得 $\theta = \dfrac{x}{F}$。

所以 $s = \dfrac{\theta}{x} = \dfrac{1\ rad}{F} = \dfrac{206\,265''}{F}$。

3.5　光学设计像差

这里指出几点关于天文望远镜的光学设计知识。一个天文望远镜设计出来是用来收集光线并且成像的，在设计光学系统的时候，光学设计工程师必须权衡各种因素才能更好地设计光学系统，最终达到满意的效果。像差会导致图像失真。任何出现像差的可能也许是因为光学设计，也许是因为结构设计和加工，或者两者都有。设计出一套完美的光学系统是不可能的，各种不同像差的出现归咎于各种望远镜的独特设计。下面我们将大致介绍一

下望远镜的各类像差：

（1）色像差：通常会与折射望远镜的物镜有关。它是由于物镜在收集光线的时候不能使各种不同的波长（颜色）的光汇集到一个正常的焦点造成的。这样会导致在所观测的恒星、月亮、行星周围出现淡淡的光环（通常是紫色的），这会降低所观测物体的对比度，而且会随着望远镜口径的增大而增大。复消色差的折射望远镜能很好地降低色差，但价钱也很贵，这种望远镜中设计精密的消色像差和球面像差的玻璃能降低色差。

（2）球面像差：光线穿过玻璃透镜（或者是在平面镜反射）的时候，在同一条轴上从光学中心到焦点不同的光线会产生不同的距离。这就会使所看到的物体模糊不清，所以大多数的望远镜设计都是降低色差的。一般球面镜片光线在进入镜片后到焦平面时其在边缘部分比中央部分容易产生严重的折射与弯曲，此现象会导致锐利度之对比的降低及光斑的产生而使得影像品质下降，而且光圈越大越严重。此种因球面镜片所产生的像差称为球面像差。

（3）昏暗：主要出现于抛面反射镜，会使成像物体偏离轴线，尤其是视野边缘的物体，成像看上去就会呈现“V”形，焦比越小的望远镜，看到的昏暗程度越严重。

（4）散光：调焦合适的情况下，会出现图像在垂直或者是水平方向上被拉长的情况，总的来说与玻璃的质量低劣有关，或者是出现准直误差。

（5）场曲：所收集的光线不是集中在同一个面上，中央的视野可能会很清晰，因为是在焦点上面了，但是边缘的图像不在焦点上。

4 大型天文望远镜与人造卫星

4.1 大型天文望远镜

大型天文望远镜指的是大口径的天文望远镜。由于望远镜的极限星等、分辨本领等参数都与口径有着直接联系，扩大望远镜的口径成为观测更遥远与更暗弱的天体的重要方式。由于地面望远镜会受到大气的影响，获得更清晰的天体图像的另一个方式是发射空间望远镜，如 NASA（美国国家航空航天局）发射的哈勃空间望远镜就为天文学的发展作出了不可磨灭的贡献。

大型望远镜的建设直接关系着天文学的发展，许多国家都在积极发展大型望远镜，因此有关大型望远镜的时事新闻很可能成为天文奥赛中时事类题目的考点。这方面的题目以考查大型望远镜的口径、选址等基本信息为主，可能会涉及具体某台望远镜的观测成果。我国的大型望远镜发展更是重中之重，对于我国的主要大型望远镜务必要有更详细的了解。

4.1.1 光学望远镜

大型综合巡天望远镜（Large Synoptic Survey Telescope，LSST）是一个计划中的广视野巡天反射望远镜，将每三天拍摄全天区一次，预计在 2015 年启用。该望远镜位于智利伊尔佩恩峰，主镜直径达 8.4 米。LSST 预计的科研任务包括观测深空中弱重力透镜以侦测暗能量和暗物质、寻找太阳系中的小天体（尤其是近地小行星和古柏带天体）、侦测光学瞬变现象（尤其是新星和超新星）以及观测银河系。

凯克天文台位于美国夏威夷州莫纳克亚山的顶峰，拥有两台世界上口径第二大的光学与近红外线望远镜——凯克望远镜。两台望远镜的口径均达到 10 米，既可以各自单独观测，也可以组成光学干涉仪进行观测。由于两台凯克望远镜之间的距离为 85 米，它们联合作业时在特定方向上的解析力相当于口径 85 米的单一望远镜。

加那利大型望远镜（GTC）是目前世界上口径最大的光学和红外线望远镜，口径达 10.4 米。加那利大型望远镜位于西班牙拉帕尔玛岛上，当地气候条件良好且稳定，为天文观测提供了有利的条件。与凯克望远镜一样，加那利大型望远镜的主镜由 36 块六边形镜面组成。这样做降低了望远镜的制作成本和制作难度，使得如此巨大的望远镜的建造成为可能。

大天区面积多目标光纤光谱天文望远镜（Large Sky Area Multi-Object Fiber Spectroscopy Telescope，LAMOST），即郭守敬望远镜，是中国国家天文台在兴隆观测站设立的一台大型望远镜。LAMOST 主镜口径超过 6 米（但 LAMOST 有效通光口径为 4 米），焦平面上设置了4 000根光纤，因此，LAMOST可以同时观测并记录约20平方度天区范围内至多4 000个天体的光谱信息，是目前世界上光谱获取率最高的天文望远镜。LAMOST的主要任务是研究宇宙结构、星系结构与演化、活动星系核与恒星演化等，获取恒星以及星系的光谱，并发现类星体和可能存在的未知天体。从正式投入使用起，LAMOST已经获取了大量的观测数据。

大双筒望远镜（Large Binocular Telescope，LBT）于2005年启用，由两台口径8.4米的望远镜组成，位于美国的亚利桑那州。该望远镜的两个主镜既可以独立观测，也可以联合观测。两个主镜的集光面积约为111平方米，相当于11.8米口径，高于目前其他的单一望远镜，但由于受到光的衍射的限制，LBT的实际分辨率并没有那么高。LBT配备了自适应光学系统，可以在一定程度上克服大气的干扰，在特定波段上的图像分辨率甚至能超越哈勃空间望远镜。

甚大望远镜（Very Large Telescope，VLT）为欧洲南方天文台在智利设立的大型光学望远镜，由四台口径为8.2米的望远镜组成，于2000年投入使用。在2005年和2006年，欧洲南方天文台又增设了四台1.8米口径的辅助望远镜，用于在四台主镜组成干涉仪观测时提高成像质量。

霍比—埃伯利望远镜（Hobby-Eberly Telescope，HET），又名大型拼镶镜面望远镜，口径9.2米，位于美国得克萨斯州，由91块六边形的子镜面拼接而成，1996年投入使用。HET的许多设计与大多数望远镜都不同，这使得它的造价较口径相近的望远镜而言十分低廉。由于它优越的性价比，南非仿造了一台口径9.1米的望远镜，称为“南非大望远镜”（Southern African Large Telescope，SALT），安装在南非北开普省靠近索色兰干燥台地的半沙漠地区，2005年启用。在HET的基础上，SALT改变了部分设计以适应建设计划。

昴星团望远镜（Subaru Telescope）位于夏威夷莫纳克亚山上，紧邻凯克望远镜，由日本国家天文台建造，口径为8.2米，1999年正式投入使用。昴星团望远镜根据金牛座的著名疏散星团——昴星团命名，Subaru即昴星团在日语中的读音。

4.1.2 射电望远镜

超长基线阵列（Very Long Baseline Array，VLBA）由位于世界各地的受美国国家射电天文台控制的10台射电望远镜组成，1993年首次实现10台望远镜共同工作。这10台望远镜分布在包括美国本土、夏威夷和美属圣克罗伊岛在内的范围内，基线最大长度可达8 611千米。VLBA还可以与新墨西哥州的甚大射电望远镜阵（Very Large Array，VLA）和西弗吉尼亚州的绿岸射电望远镜（Green Bank Telescope，GBT）等望远镜联合工作，以提高敏感度。由VLBA与这些望远镜组成的射电望远镜阵列又称高敏感度射电望远镜阵（High-Sensitivity Array，HSA）。

阿塔卡玛大型毫米波/亚毫米波天线阵（Atacama Large Millimeter/Sub-Millimeter Array，ALMA）位于智利北部的阿塔卡玛沙漠，由多个国家联合出资建造，拥有66台12米口径的抛物面天线，于2013年开始运行。ALMA之所以要选址于阿塔卡玛沙漠，是因为毫米波/亚毫米波波段的观测对空气湿度要求很高，过多的水汽会吸收该波段的电磁波。

上海65米射电望远镜位于上海佘山，是亚洲最大、在国际范围内水平先进的射电望远镜，2012 年实现首次成功观测。在我国的探月工程二期、三期以及深空探测中，该望远镜发挥了重要作用。

500 米口径球面射电望远镜（Five Hundred Meter Aperture Spherical Telescope，FAST）位于贵州南部，是国家九大科技基础设施之一，预计 2016 年建成，建成后将成为世界最大口径的射电望远镜。FAST 的设计借助了贵州的喀斯特地貌，使 500 米口径的望远镜的建设得以实现。

阿雷西博射电望远镜（Arecibo Observatory）是目前世界上口径最大的射电望远镜，位于波多黎各的一处天然凹地。该望远镜属于固定望远镜，所以只可以随着地球的自转扫描天球上一个固定的带状地区，但是它极大的口径带来的高分辨率足以弥补这点不足。1974 年，为了庆祝改装完成，科研人员利用阿雷西博射电望远镜向武仙座球状星团 M13 发送了一条由 1 679 个二进制数字组成的信息，希望可以被地外智慧生物接收，该信息被称为“阿雷西博信息”。

21CMA 项目，又称“宇宙第一缕曙光探测项目”，由新疆乌拉斯台山谷中的一万余根天线组成。该项目旨在探测宇宙中第一批恒星形成的过程，以探索宇宙的起源与发展。然而，由于经费与科研人员的缺乏，21CMA 项目自 2005 年建成后运行状况并不理想，至今也并未取得突出的科研成果。

4.1.3 空间望远镜

哈勃空间望远镜（Hubble Space Telescope，HST）自从 1990 年发射之后，已经成为天文史上最重要的仪器。它成功弥补了地面观测会受大气影响的不足，为天文学家提供了许多遥远天体的清晰影像。HST 位于低地球轨道，口径达 2.4 米，早已达到了发射时的预计寿命，可是 NASA 和 ESA（欧洲航天局）的持续投资使得它可以维持良好的状态。服役 20 余年来，HST 成功观测了 1994 年苏梅克—列维 9 号彗星与木星的相撞，证明了星系核中存在黑洞，并取得了测定更精确的哈勃常数等成果。HST 仍有可能继续服役相当长的时间。

詹姆斯·韦伯空间望远镜（James Webb Space Telescope，JWST）是计划中的红外线太空望远镜，预计 2018 年升空，任务是接替哈勃空间望远镜的工作。JWST 并不随地球的自转而转动，而是位于地球背面的日地拉格朗日 L2 点，以避免阳光干扰并维持相对稳定的引力。JWST 的口径为 6.2 米，镜面由 18 块六边形镜片组成。

太阳和太阳风层探测器（Solar and Heliospheric Observatory，SOHO）由欧洲航天局和美国国家航空航天局共同研制，于 1995 年发射。虽然它已远远超过了设计寿命，可是它的重要作用使得 ESA 和 NASA 一再延长它的寿命。SOHO 的主要研究对象是太阳的结构、化学组成、太阳内部的动力学、太阳外部大气的结构（密度、温度、速度的领域）及其动力学、太阳风及其与太阳大气的关系。由于 SOHO 的许多资源是在网络上公开的，因此有许多人热衷于从 SOHO 拍摄的影像中寻找“SOHO 彗星”。值得一提的是，SOHO 位于日地拉格朗日 L1 点附近，为了避免太阳活动影响通信，它并不是固定在 L1 点，而是围绕其转动。

普朗克卫星由欧洲航天局设计建造，并于 2009 年发射。它以史无前例的高灵敏度获取宇宙微波背景辐射等信息，提供了宇宙膨胀的速率，并测定了宇宙的组成和更准确的哈勃常数。2013 年 10 月 23 日，普朗克卫星退役。

赫歇尔空间天文台（Herschel Space Observatory）由欧洲航天局设计建造，于 2009 年 5 月 14 日和普朗克卫星一起发射升空。它安装有一台直径达 3.5 米的反射望远镜，观测对象是远红外线和亚毫米波。赫歇尔空间天文台的任务主要是研究早期宇宙星系的形成演化、恒星的形成和它与星际介质的交互作用、太阳系内天体表面和大气层的化学成分以及宇宙的分子化学。2013 年 4 月 29 日，赫歇尔空间天文台因为制冷剂耗尽而结束任务。

开普勒空间望远镜（Kepler Mission）由 NASA 设计，于 2009 年发射，拥有 NASA 开发的太空光度计。它的任务是在绕行太阳的轨道上，观测恒星的光度，检测是否有行星凌星出现，以搜寻系外行星。此外，它还可以搜寻系外类地行星，并确定行星和恒星的性质。截至 2013 年 5 月 15 日开普勒空间望远镜由于反应轮故障停止工作，它已确认了 130 多个系外行星和发现了超过 2 700 颗候选行星，并且科学家依然可能从它庞大的数据库中有所发现。

钱德拉 X 射线天文台（Chandra X-Ray Observatory，CXO）是 NASA 于 1999 年发射的一颗 X 射线天文卫星，任务是观测天体的 X 射线辐射。CXO 取得了大量的成果，比如在 M82 星系中发现了中等质量黑洞存在的证据，发现了伽马射线暴 GRB 991216 中的 X 射线辐射，观测到了银河系中心超大质量黑洞的 X 射线辐射，观测到了物质从原恒星盘落入恒星时发出的 X 射线等。

雨燕卫星（Swift Gamma-Ray Burst Mission），全称为伽马暴快速反应探测器，由美国、英国、意大利等国共同研制，由 NASA 于 2004 年发射。雨燕卫星是一颗专门用于观测伽马射线暴的天文卫星，可以工作在伽马射线、X 射线、紫外线以及可见光多个波段。今年发生的一次天文学风波就与雨燕卫星有关，感兴趣的读者可以了解一下这起风波的始末和发生的原因。

“盖亚”卫星（Gaia）由欧洲航天局设计建造，于 2013 年 12 月 19 日发射升空。“盖亚”卫星拥有一个雄心勃勃的任务：以前所未有的精度对银河系内数以十亿计的恒星进行观测，测量它们的位置、距离和运动，并绘制银河系的精确 3D 地图。“盖亚”的前身“依巴谷”卫星曾超出科学家的想象得到了一份包含 250 万颗恒星的精确星表，相信“盖亚”可以取得更加辉煌的成就。

太阳动力学观测站（Solar Dynamics Observatory，SDO）是由 NASA 于 2010 年发射的一颗卫星。SDO 可以通过多波段的成像仪对太阳大气进行高空间分辨率和高时间分辨率的观测，帮助科学家理解太阳对地球的影响以及近地空间环境的一些现象。

空间太阳望远镜（Space Solar Telescope，SST）是我国计划发射的一颗人造卫星，目前处于解决关键技术和系统集成演示阶段，计划于 2018—2019 年发射。如果 SST 成功研制与发射，将成为世界上最大的热光学望远镜。

费米伽马射线太空望远镜（Fermi Gamma-Ray Space Telescope，原名 Gamma-Ray Large Area Space Telescope，GLAST）于 2008 年由 NASA 发射，预期任务时长为 10 年。GLAST 的任务主要有了解活动星系核、中子星与超新星遗迹的粒子加速机制，研究伽马射线，寻找暗物质等。

4.2 人造卫星探索

除了建造望远镜和发射空间天文卫星，建造其他种类的航天器，比如载人飞船、航天飞机、空间站、行星探测器等，也是人类探索太空的一种有效方式。1957 年 10 月 4 日，苏联宣布成功地把世界上第一颗绕地球运行的人造卫星送入轨道。从此之后，人类在探索太空的道路上迈出了一步又一步，用智慧渐渐地探索着未知。在这一部分中，我们将按时间顺序追溯人类利用人造航天器探索太空的历史。

1957 年 10 月 4 日，苏联发射世界上第一颗人造地球卫星，该卫星名为“斯帕特尼克 1 号”，重约 84 千克。约半年后的 1958 年 1 月 31 日，美国将约 8 千克重的“探险者一号”送上太空，美苏之间激烈的太空竞赛拉开了序幕。

1959 年 9 月 12 日，苏联发射“月球 2 号”探测器，为世界上第一个撞击月球表面的航天器。此后，苏联又相继发射了一系列以“月球”命名的探测器，创造了月球探测史上的多个第一次。

1961 年 4 月 12 日，苏联宇航员尤里·加加林乘“东方一号”飞船进入太空，成为航天史上第一个进入太空的宇航员。1963 年 6 月 16 日，“东方六号”飞船将世界第一位女宇航员捷列什科娃送上太空。1965 年 3 月 18 日，苏联航天员列昂诺夫乘“上升二号”飞船升空，实现世界上第一次太空行走。

1969 年 7 月 16 日，三名美国航天员乘“阿波罗 11 号”宇宙飞船前往月球。“阿波罗 11 号”执行了人类第一次登月任务，三位执行此任务的宇航员分别为指令长阿姆斯特朗、指令舱驾驶员迈克尔·科林斯与登月舱驾驶员巴兹·奥尔德林。1969 年 7 月 21 日，阿姆斯特朗成为首次踏上月球的人，奥尔德林紧随其后也踏上了月球。

1970 年 12 月 15 日，苏联发射的“金星 7 号”在金星实现软着陆并发回了金星表面的温度与气压等数据，成为第一个成功在金星表面软着陆的探测器。

1971 年 4 月 19 日，苏联成功发射世界上第一个空间站“礼炮一号”。1981 年 4 月 12 日，美国成功发射世界上第一架航天飞机“哥伦比亚号”。这标志着人造航天器的种类与功能渐渐变得繁多，执行任务与支持宇航员生活的能力也日益强大。

1973 年 12 月，“先驱者 10 号”飞越木星，它是航天史上第一个安然通过火星与木星之间的小行星带和第一个拜访木星的航天器。1989 年 10 月 18 日，“伽利略号”木星探测器升空，它是首个环木星飞行的探测器。2011 年 8 月 5 日，“朱诺号”木星探测器发射。

1984 年 7 月 25 日，苏联女宇航员萨维茨卡娅走出“礼炮七号”空间站，从而成为世界上第一个在太空行走的女性。1985 年 4 月 29 日，王赣俊乘“挑战者号”航天飞机升空，成为第一位华裔航天员。

1986 年 1 月 28 日，美国“挑战者号”航天飞机爆炸，7 名航天员全部罹难，包括一名女教师，这是迄今最惨重的航天事故。航天飞机可以多次往返的优势和安全的神话被打破，维护成本高昂等问题逐渐暴露。2003 年 2 月 1 日，“哥伦比亚号”在返回地面过程中于空中解体，7 名航天员遇难，成为继“挑战者号”之后的第二架失事的航天飞机，这也导致美国更加关注航天飞机的安全问题，并决定在近年内停止使用航天飞机。2011 年 7 月 21 日，“亚特兰蒂斯”号航天飞机在佛罗里达州肯尼迪航天中心安全着陆，结束其“谢幕之旅”，这预示着美国 30 年航天飞机时代宣告终结。

1986 年 2 月 20 日，苏联“和平号”空间站第一个舱发射成功，它是人类首个可长期居住的空间研究中心，但是出于经济原因，它一直面临着诸多问题。2001 年 3 月 23 日，“和平号”空间站坠毁在太平洋中。

1997 年，美国“火星探路者”在火星着陆，并释放了“索杰那”号火星车。虽然该火星车体积很小，移动速度也不快，但这标志着火星探索的新纪元开始了。2004 年 1 月 3 日和 24 日，“勇气号”和“机遇号”分别登上火星。2008 年 5 月 25 日，“凤凰号”成功登陆火星。2012 年 8 月 6 日，“好奇号”成功降落在火星表面，这也是迄今为止功能最强大的火星漫游车。

1997 年 10 月 15 日，“卡西尼号”土星探测器成功发射，它对土星、土星的卫星和土星环进行了深入研究。

1998 年 11 月 20 日，国际空间站的第一个组件“曙光号”功能货舱发射成功。随后，国际空间站逐渐加装新的舱室。今天，国际空间站是一个长 51 米、宽 109 米，可以供 6 名宇航员长期生活的巨大航天器。它既是一个大型的空间实验室，也是国际合作的成功典范。

1999 年 11 月 20 日，中国第一艘载人航天试验飞船“神舟一号”发射成功。随后在 2000 年与 2002 年，“神舟二号”和“神舟三号”相继发射成功。2003 年 10 月 15 日，中国发射“神舟五号”飞船，载航天员杨利伟到太空飞行 21 小时后返回地面。中国成为世界上第三个实现载人太空飞行的国家。2005 年 10 月 12 日，中国载 2 名航天员的“神舟六号”飞船发射升空，在太空遨游 5 天后返回地面。2008 年 9 月 25 日，“神舟七号”成功发射。2011 年 9 月 29 日，中国第一个目标飞行器和空间实验室“天宫一号”发射升空。继“天宫一号”之后，中国还将发射类似的飞行器，并于 2020 年左右建成空间站。2011 年 11 月 1 日，无人飞船“神舟八号”发射升空，它的任务是与“天宫一号”进行对接，为后续的任务积累经验。2012 年 6 月 16 日，“神舟九号”发射升空，刘洋成为中国第一个女航天员。2013 年 6 月 11 日，“神舟十号”发射升空，王亚平进行了中国首次太空教学，演示了失重环境下的一些物理现象。

2004 年 8 月 3 日，美国发射“信使号”探测器，开始飞赴水星考察。“信使号”是第一颗环水星飞行的人造卫星，也是人类发射的第二颗水星探测器。第一颗是“水手 10 号”，它于 1973 年发射，飞掠了金星和水星。

2006 年 1 月 19 日，“新视野号”成功发射。它的研究对象是矮行星冥王星和它的卫星，还可能进一步研究一些柯伊伯带的天体。

2007 年 10 月 24 日，“嫦娥一号”成功发射升空，这标志着我国的探月工程迈出了坚实的第一步。2010 年 10 月 1 日，“嫦娥二号”成功发射，在完成探月任务之后它完成进入日地拉格朗日 L2 点环绕轨道进行深空探测的试验，并飞越小行星 4179。2013 年 12 月 2 日，“嫦娥三号”成功发射，并于 12 月 14 日在月球表面软着陆，它携带的“玉兔号”月球车开始了巡视勘察任务。我国的探月工程分为“绕”、“落”、“回”三个阶段，目前正处在第二阶段。

2013 年 9 月 12 日，NASA 确认“旅行者 1 号”探测器已经离开太阳系。尽管“旅行者 1 号”是否离开了太阳系仍存在争议，但不能否认的是它是目前离地球最远的人造物体。“旅行者 1 号”于 1977 年 9 月 5 日发射，先后造访了木星、土星、天王星及海王星，并借助几颗大行星的引力加速。除了“旅行者 1 号”，“旅行者 2 号”、“先驱者 10 号”和“先驱者 11 号”也都在向太阳系外飞行。

5 地月系

5.1 地月系的绕转

5.1.1 轨道

月球是地球的卫星，通常情况下我们把地月系的绕转看作月球以椭圆轨道绕地球公转。经天文学家测算，此椭圆轨道的偏心率是0.054 9（偏心率的计算公式为$e=\frac{c}{a}$，c为椭圆的半焦距，a为椭圆的半长轴，e越接近1，椭圆越扁，越接近0越圆，有兴趣的读者请参看人教版《数学选修2－1》——编者注），近地点为363 300 km，远地点为405 500 km，两者相差42 200 km。由于这种距离的变化，月球的视半径也在发生变化，幅度为14′41″~16′46″。月地平均距离为384 400 km，可以约等于38万千米，这也是我们常用的计算数据之一。

然而，地月系的绕转实际上是围绕地球和月球的共同质心旋转（有兴趣的读者请参阅粤教版《物理必修二》——编者注）。由于地月系质心距地心约4 671 km，与384 400 km相差甚远，所以可以近似为月球以椭圆轨道绕地球公转。

5.1.2 周期

我们常说月球绕地球一周的时间为一个月，但是在天文学上，由于选用的基准点不同，这一周期的定义有区别。以下是几种常见的地月绕转周期：

（1）朔望月：月球盈亏的周期，以太阳为基准，平均可达29.530 6日（这里说的时间长度“日”均为平太阳日，即24小时——编者注）。这个周期很久以前就是中国古代历法的基础。

（2）恒星月：以恒星位置为基准的周期，也就是月球绕地球转一周，平均为27.321 7日。中国早在西汉的《淮南子》一书中就已得到恒星月周期为27.212 2日，达到了很高的精度。恒星月是月球绕转地球的真正周期。

（3）交点月：以黄道和白道的交点为基准，周期为27.212 2日。在我国南北朝时期，祖冲之推算的交点月周期与近代数值相当接近。

（4）近点月：月球运行从近地点再至近地点，周期为27.554 6日。中国东汉时期贾逵发现存在这种周期，并由刘洪首次测定它的长度为27.554 8日，与今测值相差无几。

（5）分点月（又称回归月）：它以春分点为基准，周期为27.321 6日。

根据朔望月的长度，可以推算出月球每天推迟约48.76分钟升起。这导致月球和太阳视位置变化并引起月相的变化，在后面会详细讲。

根据恒星月的长度，可以推算出月球绕转地球的平均角速度为每日 13°10′或每小时 33′。这个 33′角度大体上与月球本身的视直径相当。换句话说，月球每小时在天空中移动的角距离约等于月轮的视圆面。但出于地球运动的缘故，天体在天球上有周日视运动，所以月球以每小时 15°的速度向西随天球作周日视运动，又以每小时 33′的速度向东运动。

5.1.3 同步自转

月球在绕转地球的同时，也有自转。月球的自转与它绕转地球的公转有相同的方向（向东）和相同的周期（恒星月），导致月球自西向东公转了一圈的同时也自转了一圈，这样的自转称为同步自转。正是由于这个原因，地球上人们所见到的月球，大体上是相同的半个球面，同时由于受天平动（天平动是一个天文学概念，即出于几何和物理的原因，地面观测者所看到的月球正面边缘部位的微小变化——编者注）的影响，我们可以看到的月球表面积达到了总面积的59%。

5.2 月 相

5.2.1 月相的成因

由于地球、月球与太阳之间的相对位置时刻发生着变化，在地球上看到的月球的明暗区域也时刻发生着变化。当月球黄经与太阳黄经相等时称为“朔”，“朔”发生时全夜无月，是天文观测的好时机，此后月球逐渐沿着自己的公转轨道向东运动，黄经逐渐增大；当月球黄经比太阳黄经大 90°时称为“上弦”，这时月出在正午，月落在子夜，月面的西半边被照亮，在上半夜可以看到；当月球黄经比太阳黄经大 180°时称为“望”，也就是满月，这时月出在日落时，月落在日出时；当月球黄经比太阳黄经大 270°时称为“下弦”，这时月出在子夜，月落在正午，月面的东半边被照亮，在下半夜可以看到；接着就到了下一次“朔”。一次“朔”到下一次“朔”的周期为一个朔望月，即 29.530 6 日。

图5－1 月相

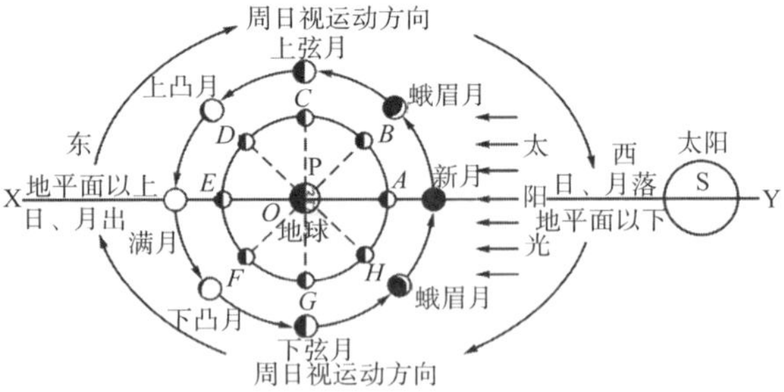

图5－2 月相的成因

以上四个月相为关键的月相，需要大家熟记。另外，在这几个月相之间还有几个月相：在满月前后，即黄经相差 90°～180°时，月面的大部分区域被照亮，称为“凸月”，“上弦”之后的称为“渐盈凸月”或“上凸月”，“下弦”之前的称为“渐亏凸月”或“下凸月”；在新月前后，即黄经相差 0°～90°时，月面被照亮区域为月牙状，称为“蛾眉月”，“上弦”之前的为“新月蛾眉月”，下弦之后的为“残月蛾眉月”。

5.2.2 月球对于太阳的相对运动

表 5－1 月球对于太阳的相对运动

月相	距角	同太阳出没比较	月出	中天	月落	夜晚
新月（朔）	0°	同升同落	清晨	正午	黄昏	彻夜不见月
上弦月	90°	迟升后落	正午	黄昏	半夜	上半夜西天
满月（望）	180°	此起彼落	黄昏	半夜	清晨	通宵可见月
下弦月	270°	早升先落	半夜	清晨	正午	下半夜东天

从表 5－1 中可以看出，月球越圆，见月时间越长；月牙越窄，见月时间越短。满月通宵可见，弦月半夜可见，新月则不可见。

5.3 日食和月食

5.3.1 日月食的成因

日月食是如何发生的？简单地说，在地球上看，月轮遮掩了日轮，就发生了日食；月球进入到地球的投影中，就发生了月食。要弄清楚其中的缘由，就要从天体投影开始。

如图 5－3 所示，天体投影分为本影、半影、伪本影。①投影的主体，即图中尖端背向太阳的圆锥，叫本影，在本影里，光线完全被遮挡；②本影延伸，即图中与本影同轴反向的发射圆锥，叫伪本影，在伪本影里，太阳中间部分被遮挡；③在本影和伪本影的周围是一个空心发散圆锥，叫半影，在半影里，部分阳光被遮挡。

天体投影的大小和长短是变化的，它取决于发光天体和投影天体的大小以及它们之间的距离。由于日、地、月三者的大小是基本固定的，所以，月、地投影的范围主要由日地距离以及月地距离决定。一般来说，两者距离越大，投影就越长。

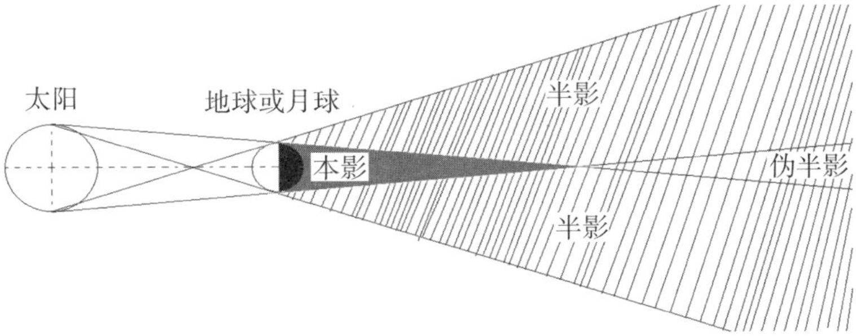

图 5－3 天体投影

地球比月球大得多，若地球处在日地平均距离上，它的本影长达 1 377 000 km，而月地平均距离只有 384 400 km，月球若始终在这个平均位置上，地球的本影截面比月球大圆的截面要大得多。因此，月球进入地球的投影有三种情况：①进入地球的半影，形成半影月食；②完全进入地球的本影，形成月全食；③部分经过地球的本影，形成月偏食。月球不可能进入地球的伪本影，不可能发生月环食。

当日月合朔时，月球本影的平均长度为374 500 km，比月地平均距离略短。因此，在通常情况下，只有月球的伪本影或半影可能会扫过地球。当月球在近地点和地球在远日点又日月合朔时，月球的本影就可能落在地球上，这就是日全食这么稀有的原因。月球的投影掠过地球有三种情况：①在月球本影扫过的地方，形成日全食；②在月球半影扫过的地方，形成日偏食；③在月球伪本影扫过的地方，形成日环食。

比较特殊的情况便是混合型日食。混合型日食是指在同一次日食中，在日食带大部分区域可以看到日全食和日偏食，在某些特定的区域则可以看到日环食。混合型日食带的可能情况有：①环食始，全食终；②全食始，环食终；③两端环食、中间全食。不可能存在两端全食、中间环食的混合型日食带，这是根据日、地、月三者相对距离判断的。

5.3.2 交食的条件

5.3.2.1 朔望条件

在朔日，月球运行到日地之间，且日、月、地三者大致成一直线，日月黄经差为0°或接近0°，只有这样的时候，月影才有可能落到地球上。在望日，月球运行到日、地的同一侧，且日、地、月三者也大致成一直线，日月黄经差为180°或接近180°，只有这样的时候，月球才会进入地影。所以，日、月食的起码条件是朔望条件。以日期来说，就是农历初一才有可能发生日食，农历十五左右可能发生月食。巴比伦人早在公元前9世纪就已经知道日食必发生在朔，月食必发生在望。

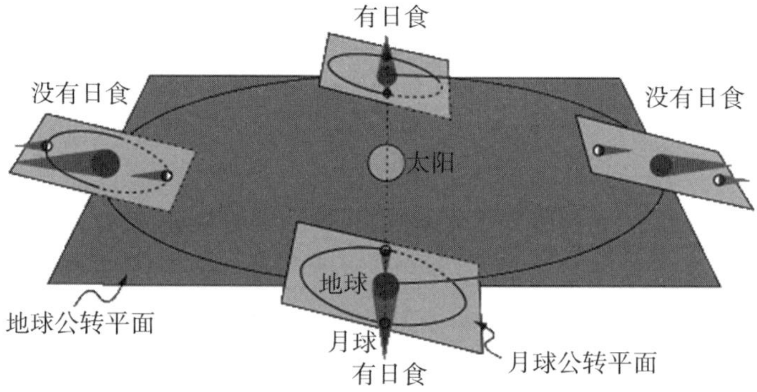

图5-4 交食条件

然而，朔日和望日每个月都有，但日食和月食并非每个月都发生，原因是黄道平面与白道平面不重合，而存在着一定的交角（4°57′~5°19′），平均为5°09′。因此，当日、月合朔时，从正面看，日、月、地三者成一直线，但从侧面看，三者不一定成直线（即日、月黄经虽一致，但日、月黄纬不一定相同），所以，月球的影子不一定能扫到地球上。同理，当日、月相冲（望）时，从正面看，日、月、地三者成一直线，但从侧面看三者不一定成直线（即日、月黄纬不一定相同），所以月球不一定能进入地影。由此可知，要发生日、月食，必定还有更严格的条件。因黄白交角存在，“朔望”不一定成食。

5.3.2.2 交点条件

黄道与白道有两个交点，其中一个叫升交点（在我们人眼看来，月球在白道上运行过此交点后便升到黄道平面之上），另一个则叫降交点（月球过此交点后便降到黄道平面之下）。太阳在黄道上运行，一个食年经过升、降交点各一次；月球在白道上运行，一个朔望月（略比交点月长）经过升、降交点各一次。当太阳和月球不在黄白交点及其附近时，无论从哪个角度上看，日、月、地三者都不会成一直线。只有当太阳和月球同时运行到黄白交点或附近时，日、月、地三者才有可能无论从什么方向看都成一直线或基本成一直线，地影或月影才有可能落到对方的身上，从而形成交食。

总之，日食发生条件是日、月相合于黄白交点或其附近；月食发生条件是日、月相冲于黄白交点或其附近。

5.3.3 日月食的种类

5.3.3.1 日食的种类

5.3.3.1.1 日全食

地球上被月球本影扫过的地带称全食带，宽度几十千米至二三百千米，当地球远日或月球近地时，全食带最宽。一次日全食所经历的时间仅 2～7 分钟。这是因为月影在地球上扫过的速度很快。

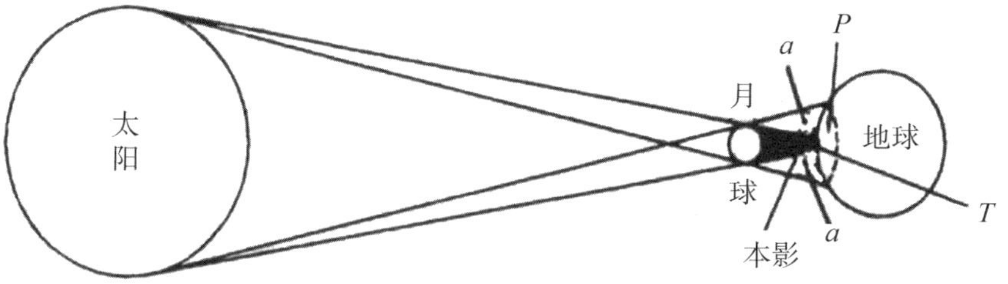

图 5－5 日全食的成因

5.3.3.1.2 日偏食

地球上被月球半影扫过的地带称为偏食带。偏食带比全食带宽。在全食带的旁边，必有偏食带。在日偏食时，各地所见的食分（示日面直径的被遮部分与太阳直径的比值。以太阳的直径作为1，如果食分为0.5，这就表示太阳的直径被遮去了一半；如果食分为1，那就是太阳的整个圆面被遮住，那就是日全食。很显然，食分越大，日面被遮掩的程度就越大。日偏食、日环食的食分是小于1的，日全食的食分大于、等于1）不一样。

5.3.3.1.3 日环食

地球上被月球伪本影扫过的地带称为环食带。当地球近日或月球远地时，环食带最宽。在环食带旁也有偏食带。有时，月球的本影锥与伪本影锥的交点恰好落在地球上，如果日、地、月三者之间的距离稍有变动，使地球上某一小块或一小片地方既可见到日环食又可见到日全食，这叫日全环食，也就是上文所说的混合型日食。

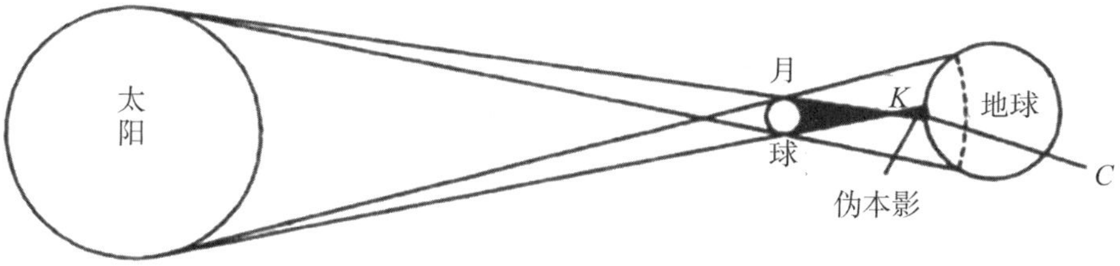

图 5－6 日环食的成因

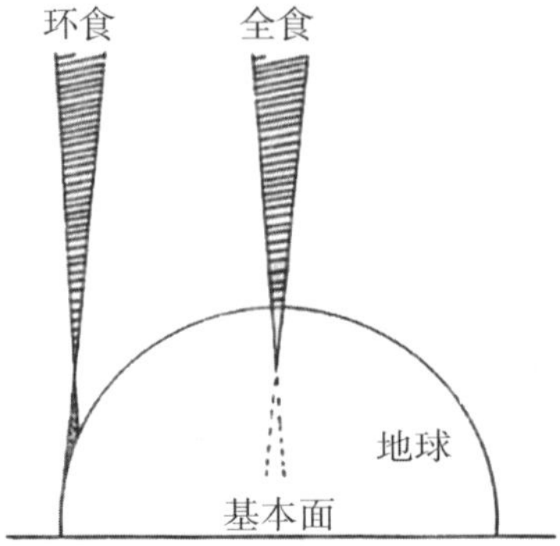

图 5－7　全环食的成因

5.3.3.2　月食的种类

月球不可能进入地球的伪本影，月球进入地球的半影叫半影月食，还可见到月，不是真正的食，所以月食只有月全食和月偏食两种。

5.3.3.2.1　月全食

月球进入地球本影，此时，地球上向月半球的人几乎都可见到月轮整个被地影遮掩。在月全食时，由于地球大气对阳光的散射和折射作用，月面尚能接收到一点光，所以呈古铜色。由于地影大，月球又是以它的公转速度在地影中穿行，所以一次月全食所经历的时间较长，最长可达 1 小时 40 分钟。

5.3.3.2.2　月偏食

月球部分进入地球本影。发生月偏食时，不同地方的人所见到的食分是相同的，因地影是紧贴月面的，无论在哪里看都一样。

5.3.4　日月食的过程

5.3.4.1　日全食的过程

太阳在黄道上自西向东运行，每天运行约 59′；月球在白道上也自西向东运行，每天运行 13°10′。它们运行的方向基本一致（交角约 5°09′），但月球运行的速度快得多，因此，日食总是以月轮的东缘遮掩日轮的西缘开始，被遮部分总是逐渐向东推移。所以，日全食的五个环节是在日轮上自西

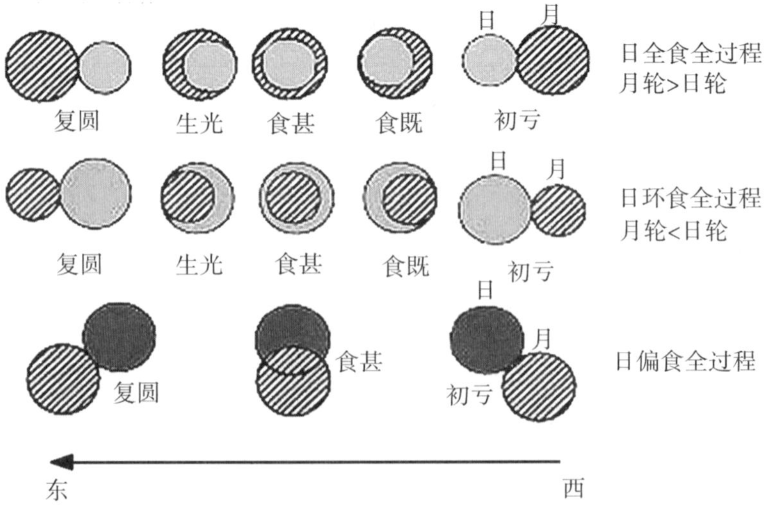

图 5－8　日食的过程

向东出现的。

（1）初亏：月轮东缘与日轮西缘相外切，即日食开始。

（2）食既：月轮东缘与日轮东缘相内切，即日全食开始。

（3）食甚：月轮中心与日轮中心最接近或重合。

（4）生光：月轮西缘与日轮西缘相内切，即日全食结束。

（5）复圆：月轮西缘与日轮东缘相外切，日食结束。

5.3.4.2　月全食的过程

由于月球是自西向东进入地影的，所以月全食总是从月轮的东缘开始，在月轮的西缘结束。因此，月全食的五个环节是在月轮上自东向西出现的。

（1）初亏：月轮东缘与地本影截面西缘相外切，即月偏食开始。

（2）食既：月轮西缘与地本影截面西缘相内切，即月全食开始。

（3）食甚：月轮中心与地本影截面中心最接近或重合。

（4）生光：月轮东缘与地本影截面东缘相内切，即月全食结束。

（5）复圆：月轮西缘与地本影东缘相外切，月食结束。

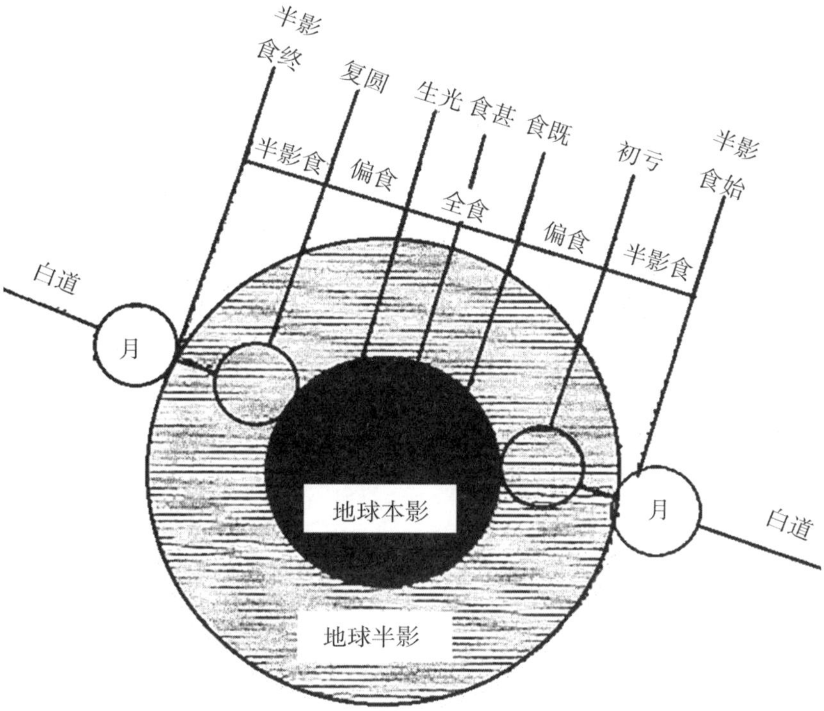

图 5－9　月食的过程

5.3.5　食限和食季

5.3.5.1　食　限

当日月相会于黄白交点附近时就可能成食，这个“附近”称为日、月食限角，简称食限。

5.3.5.1.1 定 义

当黄道上的日轮与白道上的月轮接近到互相外切（这种情况一定发生在朔日）时，日轮中心与黄白交点之间的角距离为日食限，这就是太阳与黄白交点的黄经差，也是日轮中心至黄白交点的黄道弧长。同理，当黄道上的地球本影和白道上的月轮相切（这种情况一定发生在望日）时，地球本影中心与黄白交点之间的角距离为月食限，这就是地球本影中心与黄白交点的黄经差，亦是地影中心至黄白交点的黄道弧长。

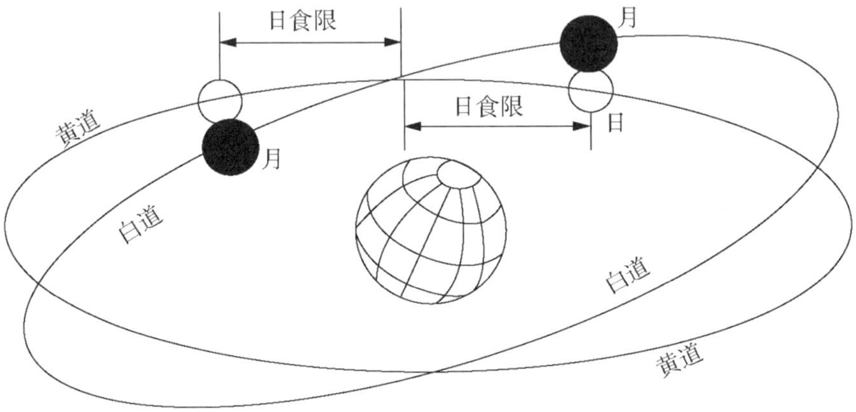

图 5－10 食限

5.3.5.1.2 大 小

食限的大小取决于黄白交角（4°57′~5°19′）、日地距离和月地距离等因素。一般来说，黄白交角愈大，日食限愈小；月地距离愈大，月轮的视半径愈小，日食限和月食限也愈小；日地距离愈大，则日轮的视半径愈小，日食限也愈小，而地影截面的视半径却增大，因而月食限也变大。2000 年 7 月 16 日出现较长的一次月全食，历时 1 小时 47 分，主要是当时月球在近地点，地球在远日点，月食限较大，加上月中心与地影中心较接近的缘故。

因为影响食限的因素是变化的，所以食限大小也有一定的变幅。我们只要运用球面三角边的正弦定律计算就可以得出食限的量值，如表 5－2 所列。

表 5－2 食限的量值

食限	日食		月食		
	全食	偏食	全食和环食	半影食	偏食
最大食限	17°9′	11°5′	18°3′	11°9′	6°0′
最小食限	15°9′	10°1′	16°2′	10°1′	4°1′

表中的最大食限是指条件最好时的食限。以日食为例，若月球近地、地球远日和黄白交角最小时，月影就长些，日、月、地三者也容易成一直线，所以食限可大一些。相反，最小食限就是条件最差时的食限。从表中还可看出，月食中半影食的食限最大，但一般不把半影食作为月食。所以，除了半影食，月食限反而比日食限小，这就意味着发生月食的

可能性比发生日食的可能性小。

规定了食限以后，是不是说凡太阳运行到日食限里总会发生日食，凡地球本影进入月食限就总会发生月食呢？不一定，这要看具体情况。因为日月食发生要同时具备交点条件和朔望条件。

5.3.5.2 食 季

食季指有可能发生日食和月食的一段时间，有日食季和月食季之分。

5.3.5.2.1 日食季

日食季是指太阳在黄道上运行在日食限里的那段时间。比如，日偏食的最大食限是17°9′，太阳运行在黄白交点两侧各17°9′的范围内都是在食限里，所以，日食限就是太阳在黄白交点两侧运行共34°18′（17°9′×2 =34°18′）所需的时间。因太阳每天在黄道上平均运行59′，运行34°18′约需34.88日，这就是日食季。在这个日食季里，只要月球来会合，就会发生日食。日食季34.88日比朔望月29.530 6日长，所以，在一个食季里，月球起码可以来会合一次，也可能来会合两次，即在一个日食季里，至少会发生一次日食，也可能发生两次日食。无疑，发生日偏食的概率比发生日全食的概率要大一些。

5.3.5.2.2 月食季

月食季是指地球本影在黄道上运行在月食限里的那段时间。半影食的最大食限是11°9′，于是，月食季的长度为22.68日（11°9′×2÷59′=22.68日），这比朔望月29.530 6日短，所以，在一个月食季里，即地球本影在黄道上运行到黄白交点前后11°9′的那段时间里，月球最多只能来会合一次，也可能不会来会合。因此，在一个月食季里，最多只能发生一次月食，也可能不会发生月食。

5.3.6 交食的概率

日、月食统称日月交食，简称交食。一年内会发生几次交食呢？据统计，对全球而言，一个回归年内最多发生7次交食，最少发生2次日食。

大家知道一个回归年是365.242 2日，食年是346.620日，回归年比食年长19日左右。在一个食年里有2个食季（日食季和月食季），因此，在一个回归年里就可能产生两种情况：其一，两个完整的食季加一个不完整的食季；其二，两个不完整的食季（一个在年头，一个在年尾）和一个完整的食季。于是，在一个回归年内，可能发生交食的几种情形分析如下：

（1）一年发生5次日食和2次月食。

在第一种情况下，就有可能发生5次日食和2次月食。

如果回归年与食年基本同时起步，差不多年初就能遇到食季，这样，一个回归年中就有2个完整的食季和1个不完整的食季。如上所述，每个食季有可能发生2次日食，2个完整的食季有可能发生4次日食。还有一个不完整的食季，碰得巧也可能发生1次日食。这样的年份，排得巧在两个完整的食季里，也可能各发生1次月食。所以，一年中可能发生5次日食和2次月食，共交食7次。如1935年就是这种情况。

（2）一年发生4次日食和3次月食。

在第二种情况下，就有可能发生4次日食和3次月食。

如果食年与回归年不同时起步，那么，年初和年末各遇一个不完整的食季，年中有一个完整的食季。碰得巧，年中完整的食季中发生2次日食，2个不完整的食季各发生1次日食；2个不完整的食季和一个完整的食季都各发生1次月食。一年就发生4次日食和3次月食，共交食7次。如1919年和1982年都发生4次日食和3次月食。

（3）常见日、月食各2次。

上述两种情况是特例，即条件最好且又凑巧时，一年发生交食的次数最多。一般的年份发生日月食的次数不会这么多。就日食而言，一年发生2~3次者居多，最少是一年发生2次，如1980年则只有2次日食，没有月食。就月食来说，如果不算半影食，每年发生2次的概率最大，约占70%，有的年份1次都不会发生；如果连半影食也算在内，一年最多可发生5次，最少也是2次，仍以一年发生2次本影月食的概率为最大，约为60%，而一年发生4次半影食、3次半影食以及1次半影食和1次本影月食的概率均占8%。从1901—2500年已经发生和推算发生的日食看，每世纪平均发生日全食67.2次，日环食82.2次，日偏食82.5次，日全环食14.8次，计246.7次，即平均每年仅发生日食2.47次。再从公元前1500年至公元2500年发生和推算将要发生的共9 729次月食来看，每世纪平均发生半影食89次，月偏食83.8次，月全食70.4次，合计243.2次，平均每年2.43次。加上日食，平均每年发生4.9次。

总之，发生7次交食的年份极少，常见的是日、月食各2次。

5.3.7 日月食的周期

从日食和月食的发生原理中可以看出，交食的出现与月球的会合运动密切相关，这种会合运动具有周期性，那么日、月食的出现自然也应有周期性。交食的周期性是古巴比伦人发现的，叫沙罗周期。沙罗即重复的意思，周期为18年11.32天（该周期存在五个闰年时为18年10.32天），也就是经过6 585.32天之后出现下一次类似的交食。

沙罗周期主要包括以下四种天文周期：

（1）朔望月：周期为29.530 6日，这是日月会合的周期。

（2）交点月：周期为27.212 2日，这是月球过黄白交点的周期。

（3）近点月：周期为27.554 6日，这是月球过近地点的周期，月球近地时，月球本影可落到地球上，从而可能发生日全食。

（4）食年：周期为346.620日，这是太阳过黄白交点的周期。

沙罗周期近似地是这四个周期的最小公倍数，大致相当于223个朔望月、242个交点月、239个近点月、19个食年。在一个沙罗周期的时间内，大体上都有相同的日食和月食数，这期间将产生70次食，其中包括41~43次日食，其中有28次中心食（全食和环食）；27~29次月食，其中有16次月全食。

但是沙罗周期并未包括全部交食因素，其最小公倍数也只是近似，各次交食的具体情况并不是完全一样的，因而沙罗周期不能代替日、月食的具体推算工作，准确的交食时间和发生的情况，需要专门去严格推算。

5.4 天文潮汐（选学）

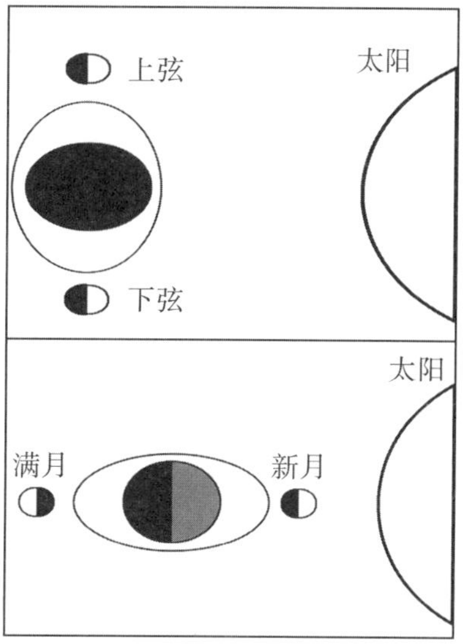

图5－11 潮汐

在海洋潮汐现象中，海面的上升叫涨潮，海面的下降叫落潮。涨潮和落潮互相交替。涨潮转变为落潮时，水位最高，称高潮。落潮转变为涨潮时，水位最低，称低潮。涨潮和落潮、高潮和低潮，都是周期性来临的，其周期是半太阴日，即12时25分。因此，一般地说，地球局部地区，一天有两次涨潮和两次落潮、两次高潮和两次低潮。每一次海面升降运动绝不是前一次的重复，而具有一些新的特点。例如，高潮不是同样的高；低潮不是同样的低。高潮和低潮的水差叫潮差。潮差也有周期性，潮差最小时的海面升降叫小潮，从大潮到大潮或从小潮到小潮的周期是半个期望月，即14.77日。因此，每月有两次大潮和两次小潮。每逢农历初一、十五时，即在朔日（新月）和望日（满月），太阳、月球和地球三个天体差不多在同一条直线上，月球与太阳的引潮力几乎作用于同一个方向，两者的合力最大，形成大潮；到了初八（上弦）、二十三（下弦），月球和太阳对地球的方位相互垂直，此时太阳引潮力和月球引潮力两者的合力最小，这时潮涨得不高，落得也不低，形成小潮。

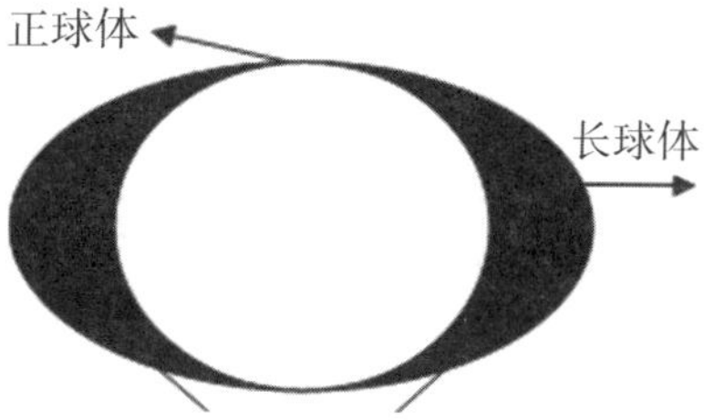

图5－12 潮汐变形

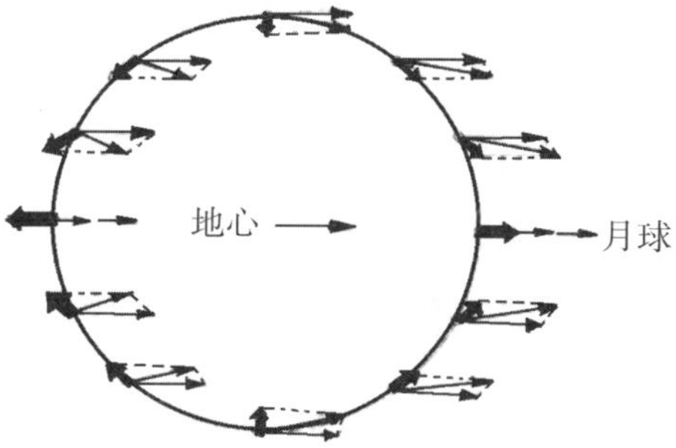

图5－13 引潮力

从全球范围来看，潮汐现象首先是地球变形的现象。地球是一个球体。在这里，球体泛指正球体、扁球体和长球体。正球体是严格的球体，可以看成正圆以任意直径为轴回转而成的球形体；长球体是椭圆以长轴为轴回转而成的球体；扁球体和长球体都是球形体，而不是真正的球体。假如地球本来是一个正球体，它要在自转过程中由一个正球体变成明显的扁球体，又要在公转过程中由正球体变成轻微的长球体，这时，暂时忽视前者，着重说明后者，因为前者是永久性变形，而后者是周期性变形，称潮汐变形。

地球中心所受月球或太阳引力，无论大小或方向，都是整个地球的平均值，同这个平均值相比较，各地所受月球或太阳引力都有一个差值。这个差值是地球变形和潮汐涨落的直接原因，称为引潮力，也称为长潮力或起潮力。这样，各地所受太阳引力可以分解为两个分力，即平均引力和引潮力。引潮力＝实际引力－平均引力；平均引力使地球环绕太阳公转，引潮力使地球发生潮汐变形。

6 太阳系

6.1 太　阳

6.1.1　太阳的基本结构

太阳可分为内部与大气层两个部分。内部从内到外可分为三层：日核、辐射层与对流层。太阳的大气层从内到外也分为三层：光球层、色球层与日冕层。太阳的大气层是我们主要的研究对象。

6.1.2　太阳的基本参数

表 6－1　太阳的基本参数

质量	1.989×10^{30} kg = 333 400 $M_{\oplus}$
平均密度	1.4 g/cm^3
重力加速度	273 m/s^2 = 27.9 $g_{\oplus}$
光球直径	1.39×10^{6} km = 109.3 $D_{\oplus}$
有效温度	5 770 K
主要成分	H（71%）、He（27%）、其他（2%）

注：①符号“⊕”代表地球。
②0 ℃ ≈273.15 K，100 ℃ ≈373.15 K。

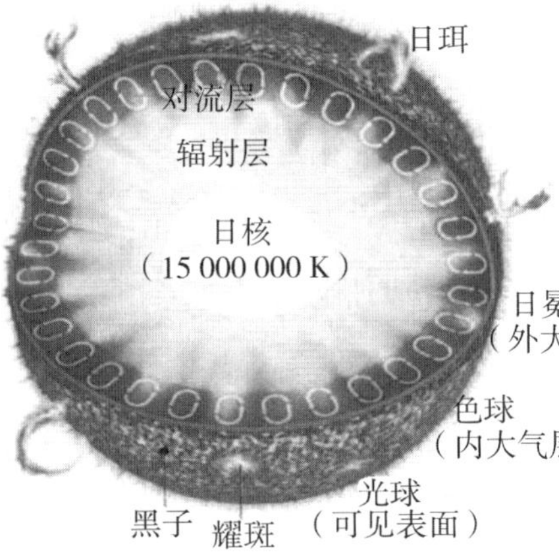

图 6－1　太阳的内部结构

6.1.3　太阳的大气层

6.1.3.1　光球层

地球接收到的太阳辐射能基本上都是由光球层发出的，我们日常所见的太阳发光的部分也是光球层。光球层的表面平均温度大概为 5 770 K。

6.1.3.2　太阳黑子

太阳黑子是光球层上的暗斑，其温度大概为 4 500 K，比光球层的平均温度要低，因此颜色显暗。黑子部分为太阳表面上的强磁场区。黑子的大小不一，小的黑子直径 1 000 km，大的黑子直径约有 20 000 km，特大的黑子直径可达 245 000 km。发展完全的黑子分本影和半影部分，黑子中间暗核部分为本影，本影周围颜色较浅的区域为半影。

黑子通常成群出现。黑子群出现的规律，是从日面上下部分（高纬度地区）逐渐向中间部分（低纬度地区）转移，在赤道上会合并趋于消失。由于太阳自转是自西向东的，所以黑子的运动也是自西向东的。经观察，一个黑子活动周期约为 11 年。在这段时间里，黑子活动最高的时期被称为极大期，黑子活动最低的时期被称为极小期。每完成一个黑子活动周期，太阳的磁极就会倒转一次。因此，我们称太阳完成一次磁极的周期为太阳磁场周期(22 年)。

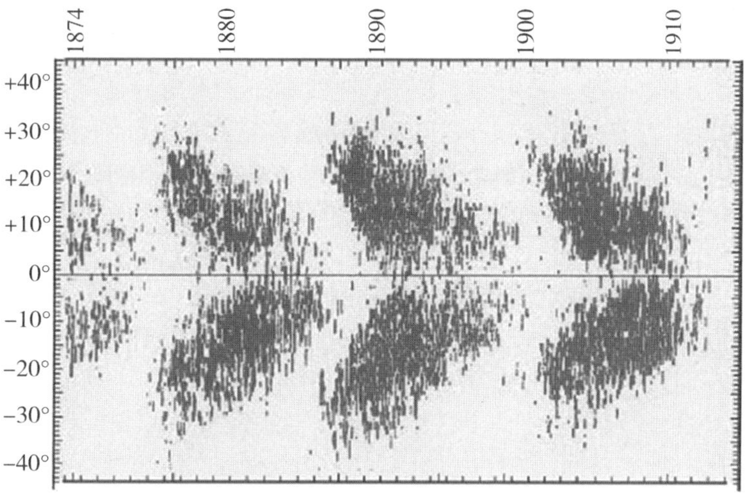

图 6－2　太阳黑子活动记录图（蝴蝶图）

世界上最早的太阳黑子记录出自我国《汉书·五行志》："成帝河平元年（公元前 28 年）……三月乙未，日出黄，有黑气大如钱，居日中央。"1609 年，伽利略率先使用望远镜观察到了太阳黑子。

在光球层，我们还可以观察到光斑与米粒组织，它们是太阳大气的对流现象。

6.1.3.3　色球层

在日食食甚之时，太阳光球被月轮挡住的前后几秒钟内，我们可以看见日面边缘有一弧形的发光层，我们称之为色球。通常情况下，我们是看不见色球的。色球温度高于光球层，温度为 4 500 K～50 000 K。

我们利用望远镜可以看见色球上突然迅速闪耀的亮斑，这就是耀斑。耀斑寿命为几分钟到几十分钟。耀斑爆发时，太阳会发射出高能粒子流，当这些粒子流到达地球大气层时，会产生高纬地区的极光、地球磁暴、地磁扰动以及短波通信中断等现象。

图 6－3　日冕

6.1.3.4　日　珥

日珥也是一种太阳活动现象，它是太阳表面喷出的炽热气体流，高度可达几千万米。

耀斑和日珥都是日地关系的表现形式。

6.1.3.5　日冕层

同样，我们在通常情况下也是看不见日冕的。在日全食期间，当月轮遮住太阳光球时，可以看到美丽的银色日冕。日冕温度很高，约有 4 000 000 K，这是因为太阳的磁能加热了日冕。在太阳活动极大时期，日冕上经常发生大规模的强烈喷射活动，抛射出自由电子、质子和 α 粒子（He 原子核），形成太阳大气不断的物质外流，这叫太阳风。当太阳发生强烈的活动时，大量的带电粒子随着太阳风吹向地球的两极，就会在两极的电离层产生美丽的极光。

日冕上有些区域辐射亮度比周围低，温度也较低，这些区域叫冕洞。冕洞总面积约占日冕总面积的 1/5。

6.1.4 太阳的发光原理

我们说过，太阳的主要成分是氢和氦，太阳就是靠这两种元素产生能量和辐射的。在高温高压下，太阳中的氢原子聚变成为氦原子，同时也会释放出大量的能量（包括光和热），并且大部分以辐射的形式扩散。太阳主要在日核处发生核反应，日核处温度约为15 000 000 K，压力 30×10^{15} Pa（相当于3 000亿倍地球表面大气压），密度 160×10^{3} kg/m^3，是太阳的主要产能区。核反应产生的辐射通过辐射层与对流层后会被削弱很多，至光球层以后就变成我们日常所见的发光的太阳了。

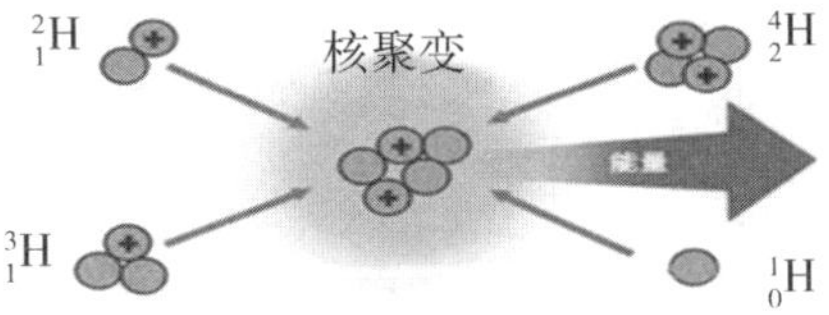

图6－4　核聚变反应示意图

注：①上图表示一个H－2和一个H－3在高温高压下聚合反应为一个He－4并生成一个中子。
②核反应（包括核裂变反应与核聚变反应）不是化学反应。

6.2　太阳系行星运动

我们生活在太阳系的引力范围内，太阳是太阳系的“主宰”，约占太阳系质量的99.86%，其他太阳系内的天体都围绕着太阳转动。我们生活的地球是一颗行星，另外还有七颗行星围绕着太阳公转。除行星外，太阳系里还有包括冥王星在内的五颗矮行星、小行星、彗星等小型天体，部分行星、矮行星和小行星在其引力范围内还有数量不等的卫星。

在本章的学习中，我们既要关注行星的物理性质，也要了解行星运动的规律。接下来我们要学习经典行星的物理性质与一般规律。

6.2.1　行星的分类

表6－2　行星的轨道半长径

行星名称	水星	金星	地球	火星	木星	土星	天王星	海王星
轨道半长径/单位（AU）	0.387	0.723	1.000	1.524	5.203	9.537	19.191	30.069

经典行星的轨道半长径（轨道半长径接近于经典行星到太阳的平均距离）的具体分类方法：

（1）以地球轨道为界，可分为地内行星（水星、金星）和地外行星（火星、木星、土星、天王星、海王星）。

（2）以小行星带为界，可分为内行星（水星、金星、地球、火星）和外行星（木星、土星、天王星、海王星)。

(3) 按行星的物理性质划分，把体积、质量小，平均密度大的水星、金星、地球和火星称为类地行星，把体积、质量大，平均密度小的木星、土星、天王星和海王星称为类木行星。也有科学家划分为巨行星（木星、土星）和远日行星（天王星、海王星）两类。

6.2.2 经典行星的共同特点

(1) 近圆性。其实经典行星围绕太阳公转的轨道是近似正圆的椭圆。其近圆程度我们用椭圆偏心率 e 表示。e 越小，轨道越接近圆形。

表 6－3 行星的轨道偏心率

行星名称	水星	金星	地球	火星	木星	土星	天王星	海王星
轨道偏心率 e	0.205 6	0.006 8	0.016 7	0.093 4	0.048 4	0.054 2	0.047 2	0.008 6

(2) 共面性。经典行星的轨道基本处于一个平面——黄道面附近。通常以转轴倾角 i 描述此数值。

(3) 同向性。经典行星围绕太阳公转都是自西向东。

6.2.3 行星的运动

6.2.3.1 行星的自转与公转

表 6－4 行星公转周期表

行星名称	水星	金星	地球	火星	木星	土星	天王星	海王星
公转周期/单位（年）	0.240 8	0.615 2	1.000	1.880 8	11.862	29.457	84.018	164.18

太阳系中所有的行星都绕太阳转动，这种转动我们称为行星的公转；同时它们还都会绕着自己特定的自转轴（如地轴）转动，这种转动我们称为行星的自转。大多数行星的公转方向与自转方向相同，都是自西向东，也有少数行星方向相反（如金星、天王星与矮行星冥王星），有关内容我们将在后面的行星介绍中展现。

6.2.3.2 行星的视运动

6.2.3.2.1 地内行星的视运动

地内行星从上合过后开始出现在天空中，角距离逐渐变大。地内行星与太阳的角距离最大时，称之为大距，又有东大距和西大距之分。显然，内行星处于东大距时，位于太阳的东面，我们可以在太阳下山前后在西地平线上看到它，被称为昏星；内行星处于西大距时是晨星，可以在太阳升起前后的东地平线上看到它。在东大距到西大距间的下合时期，我们可以观察到地内行星凌日的壮丽景象。地内行星经过西大距后，与太阳的角距离不断

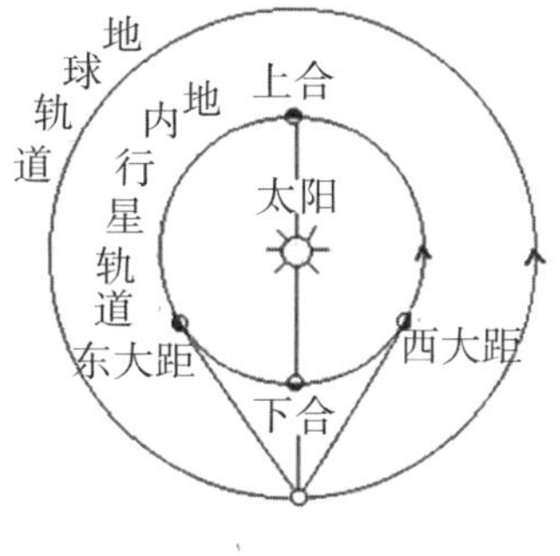

图 6－5 地内行星的视运动

减小，直至到达上合前后，便隐没在太阳的光辉中无法观测。上合过后，便再次开始新一轮的视运动周期。

地内行星视运动各阶段的顺序：

上合→（昏星）→东大距→下合（凌日）→（晨星）→西大距→上合

【注意】参考图6-6，随着地球自转，太阳西落后我们将在西边看到它。由于地球相对太阳和宇宙很小，所以地球可看作一个点，图中“你”所处地方的地面也就可以看作过球心，图中即为太阳在“你”的视线中即将没入地平线的场景。

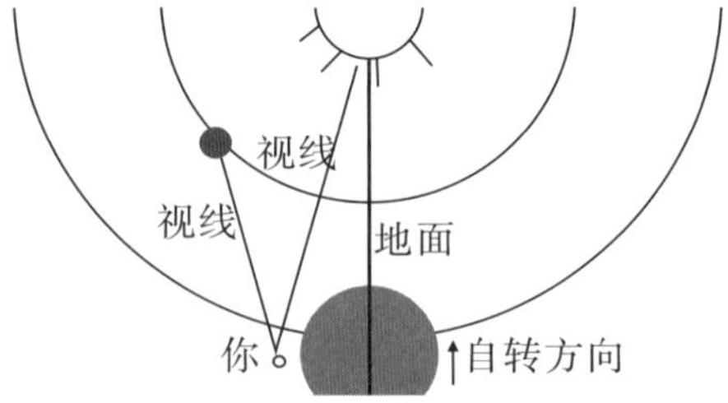

图6-6 太阳在“你”视线中即将没入地平线

6.2.3.2.2 地外行星的视运动

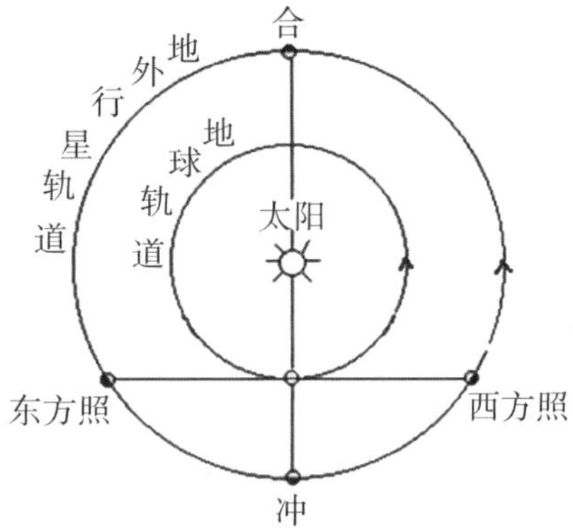

图6-7 地外行星的视运动

地外行星在它与地球和太阳处于同一条直线时，便与太阳相“合”，简称为合。此时行星与太阳同升同落，我们看不到它。合以后，它偏离太阳向西，与太阳的角距离不断增大。因而，每天黎明前在东方天空看到它。当它和太阳的角距离为90°时，称为东方照。在这之后，它继续偏离太阳向西，与太阳的角距离继续增大，升起的时间也逐渐变晚。当它和太阳的角距离正好为180°时，称为“冲日”，简称为冲。冲以后，地外行星继续向西偏离太阳，角距离开始不断缩小。从而，它从东方升起的时间也由傍晚而提早到下午。当它和太阳的角距离再次成90°时，称为西方照。西方照后，它继续由东边靠近太阳，当它和太阳的角距离为0°时，就是再一次合日，开始下一个视运动周期了。

地外行星视运动各阶段的顺序：

上合→（晨星）→东方照→冲→（昏星）→西方照→上合

6.2.3.2.3 顺行、留与逆行

在通常情况下，行星在恒星间是自西向东运行的，称为顺行，但是，当行星在轨道上接近地球的时候，即下合前后的地内行星和冲日前后的地外行星，在天球上转变为向西运动，称为逆行，经过短暂时间后又恢复顺行。在由顺行转变为逆行，或由逆行转变为顺行的短暂时间内，行星在恒星间停滞不动，称为留。

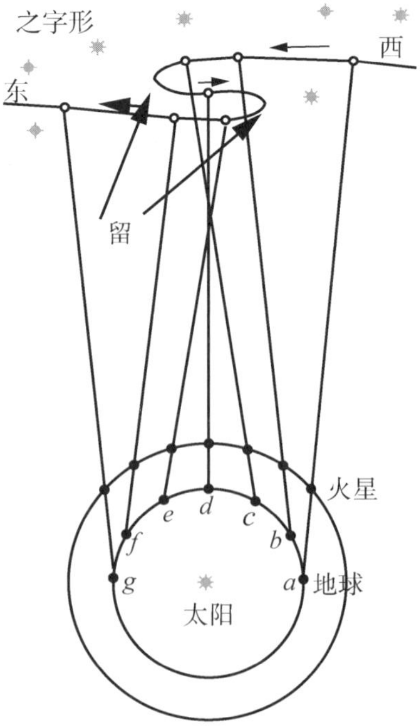

图6-8 行星的逆行

如图6-8所示，我们可以发现，在火星冲日前的一段较长的时间里（从 a 到 c），火星在天上是顺行的。但由于地球在自己轨道上的角速度比火星大，所以从 c 到 d 点（冲日）的短时间内，火星在天球上顺行的速度变慢，使顺行转变为留。留之后由于火星在天球上速度继续变慢，火星看起来好像在往回走一样，于是火星便开始逆行。在冲日后的一个较短的时间内（从 d 到 e），火星显示继续逆行，然后速度变慢，成为留。留之后又转为顺行（从 e 到 g）。

地外行星顺行、留与逆行的规律：

顺行→留→逆行→留→顺行

（晨星）　　　　（昏星）

6.2.3.3　行星的会合周期

行星合日是指行星与某行星跟太阳在同一直线上，且分布在太阳两侧（即在黄道坐标系中的黄经相同）的现象，这是一种非常普遍的天文现象。行星合日是一种周期性现象，从某次行星合日到下一次行星合日所经历的时间叫行星的会合周期。此外，从一次冲到下一次冲、从一次东大距到下一次东大距等都可以称作会合周期。

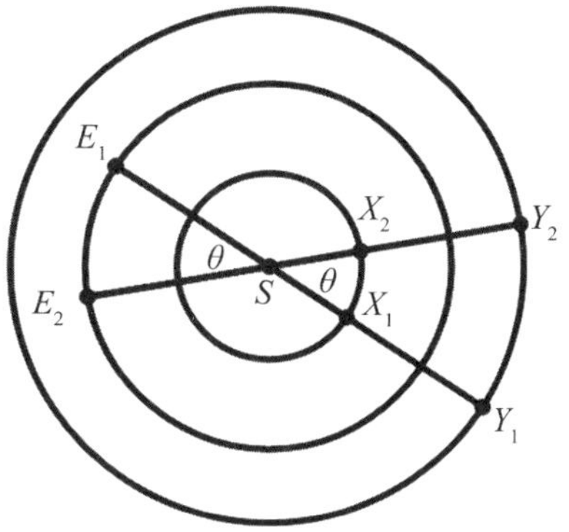

图 6-9　行星的会合

注：E_1 与 E_2 表示地球前后的位置，X、Y 分别表示地内、地外行星。

设地球与某行星的会合周期为 $T_{会}$ 年，地球公转周期为 $T_{地}$ 年，某地内或地外行星公转周期为 $T_{行}$ 年，则有以下关系：

$$\frac{1}{T_{会}}=\left|\frac{1}{T_{地}}-\frac{1}{T_{行}}\right|$$

其推导过程我们就不详细列出了，读者们有兴趣的话可以自己推导，以加深印象。

【提示】更靠近太阳的行星转得总是更快（不论线速度和角速度都更快，有兴趣可以参考物理必修2），求会合周期即求更靠近太阳的行星比更远离太阳的行星多转一圈的时间。因此同学们可以先分类讨论分别求出地内和地外行星的会合周期。

同学们还可以自己推导下列公式：

$$\frac{1}{T_{昼夜}}=\left|\frac{1}{T_{自转}}-\frac{1}{T_{公转}}\right|$$

【注意】金星的自转周期大于公转周期。

推出了会合周期后，我们就可以根据会合周期以及上一次凌日或冲日的时间，来计算出下一次的凌日、冲日的具体时间了。

6.2.3.4　提丢斯—波得定则*

提丢斯—波得定则，1766 年由德国的提丢斯提出，1772 年波得详细地研究并发表了该定则。用下述方法可以近似得到各行星到太阳的平均距离（单位：AU），即

$$R=\frac{n+4}{10}\ (n=0,\ 3,\ 6,\ 12,\ \underset{}{\overset{\text{谷神星}\downarrow}{24}},\ 48,\ \cdots)\ (R\text{ 为行星到太阳的平均距离})$$

实验结果证明，提丢斯—波得定则在一定范围内有相当显著的作用，除海王星和冥王星以外，其余各行星计算值与真实值误差不会超过 1。但在海王星，其误差居然达到了 8，冥王星更是达到了 38，其原因是什么？我们不得而知。迄今为止，提丢斯—波得定则还没有满意的解释，但它又意味着什么规律呢？这些都值得我们去思考。

6.3 时　间

我们常说地球绕太阳转一圈的时间为一年，但是在天文学上，由于选用的基准点不同，这一周期的定义有区别。

6.3.1 太阳日

以太阳为参照物所度量的地球自转的周期，即一昼夜的时间，为24小时。

6.3.2 恒星日

恒星日以遥远的恒星为参考系，是地球自转360°的周期，为23时56分4秒。

6.3.3 恒星年

恒星年以遥远的恒星为参考系，是地球绕太阳转一圈实际所需的时间。恒星年长度为365.256 36日，即365日6时9分10秒。

6.3.4 太阳年

太阳年，也称为“回归年”或“分至年”，是地球围绕太阳旋转一周所需要的时间，是为了区分以遥远不动的恒星为参照物的“恒星年”而提出的概念。一太阳年是根据一个世界平均时间规定的，为365日5时48分46秒。

6.4 太阳系天体介绍

6.4.1 经典行星

6.4.1.1 类地行星——水星、金星、火星

表6－5　类地行星的物理数据

行星名称	物理数据					
	半径（单位：km）	质量（以地球为1）	密度（单位：kg/m^3）	自转周期（恒星日）	自转周期（太阳日）	大气层及其成分
水星	2 439.7	0.055 3	5.427	58.65	176	极其稀薄
金星	6 052	0.815	5.24	－243.02	－116.8	浓厚，以CO_2为主
火星	3 396.2	0.107 4	3.934	24.623 h	24.660 h	稀薄，以CO_2为主

6.4.1.1.1　水星（Mercury，我国古称辰星）

水星在八大行星中是最小的行星，也是太阳系最内侧和最小的行星。水星是太阳系中运动最快的行星。在太阳系所有的行星中，水星有最大的轨道偏心率和最小的转轴倾角，每87.969地球日绕行太阳一周。水星绕轴每自转3圈时也绕着太阳公转2周。水星表面平均温度约452 K，变化范围从90 K到700 K，是温差最大的行星。白天太阳光直射处温

度高达700 K，夜晚太阳照不到时，温度降低到90 K。温差变化如此悬殊，绝不可能有生物存在。水星的极区有冰，这些冰存在于阳光永远无法照射到的环形山底部，是由于彗星的撞击或行星内部的气体冒出表面而积累的。在这点上，水星与月球相似。

水星没有浓密的大气，因而表面满布陨石撞击坑和环形山。其中最有名的是一个直径达到1 360 km的冲击性环形山——卡路里（Caloris）盆地，它是水星上温度最高的地区。

水星是太阳系中密度第二高的行星，仅次于地球。近年来的探测发现水星上存在火山活动的证据。水星有类似地球的磁场，但强度很低。据此，科学家推测水星有着铁质的内核。

6.4.1.1.2　金星（Venus，我国古称太白金星、启明星、长庚星）

金星是一颗类地行星，也是太阳系中唯一一颗没有磁场的行星（金星本身的磁场与太阳系的其他行星相比是非常弱的。这可能是因为金星的自转不够快，其地核的液态铁因切割磁感线而产生的磁场较弱。这样一来，太阳风就可以毫无缓冲地撞击金星上层大气）。在八大行星中，金星的轨道最接近圆形，偏心率最小。金星的自转方向与其他行星相反，是自东向西（这就是为什么表6－5的金星自转周期用负数表示了）的。因此，在金星上看，太阳是西升东落。金星是全天中最亮的行星，亮度为－3.3等到－4.4等，比著名的天狼星还要亮14倍，犹如一颗耀眼的钻石。金星同月球一样，也具有周期性的圆缺变化，但是由于金星距离地球太远，肉眼是无法看出来的。

金星的表面温度很高，不存在液态水，加上极高的大气压力和严重缺氧等残酷的自然条件，金星上基本不可能有生命存在。金星周围有浓密的大气和云层。只有借助于射电望远镜才能穿过这层大气，看到金星表面的本来面目。金星大气中，二氧化碳最多，占97%以上。由于大气中含有高浓度的二氧化硫，金星表面时常降落巨大的具有腐蚀性的酸雨。金星的温室效应相当严重，表面温度高达759 K，大气压约为地球的90倍。

金星没有类似地球的板块结构，因此其造山运动不发达，使金星表面出现了大量的平坦地区。金星表面上有70%平原、20%高地、10%低地。金星表面有六大高原，其中最大的叫伊什塔高原（Ishtar Terra），其拥有金星最高的山脉——麦克斯韦山脉（高出喜马拉雅山约2 km）。金星上还有许多广阔的低地，最大的叫亚特兰大平原低地（Atalanta Planitia）。

6.4.1.1.3　火星（Mars，我国古称荧惑）

火星的大气密度只有地球的大约1%，非常干燥，主要成分为二氧化碳。火星的轨道是椭圆形的，其偏心率很小，因此，在接受太阳照射的地方，近日点和远日点之间的温差将近433 K，这对火星的气候产生巨大的影响。由于火星的自转轴倾角为25.19°，和地球的相近，因此火星也有四季，只是季节长度约为地球的两倍。火星上的平均温度大约为218 K（－55 ℃），但具有从冬天的140 K（－133 ℃）到夏日白天的将近300 K（27 ℃）的跨度。

“尘暴”是火星上常发生的现象，有时区域性的尘暴会联合起来成为全球性的大尘暴，尘埃遮蔽火星表面达数月之久。火星极区出现的白斑称为“极冠”，它的大小会随火星的季节而变化，其主要成分为干冰和水。

火星表面含有大量的含铁岩石，它们风化后呈现出红褐色，这是火星颜色的来源。火星表面有多种地貌：陨石坑和盆地、大的盾形火山、峡谷系和干涸河床、崩塌地貌、沙丘、极区沉积层等。与金星相似的是，火星没有类似地球的板块结构。“水手谷”是靠近火星赤道区的巨大独特峡谷体系，全长约4 000 km，最深处达8～10 m。火星上的奥林匹斯山高达27 km。火星最大的盆地叫海腊斯盆地，最宽处达2 000 km，包含火星的最低点。

火星有两颗卫星：火卫一和火卫二。与月球相似，它们的自转周期与公转周期同步，所以都是一面向着火星。因此在火星的夜晚可以在空中看到“双月悬天”的奇景。

6.4.1.2　类木行星——木星、土星、天王星、海王星

表6-6　类木行星的物理数据

行星名称	物理数据					
	赤道半径（以地球为1）	质量（以地球为1）	密度（单位：g/cm^3）	自转周期（恒星日）	卫星数量（单位：个）	大气层及其成分
木星	11.2	317.8	1.326	9.925 h	68	H（90%），He
土星	9.4	95.12	0.687	10.6 h	62	H（96%），He
天王星	4.0	14.54	1.290	-17.25 h	27	H（83%），He，CH_4
海王星	3.9	17.15	1.638	17.3 h	14	H（80%），He，CH_4

6.4.1.2.1　木星（Jupiter，我国古称岁星）

木星是太阳系从内向外的第五颗行星，亦为太阳系中体积最大、自转最快的行星。因为其自转很快，且木星外部是流体，所以木星呈椭球体状。木星是一个气体行星。我们所看到的木星通常是大气中云层的顶端，压强比1个大气压略高。

木星可能有一个石质的内核，相当于10~15个地球的质量。内核上则是大部分的行星物质集结地，以液态氢的形式存在。这些木星上最普通的形式基础可能只在40亿帕压强下才存在。木星内部就是这种环境。在这种条件下，气态的氢分子变为液态。液态氢具有金属的性质，所以又称“金属氢”（液态金属氢由离子化的质子与电子组成，其中电子不再束缚于原子核而自由流动，如同金属的性质）。这使它成为木星磁场的电子指挥者。木星的磁场强度约为地球的10倍，因此和地球相似，木星的极区也会出现极光。木星的中心温度估计高达30 773 K。这些内部产生的热量可能很大地引发了木星液体层的对流，并引起了我们所见到的云顶的复杂移动过程。

我们可以从望远镜中看到木星大气成彩色，木星表面云层的多彩可能是由大气中化学成分的微妙差异及其作用造成的。木星南纬23°左右处的大红斑是它最显著、最奇特的特征。大红斑呈椭圆形，东西长达26 000 km，自1664年发现它以来，它已经持久存在了350多年了。大红斑实际上是一个温度较低的巨大反气旋（气旋和反气旋详见《地理必修一》），时速可达400 km，而地球上的龙卷风最高时速连它的3/4都达不到。

木星众多卫星中最引人注目的是伽利略在1610年用望远镜发现的4颗大卫星，它们都被统称为“伽利略卫星”。木卫三个头最大（也是太阳系里最大的卫星），木卫二最小。木卫一的表面是在不断变化的，这是因为木卫一上存在着火山活动。木卫二表面有水覆盖，上层为冻结的冰壳，冰壳下是液态的海洋。木卫三表面与月球相似，也有众多的陨石坑。木卫四表面最突出的特征是大陨击产生的多环结构。

美国于1977年发射的“旅行者1号”和“旅行者2号”在木星赤道面附近拍摄到了暗弱的木星环。现已知道木星环系主要由亮环、暗环和晕三部分组成。

1994年7月16—22日，苏梅克—列维9号彗星被木星强大的引力撕裂为多个碎块后，逐块与木星相撞。

6.4.1.2.2　土星（Saturn，我国古称镇星或填星）

土星的大气运动比较平静，表面温度为 133 K，支顶温度为 453 K，比木星低 323 K。有一个直径为 20 000 km 的岩石核心，核心外面就是土星大气。它像木星一样被色彩斑斓的云带环绕，并被较多的卫星拱卫。它由于快速自转而呈扁球形，赤道半径约为 60 330 km。土星的平均密度只有 0.687 g/cm^3，是八大行星中密度最小的，如果把它放在水中，它会浮在水面上。土星的大半径和低密度使其表面的重力加速度和地球表面相近。

土星拥有美丽的光环。土星环位于土星的赤道面上，从地面观测得知土星环有五个，其中包括三个主环（A 环、B 环、C 环）和两个暗环（D 环、E 环）。A、B 两环之间为宽约 4 800 km 的卡西尼缝。土星环主要由水冰颗粒组成，环很薄。每隔 15 年左右，由于土星在轨道运动，土星环刚好位于黄道面的位置，就会出现土星环“消失”的现象。

土星的自转很快，仅次于木星，其自转角速度随纬度不同而不同，在赤道上自转周期为 10 小时 14 分，在纬度 60°处为 10 小时 40 分，这种现象我们称为“较差自转”。由于快速自转，使得它的形状变扁，是太阳系行星中形状最扁的一个。土星内部结构接近于木星，磁场较强，但是比木星弱些。

土星最著名的卫星是具有浓密大气层的土卫六（泰坦），大气压高于地球，主要成分为氮和甲烷。土卫六和月球一样，自转周期和公转周期相同，故只有一面对着土星。

6.4.1.2.3　天王星（Uranus）

1781 年，威廉·赫歇尔发现了天王星。它的自转方式非常奇特——自转轴几乎躺在轨道面上（侧向自转），其赤道面与轨道面的交角为 97.86°，因此天王星的两极是对着太阳的。天王星的自转方向也很奇特，与金星一样，它也是自东向西转的（表 6－6 中呈现的是负数的自转周期），是太阳系中的“逆子”。天王星是太阳系内大气层最冷的行星，最低温度只有 49 K（－224 ℃）。其外部的大气层具有复杂的云层结构，水在最低的云层内，而甲烷组成最高处的云层。相比较而言，天王星的内部则是由冰和岩石构成的。1977 年，天文学家利用天王星掩食行星的机会发现了天王星有光环。天王星有五颗较大的卫星，它们都在天王星赤道面上的近圆轨道上绕天王星转动。

6.4.1.2.4　海王星（Neptune）

海王星在 1846 年 9 月 23 日被发现，是唯一利用数学预测而非有计划的观测发现的行星。天文学家利用天王星轨道的摄动推测出了海王星的存在与可能的位置。1989 年，美国航空航天局的“旅行者 2 号”航天器发现了大黑斑，它是一个欧亚大陆大小的飓风系统，东西约 12 000 km，南北约 8 000 km。这个风暴类似木星上的大红斑。同样，海王星也有光环。

海卫一是一颗大倾角、逆向公转的卫星。天文学家估计它是被海王星“俘获”的，在一千万到一亿年后它会瓦解或陨落在海王星上。

6.4.2　矮行星

2006 年的第 26 届 IAU 决议大会后，国际天文学联合会提出了对矮行星的描述：

（1）以一定轨道绕着恒星（如太阳）的天体；

（2）有足够的质量以自身的重力克服固体引力，使其达到流体静力学平衡的形状（几乎是球形的）；

（3）未能清除在近似轨道上的其他小天体；

（4）不是行星的卫星，或是其他非恒星的天体。

从此太阳系九大行星就变成了八大行星。冥王星被归入了矮行星一列。

除冥王星外，谷神星、阋神星、鸟神星和妊神星都属于矮行星。

1936 年，美国天文学家汤博发现了冥王星。它绕太阳运行一周历时 248 年之久，平均速度只有 4. 8 km/s，自转周期为 6. 39 天，为逆向自转，自转倾角高达 17°，平均距离太阳 39. 96 AU。其质量不足地球的 0. 25%，直径只有 2 300 km，比月球还小。

截至 2012 年 7 月，冥王星已知的卫星有 5 个，其中最大的卫星是冥卫一（卡戎），其公转周期与冥王星的自转周期相同，因此在冥王星上能看见卡戎的地区，卡戎总是位于天空中的某个相对固定的位置上，并且总是用同一个面对着冥王星。关于卡戎是否为冥王星的卫星，至今还有争论，也有人认为卡戎和冥王星组成双矮行星。

6. 4. 3　太阳系小天体

除了经典行星与矮行星以外，其他环绕太阳运行的天体都属于太阳系小天体，其中包括了小行星、彗星与流星体。

6. 4. 3. 1　小行星

小行星一般位于火星与木星轨道之间的小行星带内（这些小行星称为“主带小行星”）。截至 2013 年 8 月 21 日，620 935 颗小行星有轨道数据，其中 369 956 颗获得永久编号，已获命名的有 17 972 颗。

表 6 - 7　近地小行星有关知识

近地小行星类型	阿莫尔型	阿波罗型	阿登型
半长径（单位：AU）	>1. 0	>1. 0	<1. 0
近日距（单位：AU）	1. 017 ~ 1. 3	<1. 017	—
远日距（单位：AU）	—	—	>0. 983
类型数量（单位：个）	3 729（2013 年 6 月）	5 229（2013 年 3 月）	758（2012 年 9 月）
撞击概率（单位：颗/亿年）	0. 1	0. 3	1
轨道特征描述	位于地球轨道以外，近日点时与地球轨道距离最接近	轨道近日距一段深入地球轨道以内	在行星摄动下，其轨道容易与地球轨道发生交叉
轨道范围图示（阴影部分）	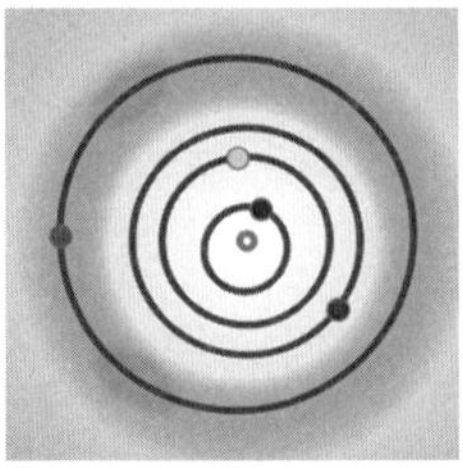	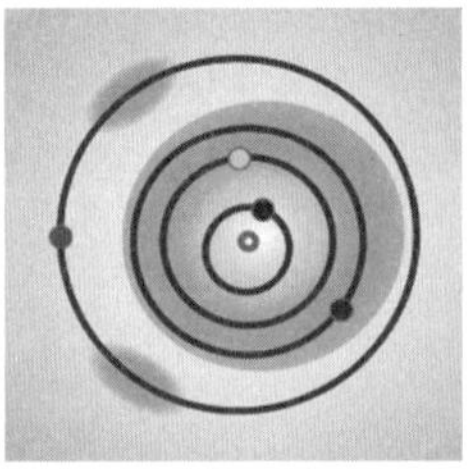	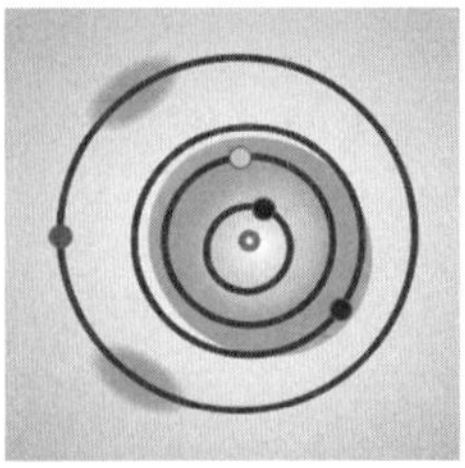
著名天体举例	阿莫尔（1221） 爱神星（433）	阿波罗（1862）、伊卡洛斯（1566）、薛西佛斯（1866）	阿登（2056） 阿波菲斯（99942）

注：在搜寻近地小行星中有以下几个著名的计划——LINEAR（林肯近地小行星巡查）、NEST（近地小行星追踪）、EUNEASO（欧洲近地天体搜寻、追踪和物理观测计划）等。

有些小行星绕日公转时可以运行到地球附近，称为近地小行星。近地小行星主要分为阿莫尔型、阿波罗型和阿登型。其中大多数阿登型小行星轨道半长径小于1 AU，而远日点大于1 AU，这会使此类小行星有横越地球轨道的危险。

6.4.3.2 彗　星

早在春秋时期，我国就已有对彗星的记载。《春秋》载有鲁文公十四年，即公元前613年，“秋七月，有星孛入于北斗”，这是有关哈雷彗星的首次记载。彗星，俗称扫把星，是由冰构成的太阳系小天体。彗星的轨道有椭圆、抛物线、双曲线三种。

椭圆轨道的彗星又叫周期彗星，另两种轨道的又叫非周期彗星。周期彗星又分为短周期彗星和长周期彗星，以200年为分界点，回归周期小于200年的是短周期彗星，大于200年的是长周期彗星。彗星一般由彗头和彗尾组成。彗头包括彗核和彗发两部分，有的还有彗云。彗尾有两类，一类是离子彗尾，一类是尘埃彗尾。由于太阳风的压力，彗尾总是指向背离太阳的方向。

哈雷彗星的回归周期是76年，下一次回归将是2061年。

6.4.3.3 流星体

流星体是太阳系内小至沙尘、大至巨砾的颗粒状碎片。流星是太阳系中非常细小的天体与地球相遇，并被地球引力吸入大气层，在高速运动中摩擦燃烧，周围大气受激而发光的现象。亮流星的亮度会超过天上最亮的恒星与行星。如果特别亮，途中还有分裂出来的溅落物质，便称为火流星。许多流星来自相同的方向，并在一段时间内相继出现，则称为流星雨，一般界定200颗/小时以上的为强流星雨，400颗/小时以上的为流星暴。狮子座流星雨是非常著名的流星雨之一，历史上多次形成流星暴，上一次狮子座流星暴的时间是2013年11月17日的狮子座流星雨极大值时。

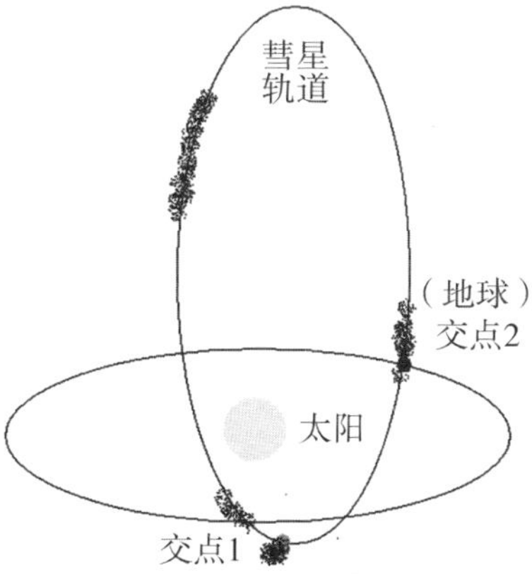

图6－10　流星雨的形成

流星雨的产生，并不是因为有流星体自发撞向地球。究其原因，是有些彗星的轨道会与地球轨道相交，彗星绕其轨道运行时会留下大量碎片，地球在绕其轨道运行至与彗星轨道交点时，会撞上彗星留下的碎片，从而形成流星雨。所以我们可以得知流星雨的产生与相应彗星有关。反过来，流星雨都会有它们本身的“母体彗星”。

流星雨发生时，群内流星轨迹的反向延长线会集中于天球的某个位置，这个位置称为流星雨的辐射点，我们通常用辐射点所处的星座来命名该流星雨。全球范围内流量较大的三个流星雨分别是：1月发生的象限仪座流星雨；8月上旬发生的英仙座流星雨；12月上旬发生的双子座流星雨。

6.4.3.4 陨石和陨冰

闯入大气层的流星可能最终没有燃烧干净，其残余部分坠落到地球上成为陨石，也称陨星。大多数陨石来自于火星和木星间的小行星带，小部分来自月球和火星。

陨石根据其内部的铁镍金属含量高低通常分为三大类：石陨石（主要成分是硅酸盐）、铁陨石（主要成分是铁镍合金）、石铁陨石（主要成分是铁和硅酸盐的混合物）。陨石着陆冲击地面形成的坑穴叫陨石坑。

除了有陨石现象以外，还有罕见的陨冰现象。彗星的彗核是以水冰为主的冰物质，其中也夹杂着一些尘埃物质，当彗星在太阳系中运行时，受迎面而来的流星体的撞击，就会从彗核的表面溅射出一些碎冰块，有的偶尔与地球相遇，穿过大气层到了地面，就是陨冰。1983 年 4 月 11 日中午，在我国无锡市突然坠落一块半米左右的大冰块，经鉴定为陨冰。

6.4.3.5　*柯伊伯带与奥尔特星云*

柯伊伯带位于距离太阳 30 AU ~ 50 AU 的地方，其名称源于荷兰裔美籍天文学家柯伊伯。早在 20 世纪 50 年代，柯伊伯和埃吉沃斯就预言：在海王星轨道以外的太阳系边缘地带，充满了微小冰封的物体，它们是原始太阳星云的残留物，也是短周期彗星的来源地。

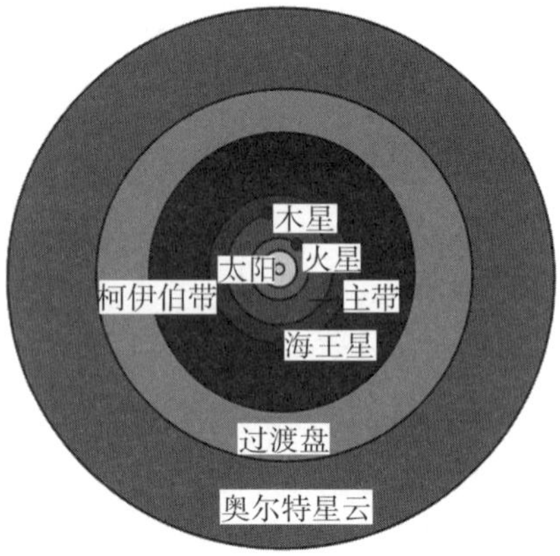

图 6－11　柯伊伯带与奥尔特星云示意图

奥尔特星云又译欧特云，是一个假设包围着太阳系的球体云团，布满不少不活跃的彗星，距离太阳 5 万至 10 万天文单位，最大半径差不多一光年，即太阳与比邻星距离的 1/4。天文学家普遍认为奥尔特星云是 50 亿年前形成太阳及其行星的星云之残余物质，并包围着太阳系。

7 恒星的分类与演化

7.1 恒星的分类

7.1.1 光谱分类

普遍认可的恒星分类是光谱分类。

依据恒星光谱中的某些特征、谱线和谱带，以及这些谱线和谱带的相对强度，同时也考虑连续谱的能量分布，可将恒星划分为以下几大类型。

表 7－1 恒星的分类

颜色	表面温度（K）	典型恒星	光谱型
蓝	25 000～40 000	参宿一	O
蓝白	12 000～25 000	角宿一	B
白	7 700～11 500	牛郎星	A
黄白	6 100～7 600	老人星	F
黄	5 000～6 000	太阳	G
红橙	3 700～4 900	大角星	K
红	2 600～3 600	心宿二	M

从表中可以看出，恒星的颜色越偏向红色，它表面的温度越低；越偏向蓝色，则表面温度越高。

7.1.2 恒星的光谱光度图——赫罗图（H－R 图）

赫罗图是 20 世纪初由丹麦天文学家赫茨普龙和美国天文学家罗素分别研究了大量恒星的温度与它的光度（绝对星等）之间的关系后提出的。以光谱型（表面温度）为横坐标，以恒星的绝对星等（光度）为纵坐标作图，可以发现恒星在光谱光度图中有一定的分布规律。赫罗图中有一块称为主星序的带状区域，位于主星序中的恒星就是主序星。处于主序星阶段的恒星，其核聚变反应产生的巨大辐射能使恒星内部的辐射压力和气

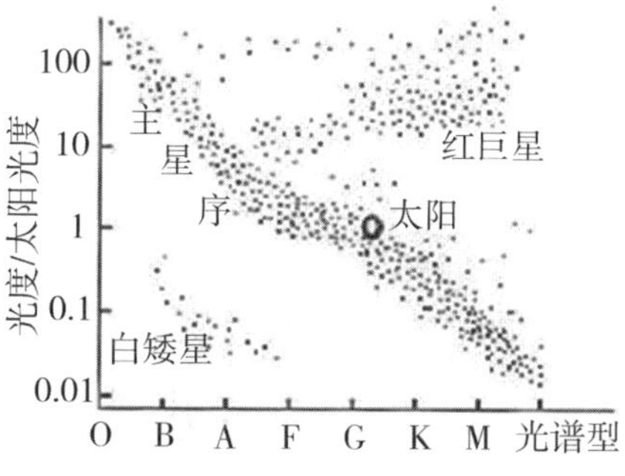

图 7－1 赫罗图

体压力增高到足以与引力抗衡时，恒星就不再收缩，并且能够稳定地释放出能量。太阳就是一颗主序星。

7.1.3 恒星的体积与质量

天文学家按照恒星的半径和亮度把恒星分为巨星、超巨星、矮星等类型。一般来说，巨星的半径是太阳半径的 10 ~ 100 倍，亮度则是太阳的 10 ~ 1 000 倍。比巨星更亮的恒星是超巨星和特超巨星。矮星的半径和亮度相当于主序星。

超巨星的半径可以达到太阳半径的几百到几千倍。例如，参宿四的半径是太阳半径的 370 倍，心宿二的半径是太阳半径的 230 倍。白矮星比太阳小，如天狼星伴星的半径只有太阳半径的 1/333，中子星的半径仅有 15 km 左右。

已知质量最大的恒星是 R136a1，它大约是太阳的 265 倍。心宿二的质量是太阳的 50 倍，大角星的质量是太阳的 10 倍。从统计的角度来看，大多数恒星的质量是太阳质量的 0. 5 ~ 5 倍。比邻星是一颗红矮星，它的质量约为地球的 1/8。

7.1.4 双星、聚星

7. 1. 4. 1 双 星

双星可以分为两大类：光学双星和物理双星。

光学双星是指在天球上靠得很近的两颗恒星，但它们之间并不存在物理联系。

物理双星是指具有物理联系的双星，如果在望远镜的视场中可以分解，并通过它们的轨道运动能够测定绕转周期的双星称为目视双星。若需要通过恒星光谱才能测定出恒星的周期位移的，则称为分光双星。在双星系统中，两颗成员星都称为双星的子星。较亮的那颗叫主星，较暗的那颗叫伴星。

有些双星由于两个子星的轨道运动而互相遮掩，导致了整个双星系统的光度变化，这类双星被称为食变双星（食变星、食双星），如英仙座的大陵五（参见图 7 – 2）。

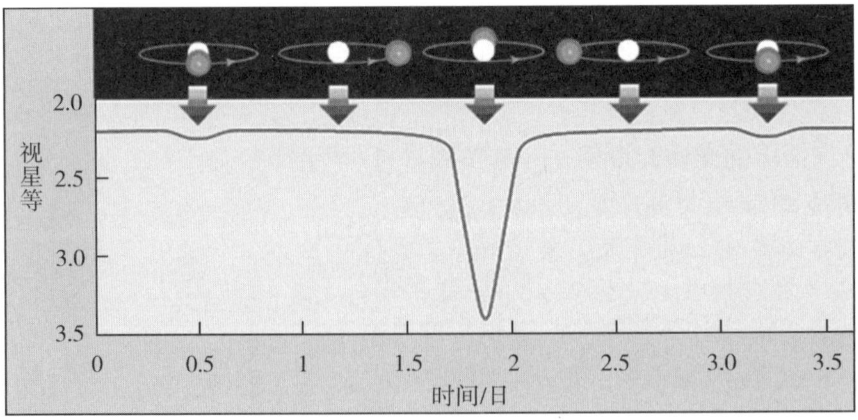

图 7 – 2 大陵五

※密近双星是指两颗星靠得很近，在相互的引力作用下，有物质在其间交流或出现引力变形的双星。密近双星在恒星世界中普遍存在，研究密近双星可以得到一些重要的恒星

演化线索，如分析恒星大气层结构、恒星内部的密度分布等物理特性，因而是相当重要的研究内容。食双星和分光双星中有很多也同时都是密近双星。

密近双星分为三类：仅出现引力变形而没有物质交流的称为不接近密近双星；一颗巨星的物质单方面流向伴星的称为半接近密近双星；双方都有相互物质交流的称为密接密近双星。

7.1.4.2 聚　星

天文学家把由 3～10 颗恒星组成的，在彼此引力作用下运动的天体系统定义为聚星。

大熊座中的开阳星（大熊座 ζ 星），是一颗有名的聚星。首先，它是一颗肉眼可以分辨的目视双星。主星是开阳，伴星叫辅星，两星相距 11 角分。这两颗恒星之间有力学联系。用望远镜观测大熊座 ζ 星，可以发现它本身就是一颗目视双星，两子星相距 14 角秒。大熊座 ζ1 星又是最早被发现的分光双星。后来又发现大熊座 ζ2 星和辅星也是分光双星。所以这颗聚星是六合星。

7.1.5 变　星

天文学上把那些亮度时常变化的恒星称作变星。按光变的起源和特征，可将变星划分为三大类：食变星、脉冲星和爆发星。食变星已介绍过了，这里简略说明其他两种。这两种类型的变星和食变星（几何变星）不同，它们都是自身光变的变星（物理变星）。也就是说，它们发出的辐射能随时间而改变。

脉动变星是自身周期性的膨胀和收缩，致使它们的亮度和大小都有脉动。脉动变星有许多不同类型，现介绍主要的几种：

（1）长周期变星：典型星是蒭藁增二（鲸鱼座 O 星）。它们的光变周期的范围为 70～700 天，光变幅度也比较大。它们都是红巨星和红超巨星。

（2）造父变星：典型星是仙王座 δ 星，中文名造父一。凡变化周期在 1～50 天，而且周期非常稳定的脉动变星都归为这一类变星。它们是黄色的巨星或超巨星，质量为太阳的几倍，光度很大。北极星（勾陈一）也属此类型。它们有一种十分可贵的特性：周光关系——造父变星的光变周期越长，光度就越大。周光关系提供了一种测定天体距离的方法：测定光变周期，即得知光度，再根据视星等就可以算出距离，条件为该天体是造父变星。造父变星是天体距离的指示器，因此被誉为“量天尺”。

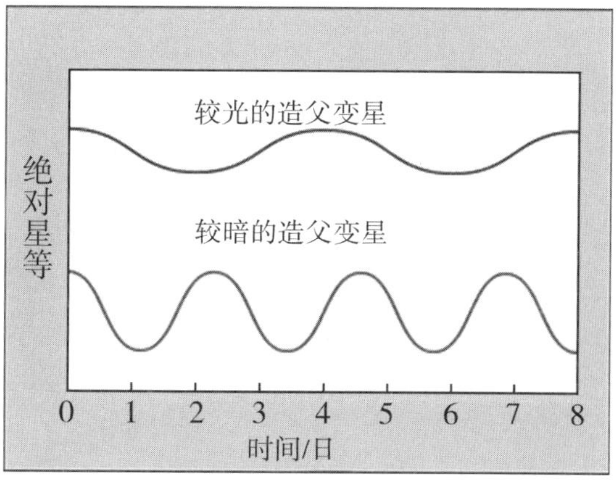

图 7－3　造父变星

（3）天琴座 RR 型变星：典型星是天琴座 RR 星。光变周期 0.05～1.2 天，变幅 0.5～1.5 星等，有比较特殊的光变曲线。一个特点是光度相当稳定，绝对星等 0.5 左右，偏离在 ±0.2 星等范围，所以它们的目视亮度直接指示着距离，被称为第二把“量天尺”，但准确度和适用范围都不如造父变星。

(4) 爆发变星：爆发变星是一种亮度突然激烈增强的变星。造成这类变星光度变化的原因是星体本身的爆发。爆发变星可以包括许多类型，例如新星、超新星、再发新星、矮新星、类新星、耀星等。新星如2013年8月14日发现的海豚座新星。

7.2 恒星的演化

7.2.1 小质量和中等质量恒星演化路线

恒星的寿命取决于质量，质量越大寿命越短，反之则越长。参宿七的质量是太阳的10倍，寿命约有2 000万年。太阳的寿命约为100亿年（现在大约已经过了45亿年，所以太阳处于中年阶段）。比邻星只有太阳1/10的质量，其寿命将高于1万亿年。

下面给出两个定义：

钱德拉塞卡极限：白矮星的质量上限，$M = 1.44\ M_{\odot}$。这个极限是由钱德拉塞卡计算出的，计算的结果会依据原子核的结构和温度而略有差异。

奥本海默极限：稳定中子星的质量上限，当今尚无确定值，一般取 $2.0 \sim 3.2\ M_{\odot}$。1936年，奥本海默等证明存在一个临界质量，一颗热核能源耗尽的星体，如果质量大于这个临界质量，就不可能成为稳定的中子星，它要么经过无限坍缩形成黑洞，要么形成介于中子星与黑洞之间的其他类型的致密星。

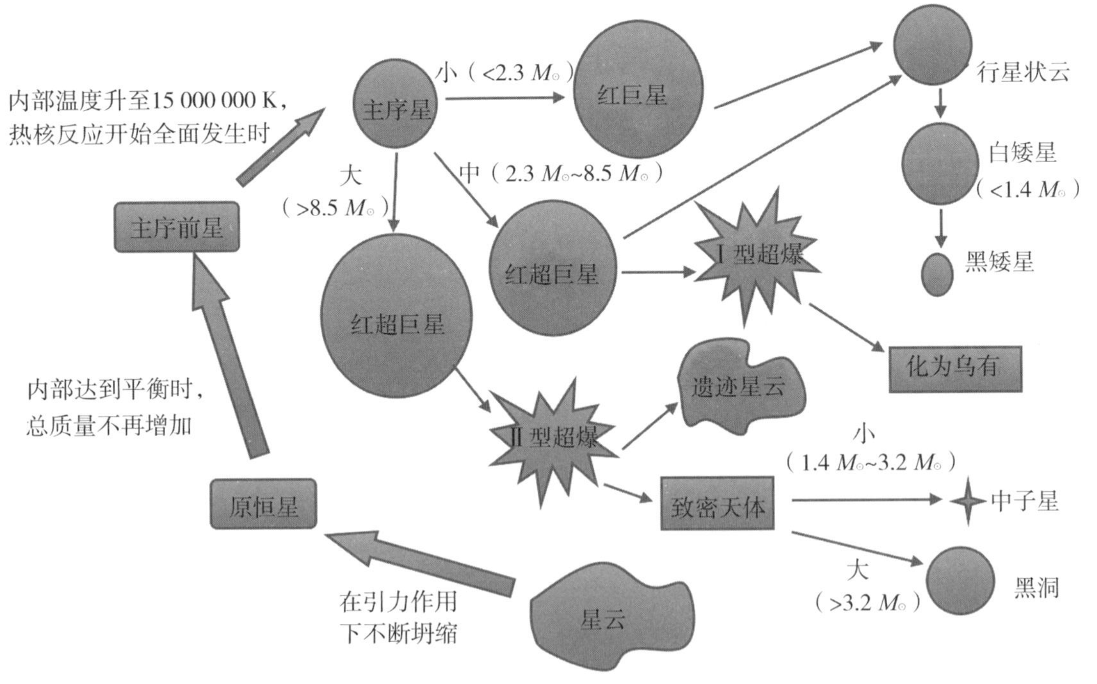

图7－4 恒星的演化

7.2.2 大质量恒星演化路线

总质量大于100（60）$M_{\odot}$的天体遵循不同的演化路线，以下是其演化路线。

表 7－2　恒星演化过程

原始质量（$M_\odot$）	演化过程	超新星类型
90＋	O → Of → WNLh（→ WNE）→ WC	Ib
60～90	O → Of/WNLh↔LBV → WNL → WC	Ib
40～60	O → BSG → LBV↔WNL（→ WNE）→ WC	Ib
	（少见）O → BSG → LBV↔WNL（→ WNE）→ WC → WO	Ic
30～40	O → BSG → RSG（↔LBV）→ WNE → WC	Ib
20～30	O（→ BSG）→ RSG↔BSG → RSG	II－L（或 IIb）
10～20	O → RSG	II－P

表 7－3　缩写说明

O	O 型主序星
Of	出现氮和氦发射线的老年 O 型星
Of/WNLh	“Slash star”，光谱在 Of 和 WNLh 之间的恒星（静止高光度蓝变星）
BSG	蓝超巨星
RSG	红超巨星
LBV	高光度蓝变星
WNL	“晚期”WN 沃尔夫—拉叶星（光谱类型约 WN6 到 WN9）
WNLh	WNL 加上氢线
WNE	“早期”WN 沃尔夫—拉叶星（光谱类型约 WN2 到 WN6）
WC	WC 沃尔夫—拉叶星
WO	WO 沃尔夫—拉叶星

沃尔夫—拉叶星（Wolf-Rayet stars），是一种正在演化的大质量恒星，质量超过太阳质量的 20 倍。因其自身强劲的恒星风（300～2 000 km/s），导致恒星质量的高速流失。太阳每年流失自身质量的 10～14 倍，但沃尔夫—拉叶星每年可流失自身质量的 1/100 000。沃尔夫—拉叶星非常炽热，呈深蓝色，表面温度范围 30 000 K～50 000 K。沃尔夫—拉叶星的光度极高，其热光度可达到太阳的数万乃至数百万倍，不过它所释放的辐射大多在远紫外线甚至软 X 射线部分，因此在可见光部分亮度并不是特别高。沃尔夫—拉叶星常与 O 型及 B 型星组成星协，由此可知本型恒星相当年轻，但沃尔夫—拉叶星的氦、氢比例是正常星的几十倍，说明大部分氢已转为氦，已经历了氢核融合阶段，正步入晚年。这说明了此种恒星的演化很快，寿命很短。

最知名而且最容易被肉眼观测的沃尔夫—拉叶星是天社一（船帆座 γ2，＋1.7 等）的其中一颗成员星。苍蝇座 θ 则是另一颗容易被肉眼观测的本型星例子。

7.2.3 恒星演化的归宿

（1）红巨星：称它为巨星，是突出它的体积巨大。在巨星阶段，恒星的体积将膨胀到十亿倍之多。称它为红巨星，是因为它在迅速膨胀的同时，外表面离中心越来越远，所以温度也随之降低，发出的光也就越来越红。不过，虽然温度降低了一些，但是红巨星的体积很大，因此它的光度也变得很大，极为明亮。心宿二、参宿四都是肉眼可见的红巨星。

（2）白矮星：与普通的恒星相比，白矮星的体积小、亮度低，但质量大、密度极高。比如人类最早发现的白矮星——天狼星伴星，它的体积比地球大不了多少，可是质量却和太阳差不多，它的密度在 10^{10} kg/m^3 左右。根据白矮星的半径和质量，可以算出它的表面重力相当于地球表面的1 000 万到10 亿倍。在这样高的压力下，原子都被压碎了，电子脱离了原子轨道变为自由电子，物理学家把这种物质称为电子简并态。

（3）超新星：超新星主要有两种类型。Ⅰ型超新星的形成机制来自双星系统中的白矮星，它可能会从其伴星那里获取并积累物质，从而提升内核的温度，以致能够将碳元素点燃（由碳元素开始核聚变），并由此导致热失控下的核聚变，最终形成超新星。Ⅱ型超新星则由衰老的红巨星开始。当它的核心无法再通过热核反应产生能量时，它有可能会通过引力坍缩的过程坍缩为一个中子星或黑洞。引力坍缩所释放的引力势能会加热并驱散恒星的外层物质。

据估算，在如银河系大小的星系中，超新星爆发的概率约为每 50 年一次，它们在为星际物质提供丰富的重元素中起到了重要作用。同时，超新星爆发产生的激波也会压缩附近的星际云，这是新的恒星诞生的重要启动机制。

（4）中子星：它的密度为 10^{11} kg/cm^3，也就是每立方厘米的质量竟有一亿吨之重！对比起白矮星的几十吨/立方厘米，后者似乎又不值一提了。事实上，中子星的质量是如此之大，半径 10 km 的中子星的质量就与太阳的质量相当了。中子星就是一个巨大的原子核，中子星的密度就是原子核的密度。中子星都是脉冲星。中子星具有强磁场，运动的带电粒子发出同步辐射，形成与中子星一起转动的射电波束。由于中子星的自转轴和磁轴一般并不重合，所以每当射电波束扫过地球时，就接收到一个脉冲。脉冲星被称为 20 世纪 60 年代天文“四大发现”之一。

（5）黑洞：当恒星演化到核能耗尽的时候，若其质量超过 3.2 倍太阳质量，其内部中子结构的抗拒力将抵挡不住引力的坍缩，从而中子星在自身的引力的挤压下将被碾得粉碎，最终形成一个密度高得难以想象的黑洞。黑洞形成的引力大到使任何东西（包括光）都不能逃逸出去。因此黑洞不让它本身一定范围（视界）的任何事态被外界看见。目前公认的理论认为，黑洞只有三个物理量可以测量到：质量、电荷、角动量。

银河系中心黑洞质量：$2.6\times10^6\ M_{\odot}$（《天文学新概论》，第 326 页）。

微型黑洞（也叫原初黑洞、太初黑洞，此概念由霍金提出），可能形成于大爆炸早期，典型质量和尺度分别为 10^{15} kg 和 10^{-15} m。

8 星系的分类与演化

8.1 星系的分类

现在通用的分类为1926年的哈勃分类（图8－1），即根据中央核球相对于外围圆盘的大小、旋臂特征、旋臂和星系盘分解为恒星的程度分为椭圆星系、旋涡星系、棒旋星系和不规则星系。

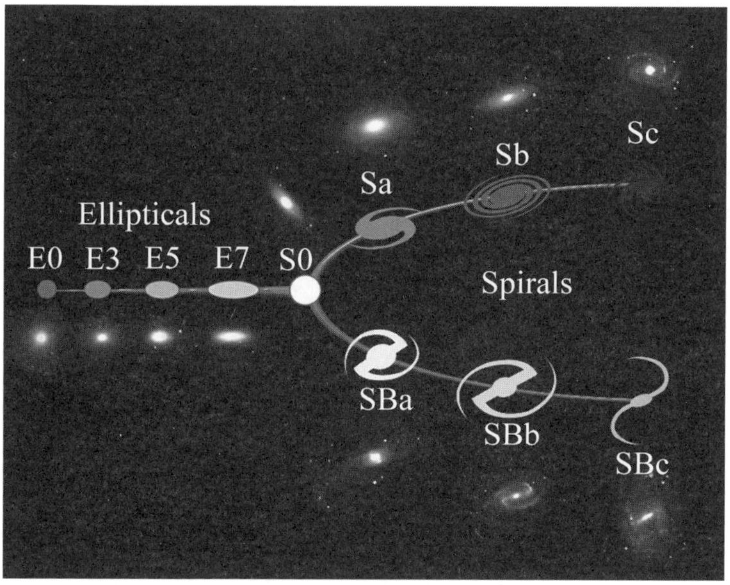

图8－1　哈勃分类法

图8－2　椭圆星系M87

图8－3　旋涡星系M83

8.1.1　椭圆星系

呈椭圆形或正圆形，无旋涡结构，通常中心较密，包含一个核。椭圆星系用字母E表示，后面跟一个表示扁度的数字，其值为$10\times\frac{a-b}{a}$，a和b分别为椭圆的半长轴与半短轴，如“E5”。常见的有M87（图8－2）等天体。

8.1.2　旋涡星系

具有旋涡结构，中心为一球状或椭球状核球，从中心向外有两条或两条以上的旋臂。旋涡星系用字母S表示。根据核球大小和旋臂伸展程度分为Sa、Sb、Sc三种次型。著名的有 M83（图8－3）。少数星系像旋涡星系一样扁平但看不见旋涡结构，称为透镜型星系，记为 S0。

8.1.3 棒旋星系

用字母 SB 表示。除了中心部分不是球状或椭球状而是棒状以外，其余各方面与旋涡星系类似。根据旋臂伸展程度分为 SBa、SBb、SBc 三种次型。著名的此类星系包括 NGC1365（图8－4）。应注意，旋涡星系和棒旋星系有时也泛称为旋涡星系（注：应尽量避免这样使用，容易引起混淆）。

图8－4 棒旋星系

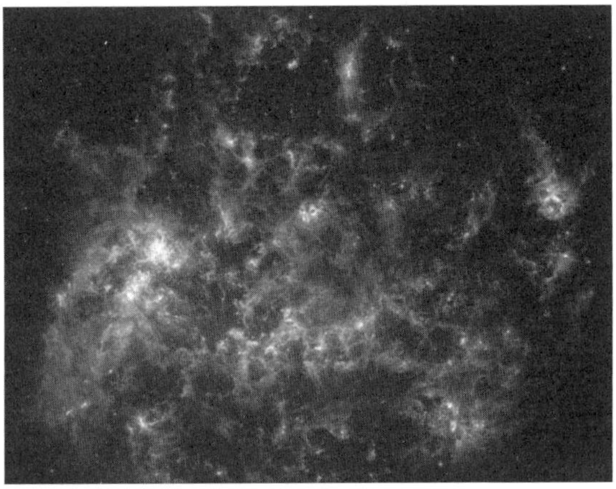

图8－5 不规则星系

8.1.4 不规则星系

没有旋涡结构，形状不对称。根据其光谱偏重的颜色分为 IrrI 和 IrrII 两种次型，前者偏蓝，后者偏黄。著名的不规则星系有大、小麦哲伦云（图8－5为大麦哲伦云）。

8.2 星系团（星系群）和超星系团

8.2.1 星系集团的分类

三五个彼此靠近、有物理联系的星系组成的小团体称为多重星系，由十几个或几十个星系组成的比较松散的集团称为星系群，上百至上千个星系组成的大家族称为星系团。应注意，星系团和星系群是同级天体系统。星系团按形态可分为规则星系团和不规则星系团。超星系团则是指十个左右或更多有物理联系的星系团（群）所构成的集团。

8.2.2 本星系群与本超星系团

银河系与大、小麦哲伦云组成三重星系，而它们又同其他大约 40 个星系组成一个星系群，称为本星系群。其中最重要的三个星系为 M31、银河系、M33。而本星系群中离银河系最近的为大麦哲伦云。

本超星系团是指由本星系团、室女座星系团、大熊座星系团（即 M81 星系团）以及 50 个左右较小的星系团、星系群组成的庞大天体系统。

表 8－1　本星系群部分成员

星系	类型	距离/万秒差距	直径/万秒差距
大麦哲伦云	Irrl	5.5	0.92
小麦哲伦云	Irrl	6.4	0.77
M31	Sb	89.0	6.00
M32	E2	89.0	0.25
M110	E5	89.0	0.52
M33	Sc	92.0	1.84
NGC147	E5	73.6	0.32
NGC185	E3	70.6	0.30
船底星系	E3	11.0	—
人马星系	Irr	128.8	—
天龙星系	E0	8.6	0.10
小熊星系	E4	7.4	0.24

8.3　银河系

银河是指在无月的晴夜，大气透明度好的地方能看到的横跨天空的乳白色光带。该光带中恒星和其他天体组成的集团就是银河系。银河系是一个棒旋星系（注：目前存在一定争议，见《天文学新概论》第 197 页“银河系是旋涡星系……最近 10 年的一些观测显示……而属于棒旋星系的类型”），由核球、银盘、银晕、银冕构成。核球位于银河系中心，直径为 1.2 万光年，其中心部称为银核，物质集中，射电和高能辐射活动强烈。银盘中含有 5 条旋臂：英仙臂、猎户臂、人马臂、南十字臂和矩尺臂，太阳位于猎户臂的内侧，距离银心 2.8 万光年。银心是银河中心，是强烈电辐射区，称为人马 A 射电源，其中包含一个几百万太阳质量的巨型黑洞。人马 A 细节上可分为人马 A 东和人马 A 西。真正的银河系核心位于人马 A 西中，记为人马 A^*。银盘直径为 10 万光年。银河环绕全天，跨过 25 个星座，即天鹅座、天鹰座、狐狸座、天箭座、蛇夫座、盾牌座、人马座、天蝎座、天坛座、矩尺座、豺狼座、南三角座、圆规座、苍蝇座、南十字座、船帆座、船尾座、麒麟座、猎户座、金牛座、双子座、御夫座、英仙座、仙后座和蝎虎座。

8.4　星系的演化

8.4.1　星系诞生理论

目前被普遍接受的有关星系演化过程的理论，是指星系是在黑洞引力的作用下或是更为古老的恒星团之间碰撞之后形成的。该理论认为，恒星的融合、演化过程在初始阶段是非常缓慢的，但在体积增大之后，其速度会大大加快。然而，天文学家在对一些观测数据进行分析后，却对上述理论提出了质疑。通过对一些百亿年前的天体进行观测，他们发现，在那些巨型星系中新恒星的产生速度非常之快，并且与撞击并无直接联系。因此，目前在星系诞生理论方面，仍然存在较多争议。

8.4.2 星系演化理论

一般认为，星系诞生之初，通常都是旋涡星系，会不断产生恒星。随着时间流逝，这一星系会与其他星系碰撞、融合。最终，这一星系产生恒星的速度会减慢，并变成椭圆星系。不过，一些观测结果表明，一些年老的星系仍然能以较高的速度产生恒星，这使原理论受到质疑，使星系演化理论方面争议依然较多。

图 8－6　星系演化

8.5 活动星系

活动星系是指在射线、红外和 X 射线波段星系活动较正常星系剧烈的星系。活动星系包括射电星系、爆发星系、赛佛特星系、蝎虎座 BL 型天体和互扰星系等。

8.5.1 射电星系

射电星系指有较显著射电辐射的星系。最早被发现的是天鹅座 A，即 3C 405。

8.5.2 爆发星系

有爆发活动的星系称为爆发星系，如大熊座内的不规则星系 M82（图 8－7）。

图 8－7　爆发星系

8.5.3 赛佛特星系

赛佛特星系是一类具有亮核的旋涡星系，活动性强于爆发星系。赛佛特星系同时发出很强的射电、红外、紫外和 X 射线辐射。具体的例子如 NGC4151。

8.5.4 蝎虎座 BL 型天体

蝎虎座 BL 型天体是一类具有非常亮的星系核的椭圆星系，其代表为蝎虎座 BL。其亮度会不断变化，并且没有什么规律性。蝎虎座 BL 型天体有很强的射电、红外和 X 射线辐射。

8.5.5 互扰星系

互扰星系指星系对、星系串、星系链在引力作用下互相干扰，破坏了星系的正常形态所形成的天体结构。

※星团和星云

本书为了突出重点内容，对于一些天文爱好者不得不知的知识没有专门设立章节，以下内容了解即可。

（1）星团：星团是指恒星数目超过十颗以上，并且相互之间存在物理联系（引力作用）的星群。由十几颗到几十万颗恒星组成的，结构松散、形状不规则的星团称为疏散星团，它们主要分布在银道面，因此又叫银河星团，主要由蓝巨星组成，例如昴宿星团，疏散星团一般比较年轻；由上万颗到几十万颗恒星组成，整体像圆形，中心密集的星团称为球状星团，球状星团成员恒星的年龄一般在100亿年以上。我们所见的星团的距离比星系的距离近得多，因为这些星团都处于银河系中。

（2）星云：星云是尘埃、氢气、氦气和其他电离气体聚集的星际云。就发光性质来说，可分为：被中心或附近的高温照明星（早于B1型）激发发光的发射星云，因反射和散射低温照明星（晚于B1型）的辐射而发光的反射星云，部分地或全部地挡住背景恒星的暗星云（如猎户座马头），有些星云是由反射星云和发射星云结合在一起的，例如三裂星云。就形态来说，可分为：广袤稀薄而无定形的弥漫星云（无规则形状，星云边界直径最大为几十光年；质量在10个太阳左右，密度在10～100原子/立方厘米之间），亮环中央具有高温核心星的行星状星云（行星状星云由小质量恒星爆炸后产生，核心为白矮星，外形呈圆盘状或环状，带有暗弱延伸星云）；尚在不断地向四周扩散的超新星剩余物质云（即超新星遗迹）。

9 万有引力定律与开普勒三定律

9.1 圆周运动

9.1.1 弧度制

9.1.1.1 定　义

等于半径长的圆弧所对的圆周角叫一弧度的角，用符号 rad 表示，读作弧度。用弧度作单位来度量角的制度叫弧度制。

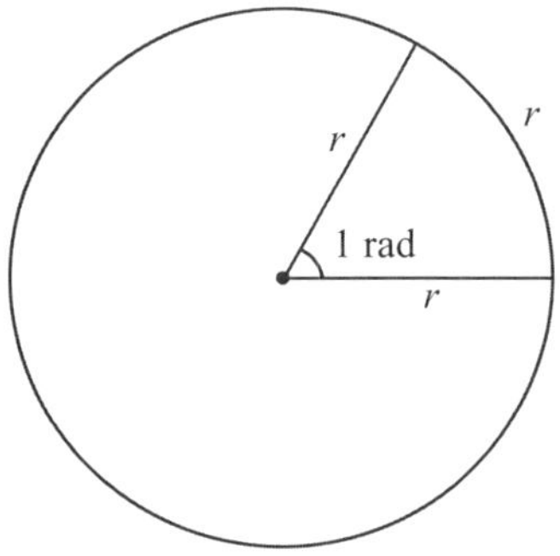

图 9－1　弧度制

9.1.1.2 换　算

一个完整的圆的弧度是 2π，所以 $2\pi\ \text{rad} = 360°$，$1\pi\ \text{rad} = 180°$，$1° = \pi/180\ \text{rad}$，$1\ \text{rad} = (180/\pi)°$，其中，$\pi$ 约等于 3.14。

9.1.1.3 意　义

弧度制的精髓就在于统一了度量弧与半径的单位，从而大大简化了有关公式及运算，尤其在高等数学中，其优点格外明显。

9.1.1.4 练　习

360° ＝（　　）rad　　180° ＝（　　）rad　　45° ＝（　　）rad

30° ＝（　　）rad　　60° ＝（　　）rad　　3/4 rad ＝（　　）°

5/6 rad ＝（　　）°　　2/3 rad ＝（　　）°　　1 rad ≈（　　）°

9.1.2 匀速圆周运动

9.1.2.1 圆周运动中的要素

（1）半径 r：连接圆心和圆上任意一点的线段叫圆的半径，通常用字母 r 来表示。

（2）线速度 v：质点沿圆周运动通过的弧长 ΔL 与所用的时间 Δt 的比值叫线速度，或者角速度与半径的乘积。（线速度是矢量；在匀速圆周运动中，速度大小不变，但速度方向一直在改变，所以速度是一直在改变的）

（3）角速度 ω：半径转过的弧度（弧度制：$360° = 2\pi\ \text{rad}$）与所用时间 t 的比值。单位为 rad/s。

（4）周期 T：作匀速圆周运动的物体转过一周所用的时间。单位为 s/2π。

（5）频率 f：单位时间内转过的圈数。单位为次/秒。

其中，

$$n = 1/T\ (n\ \text{为转速})$$

$$\omega = 2\pi/T = 2\pi n = v/r$$
$$v = \omega r = 2\pi r/T = 2\pi f r$$

9. 1. 2. 2　匀速圆周运动中的向心力（难点）

9. 1. 2. 2. 1　向心力的定义

向心力是指作匀速圆周运动的物体受到指向圆心的合力。

9. 1. 2. 2. 2　对向心力的认识

向心力是从力的作用效果来命名的，因为它产生指向圆心的加速度，所以称它为向心力。它不是具有确定性质的某种类型的力。相反，任何性质的力都可以作为向心力。实际上它可以是某种性质的一个力，或某个力的分力，还可以是几个不同性质的力沿着半径指向圆心的合外力。

为什么向心力没有把物体拉向圆心？作圆周运动的物体，速度方向时刻在改变，为了改变物体运动的方向，需要一定大小的力，设想物体没有受力，那么在惯性作用下不是会沿着切线方向飞出去吗？而物体作圆周运动时，向心力的大小恰好就等于所需要的力，因而它没有“余力”把物体拉向圆心。实际上，给予的拉力大于所需的向心力，确实就会把物体拉向圆心，而如果所给予的力小于所需的向心力，就会在水平切线方向有一个分速度，从而令运动的物体作偏离圆周轨道的曲线运动。

9. 1. 2. 2. 3　向心力的计算

$$F_{向} = m\omega^2 r = m\frac{v^2}{r} = m\omega v = m\frac{4\pi^2}{T^2}r = 4\pi^2 m f^2 r = 4\pi^2 m n^2 r$$

9. 1. 2. 2. 4　练　习

1. 一个质量为 2 kg 的质点，要作角速度为 6 rad/s，半径为 2 m 的匀速圆周运动，求所需的向心力。

2. 假设有一水平放置的时钟，其指针的运动可视为匀速圆周运动，体重 60 kg 的小明站在长 10 m 的秒针末端与秒针一起运动，问小明受到的摩擦力大小？

3. 在光滑地面上有一条长 1 m 的绳子拴着一个小球围绕着一个点在作匀速圆周运动，已知绳子所受拉力为 30 N，小球质量为 6 kg，求小球运动的线速度、角速度及周期。

9.2　万有引力定律

9.2.1　万有引力定律公式

$$F = G\frac{m_1 m_2}{r^2}$$

F：两个物体之间的引力；G：万有引力常量；m_1：物体 1 的质量；m_2：物体 2 的质量；r：两个物体之间的距离（大小）（r 表示径向矢量）。

依照国际单位制，F 的单位为牛顿（N），m_1 和 m_2 的单位为千克（kg），r 的单位为米（m），常数 G 近似地等于 $6.67\times10^{-11}\ \mathrm{N\cdot m^2\cdot kg^{-2}}$（牛顿平方米每二次方千克）。

文字表达：任意两个质点有通过连心线方向上的力相互吸引。该引力大小与它们质量的乘积成正比，与它们距离的平方成反比，与两物体的化学组成和其间介质种类无关。

9.2.2　由万有引力提供向心力的圆周运动

$$G\frac{Mm}{r^2}=ma_{向}=m\frac{v^2}{r}=m\omega^2r=m\frac{4\pi^2}{T^2}r$$

$$GM=gr^2\text{（黄金代换公式）}$$

9.3　开普勒三定律

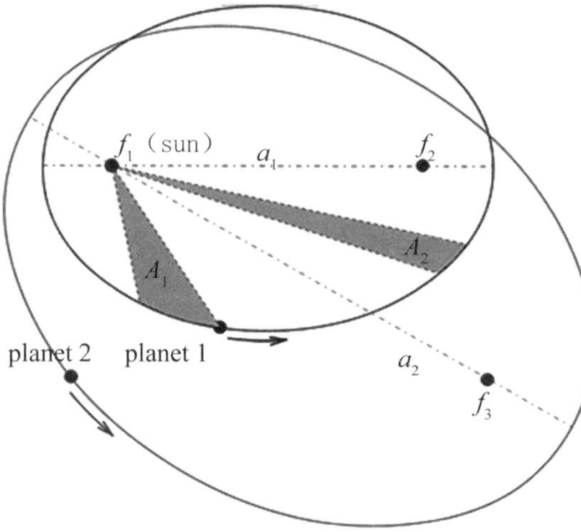

图 9－2　开普勒轨道模型

开普勒第一定律：行星 1、行星 2 的轨道是椭圆轨道；f_1、f_2、f_3 是其焦点（椭圆上任意一点到两个焦点的距离之和为常数）。

开普勒第二定律：相等时间内，$S_{A_1}=S_{A_2}$。

开普勒第三定律：绕同一中心天体的所有行星的轨道的半长轴的三次方 a^3 跟它的公转周期的二次方 T^2 的比值都相等。常用公式：$\frac{a^3}{T^2}=\frac{GM}{4\pi^2}=$ 常数。但是这个公式忽略了不同行星质量的差别，严格的公式为：$\frac{a^3}{a_0^3}=\frac{T^2\ (M+m)}{T_0^2\ (M_0+m_0)}$（其中 G 为引力常量，M 为中心天体质量）。常用于椭圆轨道的计算。

9.4　第一宇宙速度与人造卫星

9.4.1　第一宇宙速度

航天器沿地球表面作圆周运动时必须具备的速度，也叫环绕速度。第一宇宙速度有两个别称：航天器最小发射速度、航天器最大运行速度。在一些问题中说，当某航天器以第一宇宙速度运行，则说明该航天器是沿着地球表面运行的。按照力学理论可以计算出 v_1 = 7.9 km/s。

9.4.2 第二宇宙速度

人造天体脱离地球引力束缚所需的最小速度，也称脱离速度。按照能量守恒定律，即动能全部转化为引力势能的方法，可计算得其为根号二倍的第一宇宙速度，大小为11.2 km/s。

9.4.3 第三宇宙速度

从地球起飞的航天器可以摆脱太阳引力的束缚，脱离太阳系进入更广袤的宇宙空间的速度，也称逃逸速度。按照能量守恒定律，即动能全部转化为引力势能的方法，可计算得出其大小为 16.7 km/s。

9.4.4 有关人造卫星的一些结论

近地卫星是指贴在地球表面飞行的卫星，其运行周期为 85 mins（任一绕地球飞行的卫星周期均不可小于 85 mins，否则不成立）。

若凿一个洞穿过地心到达地球另一端，将一个物体抛下去，它来回一个周期运动的时间也为 85 mins。同步卫星是指运行周期与地球自转周期相同的卫星，是相对于地球静止的卫星。其轨道只有一条，距离赤道高度约为 36 000 km。近年来该轨道的卫星“人满为患”，每一次发射同步卫星都需要经过登记审核，通过后才能发射。

轨道越大的卫星角速度越小，周期越大，线速度越小，向心加速度越小。

卫星的发射一般有三个过程：第一个过程是发射至绕地飞行的近地圆轨道上。第二个过程是在合适点加速变轨，从近地圆轨道变至与近地圆轨道和目标圆轨道都相切的椭圆轨道上，该合适点便是椭圆轨道的近点。第三个过程是在椭圆的轨道远点，即与目标圆轨道的切点位置减速，使其变轨进入目标圆轨道。在椭圆轨道上的运动时间为绕转整个椭圆轨道周期的一半。该方法为目前发现的最节省燃料的卫星发射方法。

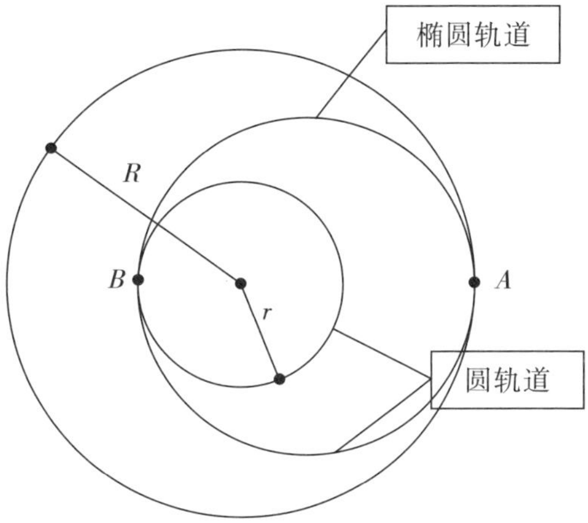

图 9-3 卫星发射的变化轨道

根据理论知识，发射太阳系内的探测器的速度需超过第二宇宙速度，发射飞出太阳系的探测器的速度需超过第三宇宙速度。在发射太阳系内探测器时，由于地球自转也会有速度且越靠近赤道地区速度越大，所以在赤道地区发射可以更容易达到第二宇宙速度（相当于速度的叠加）。同理，发射太阳系外的探测器时也可同时借助地球自转的速度与地球公转的速度来帮助发射。

引力弹弓效应：引力弹弓就是利用行星的重力场来给太空探测船加速，将它甩向下一个目标，也就是把行星当作“引力助推器”。大家可以把该过程看作一个弹性碰撞过程（实际上没有发生任何碰撞），根据动量守恒定律、能量守恒定律，由于行星的质量远大于探测器质量，探测器离开行星重力场时的速度将会为进入重力场时的2倍。引力弹弓既能改变探测器的速度方向也能改变它的大小。这种方法的局限性是行星和其他大质量天体并不总是在助推的理想位置上。例如20世纪70年代末旅行者号得以成行的重要原因是当时木星、土星、天王星和海王星都将运行至助推的理想地点，形成了一个队列。类似的队列将要到22世纪中期才会再次出现。这是一个极端的例子，但是即使是某些目标较小的计划，为了等待行星到达理想的位置，也必须耗去数年时间。

要判断一个天体是卫星还是属于行星的一部分，可以比较线速度与轨道半径的关系，若线速度与半径成正比则属于行星的一部分，若线速度与半径负相关则是卫星。

10 天体的距离和光度

10.1 天文学的距离尺度

当你看到这一章时，恭喜你，你已经突破重围，进入到天体物理专题的学习。很多人觉得物理很难，但天体物理并没有大家想象中的那么复杂。总的来说，天体物理研究的是天体的物理性质，不会涉及太多过于深奥的物理知识。现在，我们就开始学习这个课题。

我们用“天文数字”这个词来形容数值的巨大，而天体的体积、质量以及天体之间的空间距离等数值便是如此。本章讲的主要是天体距离和尺度的测量。

首先，在国际单位制（SI）中，米（m）作为标准的长度测量单位，经常用于日常生活中，如我们所知的还有毫米（mm）、厘米（cm）和千米（km）等长度单位。在天文学中，我们需要用千米（km）作为微观与宏观之间的桥梁。在太阳系中，地球轨道到太阳的平均距离就是 1.496×10^{8} km，月球轨道到地球的平均距离则为 3.844×10^{5} km，还有如地球的半径约为 6.378×10^{3} km，太阳的半径则为 6.955×10^{5} km。由此可见，千米（km）这个单位多用于测量行星系中的距离以及星体的线度大小。

而相信大家在之前的学习中也已接触到了一个新的单位，就是天文单位（AU，Astronomical Unit）。这个单位在天文学中尤为重要，特别是在恒星系（如表示太阳系内天体之间的距离）中发挥着巨大作用。而通常其定义方法是以太阳到地球的平均距离作为 1 AU。不过由于这种定义方法会使 1 天文单位的数值随着平均距离的改变而改变，所以在北京举办的第 28 届国际天文学联合会大会通过了一项重新定义天文单位的决议。该决议指出，规定 1 天文单位为一个定值不再改变，其值等于 149 597 870 700 米，而且规定 1 米是光在真空中传播 1/299 792 458 秒的距离。因为各取值的误差相差不大，所以在平时的运算中通常取 1 AU $=1.496\times10^{8}$ km，这是一个重要的天文常数值，需要大家记下来。

接下来是光年（l. y.），这个单位初中物理课上应该会接触到。而光年的完整定义是，光在真空中传播一儒略年（365.25 平太阳日）的距离，其值为 9.46×10^{12} km，该单位常用于表示星系内各恒星之间的距离或星系间的距离，也是一个重要单位。

天文学家经常用一个比光年更长的尺度——秒差距（pc）来量度距离，而要掌握这个单位的使用就需要了解一种新的距离测量方法：三角视差法。

测定恒星距离的方法主要有三角视差法、分光视差法和星团视差法等，而三角视差法是最常用的方法之一。那什么是“视差”呢？视差就是从有一定距离的两个点上观察同一个目标所产生的方向差异。从目标看两个点之间的夹角，叫这两个点的视差，两点之间的距离称作基线。只要知道视差角度和基线长度，就可以计算出目标和观测者之间的距离。

地球在绕日公转的过程中，在不同时间处于轨道的不同位置，因此在不同时间测量同一个天体在天球上的位置就有差异。原则上，对同一恒星，根据相隔半年的两次观测所测定的恒星的位置，即可算出相对地球轨道半径所对应的视差角。

这里要引入一个新名词——周年视差（π）。当恒星与地球的连线垂直于地球轨道半径时，恒星对日地平均距离 a 所张的角 π（图 10－1）即称为恒星的周年视差。而周年视差角一般很小，小角所对应的两条边的长度差异完全可以忽略，因此可以把这个三角形想象成锐角等腰三角形。

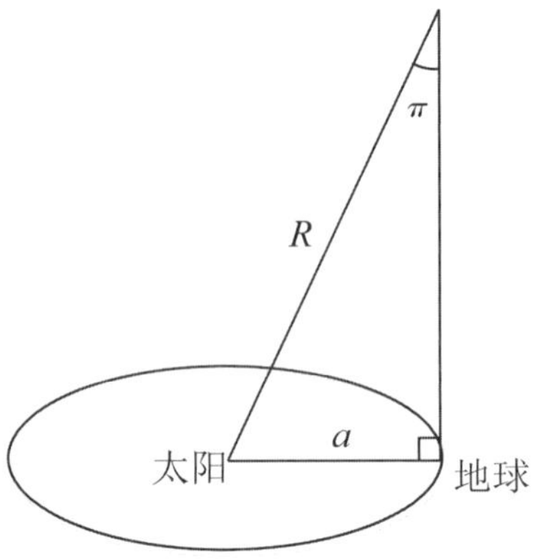

图 10－1　恒星周年视差示意图

详细的周年视差形成的原理由图 10－2 给出，计算时可简化为图 10－3，可知周年视差 π（以弧度为单位）与太阳到恒星的距离 R 之间的关系为：

$$\tan \pi\text{（弧度）} \approx a/R$$

式中 a 为日地平均距离（a = 1 AU）。由于恒星的视差 π 一般都很小，在高等数学中，有以下关系：

$$\sin x = \tan x = x \quad (x \to 0)$$

其中 x 为弧度制下的小量。故上式可以近似写成：

$$\pi\text{（弧度）} \approx a/R$$

式中视差角 π 的单位为弧度，已知 1 rad = 206 265″（角秒）。不过周年视差一般以角秒表示，所以当 π = 1″ = 1/206 265 rad 时，会有 a/R = 1/206 265，此时 R = 206 265 AU，而这个距离就被定义为 1 秒差距（1 pc）。换句话说，从远方某星上看日地平均距离（1 AU）所张的角为 1″时的距离即为 1 pc（206 265 AU）。不难推得距离与周年视差的关系为：

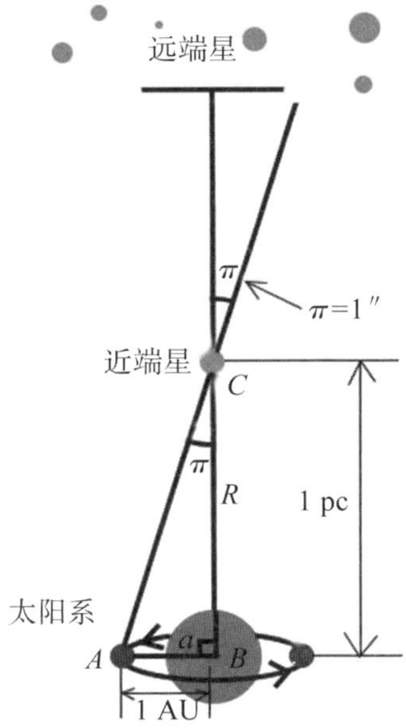

图 10－2　周年视差形成的原理

$$R\text{（pc）} = 1/\pi\text{（角秒）}$$

其中 R 以 pc 为单位，π 以角秒（″）为单位。举一个例子，某恒星的周年视差为 0.2 角秒，那么它的距离就是 1/0.2 = 5 pc。

到此为止，我们认识了四种测量单位：千米、天文单位、光年和秒差距，它们都是天文学中重要的测量单位。

以上四种距离单位的关系是：

$$1\ \text{km} < 1\ \text{AU} < 1\ \text{l.y.} < 1\ \text{pc}$$

$$1\ \text{AU} = 1.496 \times 10^{8}\ \text{km}$$

$$1\ \text{l.y.} = 63\ 239.8\ \text{AU} = 9.46 \times 10^{12}\ \text{km}$$

$$1\ \text{pc} = 206\ 265\ \text{AU} = 3.26\ \text{l.y.} = 3.084 \times 10^{13}\ \text{km}$$

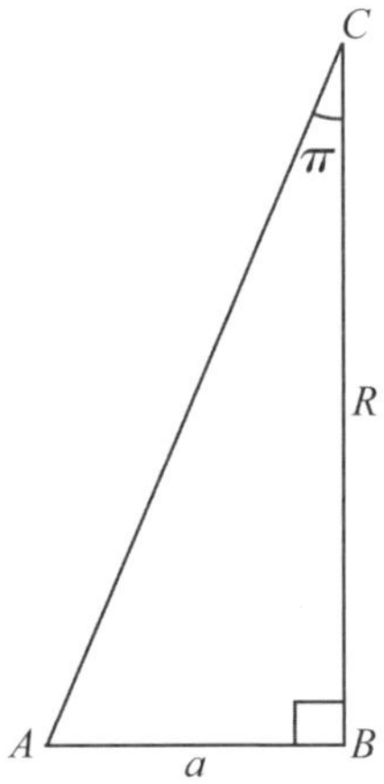

图 10－3　简化图

三角视差法是测定恒星距离最基本、最可靠的方法之一。恒星越远，视差角越小，要求观测的精度越高。根据依巴谷（Hipparcos，High Precision Parallax Collecting Satellite）卫星的测量结果，NASA 天文数据中心发行的CD光盘中列有11万颗星的精确周年视差 π 值的数据（精确到0.002）。近年，ESA发射的盖亚（Gaia，Global Astrophysical Interferometer Apparatus）卫星是依巴谷卫星的替代卫星，其观测效率和精度都比依巴谷高出数十万倍。

10.2 天体的亮度和光度

这一节我们学习的是最重要的天体物理性质：亮度与光度。之所以强调其重要性，是因为自古至今在我们认识恒星物理性质的方法中唯一的也是最直接的就是用肉眼观测其发出的光芒，从而分析得出恒星的一些物理性质。天体的亮度和光度反映了该天体的大多数物理性质，包括恒星的质量、速度、年龄等，而且它们与恒星的距离有着密不可分的关系。

而亮度与光度所属的系统是光度学。在物理学上，存在着一个衡量光度的学科，即光度学。它是在可见光波段内，考虑到人眼的主观因素后的相应计量学科。光度学是1760年由朗伯建立的，该学科定义了光通量、发光强度、照度、亮度等主要光度学参量，并用数学阐明了它们之间的关系以及证明了光度学的几个重要定律，如距离平方反比定律、照度的叠加定律、照度的余弦定律等。这些定律一直沿用至今，实践已证明它们是正确的。不过光度学的物理定义在天文学上并没有太大作用，感兴趣的读者可以在课余时间查找一下这方面的资料，课堂上则不展开细说了。

自古以来，人们把观测到的星星按明暗程度来划分，自然就产生了亮度这个衡量发光程度的物理量。而准确来讲，亮度指的是探测仪器或人眼在单位时间、单位面积内所接收到光子的能量，通常用 E（或 F）来表示这个物理量，其单位是瓦特每平方米（W/m^2）。不过受限于距离的因素，我们观测到的恒星的亮度并不能真正反映恒星的光亮程度。于是我们引入了光度这个量，恒星在单位时间内所发出的总辐射能量称为恒星的光度，通常用 L 来表示，单位为瓦特（W）。而这两个物理量存在着一个简单的关系：

$$E=\frac{L}{4\pi r^2}$$

其中，r 为恒星的距离，适用条件为忽略能量在传播过程中的损耗。可以这样理解，恒星在单位时间内所发出的能量是以一个球的形式向外扩散的，当这个球扩散到观测者的距离时，亦即半径为 r 时，其发光的面积是原来的 $4\pi r^2$ 倍，由于总能量守恒，所以在单位面积上观测到这个能量球的光度就是原来的 $1/4\pi r^2$ 倍，也就是此时能量球的亮度。

很有趣的是，古代的人们习惯把肉眼看到的星星的亮度分为6等，最亮的星为1等，最暗的能看到的星为6等，星星的亮度越大，其星等越小，这就是最初的星等系统。基于测量的方便，星等的引入大大简化了天体之间的明暗关系。而在1850年，英国天文学家普森（M. R. Pogson）惊奇地发现相差5等的星星亮度刚好差了100倍。而他将这个“惊人”的发现加入到星等系统中，成为现行通用的目视星等系统。也就是说，星等每相差1等，其亮度之比等于 $\sqrt[5]{100}=2.512$ 倍，即1等星亮度是2等星的2.512倍；2等星亮度是3等星的2.512倍。目视星等是一个新的物理量，它是一个无量纲（即无单位）的数，通常用 m_v 表示，不过有时为了区分的需要，可以用 *mag* 或上标 m 作为标志，如太阳的目视星等为 -26.7^m 或 -26.7 *mag*。不过意想不到的是，我们可以由这个定性的关系推出一个定量的公式，从而得到亮度与目视星等的关系。

设想有两颗不同亮度的星星：星 A 和星 B，它们的星等分别是 m_A 和 m_B，它们的亮度分别是 E_A 和 E_B，由上述的关系，我们可以推得：

$$\frac{E_A}{E_B}=2.512^{m_B-m_A}$$

由幂次关系可得：

$$\frac{E_A}{E_B}=2.512^{m_B-m_A}\Rightarrow\frac{E_A}{E_B}=100^{\frac{m_B-m_A}{5}}\Rightarrow\frac{E_A}{E_B}=10^{\frac{m_B-m_A}{2.5}}$$

两边取对数，得：

$$\lg\frac{E_A}{E_B}=\frac{m_B-m_A}{2.5}\Rightarrow m_A-m_B=-2.5\lg\frac{E_A}{E_B}$$

于是我们就得到了一个公式：

$$m_A-m_B=-2.5\lg\frac{E_A}{E_B}$$

这个公式十分重要，它又可以被叫作普森公式。有了这个公式之后，当某个系统定出一颗或几颗定标星之后，只要测出其他星与定标星的亮度之比，就可以轻松得知该星的目视星等。

不过上文也提到，恒星的目视星等实际上由于距离的不同，不能客观地反映出恒星真正的发光程度。而为了比较恒星亮度的真实差异，天文学家作了一个规定：由于恒星的亮度与距离有关，所以规定在距离 10 pc 处来比较恒星的亮度，于是恒星在 10 pc 处的目视星等被定义为该星的绝对目视星等。绝对目视星等用 M_v 表示，与目视星等类似，它同样是一个无量纲的数，同样可以用 *mag* 或上标 *m* 作为标志，如太阳的绝对目视星等为 4.8^m 或 4.8 *mag*。

在这里需要补充一个小知识，即距离平方反比定律，意思就是天体的亮度与其距离的平方成反比。其数学表达式为：

$$E\propto\frac{1}{r^2}$$

这个式子与亮度、光度之间的关系式有异曲同工之妙，实际上这两个式子可以相互推得。有了这个工具之后，我们就可以进一步构建绝对目视星等的体系了。

设某颗恒星在真实距离 r 处测得的真正亮度为 E，对应的是目视星等 m_v，将其移至 $r_0=$ 10 pc 处时所测得的亮度为 E_0，对应的则是绝对目视星等 M_v，则根据上述的距离平方反比定律，有以下关系：

$$\frac{E}{E_0}=\left(\frac{r_0}{r}\right)^2$$

根据普森公式有：

$$m_v-M_v=-2.5\lg\frac{E}{E_0}$$

两个式子相结合得到：

$$m_v-M_v=-2.5\lg\left[\left(\frac{r_0}{r}\right)^2\right]$$

经整理，可得：

$$m_v - M_v = -5\lg r_0 + 5\lg r$$

当 r 以秒差距（pc）作单位时，可把 $r_0 = 10$ pc 代入上式：

$$m_v - M_v = 5\lg r - 5$$

或写作：

$$M_v = m_v + 5 - 5\lg r$$

式中的 r 以 pc 作为单位，$m_v - M_v$ 叫距离模数，由此可以看出，只要知道目视星等，天体的绝对目视星等与距离就可以互相转化。这个公式是相当重要的，不过不建议死记硬背，因为懂得推导的过程才是最重要的，明白过程之后自然就能轻易推出这个公式。

下面再简单完善一下光度所对应的系统。上文定义过，恒星在单位时间内所发出的总辐射能量称为恒星的光度，严格地讲，光度也对应一个星等系统，叫绝对热星等系统，即使用测热辐射计测量恒星的总辐射得到星等系统，绝对热星等用 M_{bol} 表示，性质同样与上两种星等系统一样。而这两个系统产生差异的原因是，绝对目视星等系统测量的是可见光范围，波长范围为 350 nm～770 nm，但绝对热星等系统测量的是全波段范围，几乎囊括所有电磁辐射所产生的影响，所以测得的绝对热星等基本上都比其绝对目视星等要小，而它们两个系统之差就称为热改正 BC。BC 一般为负值：

$$BC = M_{bol} - M_v$$

那么如果通过测量光谱的方法测定了热改正之后，恒星的绝对热星等就可以通过目视星等来求，从而计算出恒星实际的光度。而该系统同样适用普森公式：

$$M_{bolA} - M_{bolB} = -2.5\lg \frac{E_A}{E_B}$$

至此，三个系统便可以相互地进行转换。不过值得注意的是，有时候在实际中经常忽略热改正所带来的误差，直接将光度与绝对目视星等对应进行计算。我们应该学会灵活运用，在该忽略误差时忽略误差。

10.3 星际消光与红化

这一节是为了省赛而专门设立的，因为星际消光与红化被列入了省赛的考点，所以大家才看到这个标题。不过这个知识点需要的专业知识较多，省赛只会考查其概念，所以并不需要担心看不懂。

下面先介绍一下其概念。星际消光是遥远的恒星或星系发出的电磁波被星际弥漫物质部分吸收、散射，造成光度减弱的现象。由于星际物质对不同波长的星光吸收、散射的程度不同，对长波散射小，对短波散射大，因此接收到的星光比没有散射吸收的星光要偏红些，这称为星际红化现象。1930 年，瑞士天文学家特朗普勒首次证明星际消光现象的存在，星际中各种尘埃及星云等都是消光物质。特别是对于低银纬的天体，其星际红化现象较严重。在实际对遥远星体的观测中，我们必须排除星际红化的影响，才能得到正确的天体分布信息。

以上即星际消光与红化的概念，不过广东省天文学会的官网上明确指出了该主题是以观测与应用的题型出现的，而这在国际天文奥赛中我们称为实测题。而这种题型大家或许在以前没有接触过，所以下面先介绍一下这种题型。

这类题一般先以一段文字或图片材料呈现，然后题目会需要我们从题中所给的材料中分析出有用的信息并回答问题，所以这和语文课上的阅读题差不多，而且有时还会介绍新的知识用以解题，所以务必仔细阅读题目。这类题目需要的知识并不会太深奥，超纲的知识会以补充知识的形式出现。而实测题考查的更多是画图读图及数据分析能力，并更多地需要天文观测经验，所以建议大家在准备观测与应用题型的时候多进行天文实践，熟悉实际研究中的方法。

其实省赛把考查重点转移到实测上也是有原因的。因为实际的天文学研究分为两部分：理论天文学研究和实测天文学研究，而实测天文学研究占其中的大部分，但是现在中国缺少的正是这种实验型创新人才，考查重点的偏移目的是让中学生更多地走向实践，摒弃那种只会死记硬背天文理论的“学霸”，从而招揽真正的人才。退一步来说，实测天文本身就比理论天文更具吸引力，相信很多天文爱好者喜欢上天文的原因便是被美丽的天文图像或其中蕴含着的巨大魅力折服，从科普的角度来说，让更多人爱上天文也是天文爱好者的初衷。相信大家也是由于某种目的而爱上天文的，希望天文可以成为大家的一项爱好、特长，不只是为了比赛而学。

11 宇宙学

11.1 宇宙史

表 11－1 宇宙史

大爆炸后时间	现象
10^{-43}秒（普朗克时间）	有实际意义的最早时刻；空间和时间成形；宇宙从量子背景出现
10^{-35}秒（暴胀）	出现夸克和电子，同一场分解为强力、电弱力和引力
10^{-4}秒	质子、中微子、中子形成
10^{2} 秒	质子和中子结合成氘核和氦的原子核
10^{3} 年	原子、光子形成；电磁辐射减少，宇宙变透明
10^{6} 年	星系和大尺度结构形成
10^{9} 年	所有星系均已形成，恒星不断出现，温度－170 ℃（－274 ℉）

大爆炸起源于大约 137 亿年前，极小体积，极高密度，极高温度。
大爆炸后 30 万年，这个时期发出宇宙微波辐射，约为 6 000 K。现在已冷却到 2.73 K。

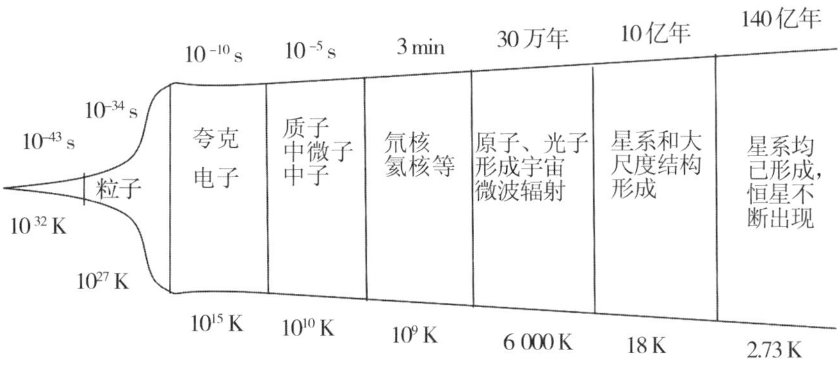

图 11－1 宇宙史

11.2 星际介质

宇宙中充满大量由气体和尘埃组成的星际介质。星际介质对天体的光有消光和红化作用，是星际云的形成物，是宇宙中不可忽视的组成部分。

星际消光：由于悬浮在空间的尘埃粒子对通过的星光吸收和散射，使得背景星全体变暗。

星际红化：由于蓝光受到的消光选择性地比红光厉害，星际尘埃粒子使得星光变红。

11.3 暗物质与暗能量

暗物质（dark matter）是指无法通过电磁波的观测进行研究，也就是不与电磁力产生作用的物质。人们目前只能通过引力产生的效应得知，而且已经发现宇宙中有大量暗物质的存在。

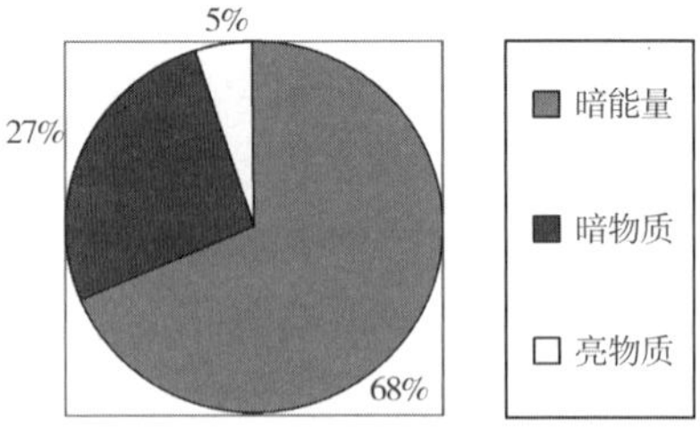

图 11－2　暗物质与暗能量

暗能量（dark energy）是一种充溢空间的、增加宇宙膨胀速度的、难以察觉的能量形式。

11.4 星系红移和哈勃常数

波源和观察者之间有相对运动，使观察者感到频率发生变化的现象，称为多普勒效应。如果两者相互接近，则观察者接收到的频率增大；如果两者远离，则观察者接收到的频率减小。如远方疾驶过来的火车鸣笛声变得尖细（即频率变高，波长变短），而离我们远去的火车鸣笛声变得低沉（即频率变低，波长变长）。

1929 年，美国天文学家哈勃发现，在宇宙空间不仅几乎所有的星系都具有谱线红移现象，而且还存在着星系光线的红移量与该星系的距离成正比的关系，也就是说，越远的星系正在以越快的速度飞驰而去，这被称为哈勃定律。

在物理宇宙学里，哈勃定律表明，来自遥远星系光线的红移量与它们的距离成正比。这条定律以证实者哈勃的名字命名。它被认为是空间尺度扩展的第一个观察依据和今天经常被援引作为支持大爆炸的一个重要证据。哈勃定律揭示，宇宙是在不断膨胀的，从任何一个星系出发，一切星系都以它为中心向四面散开，越远的星系退行越快。在宇宙学研究中，哈勃定律成为宇宙膨胀理论的基础，以方程表示：

$$V = HD$$

V 是视向速度，因为大多数卫星都是退行的，所以也叫退行速度；D 是距离；H 是常数，称为哈勃常数。

2012 年 12 月 20 日，美国国家航空航天局的威尔金森微波各向异性探测器实验团队宣布，哈勃常数为 69.32 ± 0.80 km/(s · Mpc)。

2013 年 3 月 21 日，从普朗克卫星观测获得的数据，哈勃常数为 67.80 ± 0.77 千米每秒每百万秒差距［67.80 ± 0.77km/(s · Mpc)］。

【注意】①宇宙模型具体发展历史可参见《天文学新概论》。

②暗物质、暗能量与常见物质比例不同书本有所区别，此处数据来源于普朗克卫星探测数据。

③由于目前宇宙学仍在不断发展当中，此部分内容所有数据可能有所出入。

④部分资料来自维基百科。

⑤推荐书目：《时间简史》、《科学世界》、《天文爱好者》（偶尔会有宇宙学知识）。

⑥视频材料（感兴趣并有时间的读者可以看看）：《旅行到宇宙边缘》、《与摩根 · 弗里曼一起穿越虫洞》、《宇宙的构造》、《与霍金一起了解宇宙》……

12 历法与节气

我们知道以春分点作为标准，计量地球公转一周的时间，叫一个回归年。一个回归年包括 365.242 2 个平太阳日。人们习惯一年中有整日数，把计量一年中日数（整数）的方法和怎样选取起算点的方法称为历法。在历法中，一年必须包含日的整数，称为历年。历法的研究史实质上是使历年的平均长度逐渐接近回归年长度的历史。

中国的历法研究有悠久的历史，自两千一百多年前战国时代就诞生了阴阳历，以后又不断地对其进行改革和修订。随着人类社会的发展，历法也不断发展，并日趋完善。

目前国际上通用的公历又称格里历，它的前身是儒略历。这两种历法都是太阳历，简称阳历，它以回归年为基本单位，与朔望月无关。

12.1 儒略历

儒略历将每年划分为 12 个月，逢单的月份为大月，有 31 天，逢双的月份为小月，有 30 天。在 4 年中有 1 个闰年，3 个平年，闰年有 366 天，平年在 2 月扣掉 1 天，一年有 365 天。因此，儒略历平均的年长为 365.25 天，它比回归年长 0.007 8 天。

12.2 格里历

格里历是 1582 年由罗马教皇格里哥利十三世颁行的。它的一年中 1 月、3 月、5 月、7 月、8 月、10 月与 12 月为大月，有 31 天；4 月、6 月、9 月和 11 月为小月，有 30 天；2 月在平年时为 28 天。[即我国民众传颂的“一、三、五、七、八、十、腊（十二月），31 天永不差；四、六、九、冬（十一月）三十日；只有二月二十八”]

格里历规定四年一闰，闰年的 2 月为 29 天。它还规定：凡公元数能被 4 除尽的年为闰年，除不尽的为平年；但对整世纪的年份如 1600 年、1700 年、1800 年等，只有世纪数能被 4 除尽的才是闰年，不能被 4 除尽的仍为平年。比如 1900 年的世纪数是 19，因而 1900 年就不是闰年而是扣除了 3 个闰年，有 97 个闰年，共有 $(400-97)\times365+97\times366=146\ 097$ 天，与地球真正的公转周期，即回归年 $400\times365.242\ 2=146\ 096.88$ 天在 400 年中只差 0.12 天，每年与回归年仅差 0.000 3 天，显然比儒略历更为接近地球公转周期。格里历三千多年与回归年才差一天，精确度已够用，所以格里历被沿用至今称为公历，以公元纪年。我国采用格里历并以 1 月 1 日作为一年的开始，用公元作为纪元。世界上许多国家也采用这种纪年方法。

12.3 中国农历

中国最早使用阴阳历，因为有二十四节气，能指导农事活动，所以后来又叫农历。这种历法是以月亮圆缺，即月相盈亏和太阳的周年视运动的周期为依据的。中国农历历法规定，以月相为朔的日期定为下一个月的初一。由于月相的朔望周期不是日的整数，平均为29.530 6天，便规定：大月30天，小月29天。此外，由于地球公转运动不是均匀的，如在近日点比在远日点处运动快，所以朔望周期也长短不一，最多相差约半天，所以规定有的年份连续几个大月或连续几个小月。

中国农历也是以回归年为依据的，但回归年的周期与朔望月的周期是不通约的，即12个朔望月为354天或355天，与回归年相差11天左右，3年累计已超过一个月。调节的方法是在有的年份有13个月，有两个一样的月份，称为置闰。

置闰的规则根据二十四节气来定。二十四节气是太阳周年视运动黄经每15°的24个时刻。从冬至开始，每隔1个节气称为中气，共有12个中气：冬至、大寒、雨水、春分、谷雨、小满、夏至、大暑、处暑、秋分、霜降、小雪。如果某个朔望月中不包含中气，这个月份就不是正规的月份，而算作上一月的闰月。每一个回归年只有而且必定有12个中气，与中气相配的12个正规的月份命名为正月、二月……十二月。用置闰的办法解决了回归年与朔望月之间的调节问题。

这些复杂的规则仅存在于将月亮与太阳都纳入考虑范围的中国农历中，即阴阳历。西方的儒略历与格里历都为阳历，而伊斯兰回历则是阴历。

12.4　二十四节气

每年地球围绕太阳在黄道上公转一周，地球上的观测者在不同的夜晚，看到的星空随季节不断变化，这反映太阳在黄道上视位置的变化，可用黄经来表示，一年为0°～360°。

五千年前，我国人民为了按时开展农业耕种，就建立了二分（春分、秋分）和二至（夏至、冬至）的概念。到战国末期完善了二十四节气的名称。二十四节气是把黄道等分成为24段，太阳视运动每经过一段的时间定为一个节气。因为太阳在黄道上的视运动是不均匀的，所以各节气的时间长度也不相等，各个节气所对应的太阳黄经和时间列于表12－1中。二十四节气是天文历法的一部分，沿用至今，是安排农业生产、掌握农时的重要依据。

表12－1　二十四节气

春季	节气节名	立春（正月节）	雨水（正月中）	惊蛰（二月节）	春分（二月中）	清明（三月节）	谷雨（三月中）
	节气节日（阴历，下同）	2月4日或5日	2月19日或20日	3月5日或6日	3月20日或21日	4月4日或5日	4月20日或21日
	太阳到达黄经	315°	330°	345°	0°	15°	30°
夏季	节气节名	立夏（四月节）	小满（四月中）	芒种（五月节）	夏至（五月中）	小暑（六月节）	大暑（六月中）
	节气节日	5月5日或6日	5月21日或22日	6月5日或6日	6月21日或22日	7月7日或8日	7月23日或24日
	太阳到达黄经	45°	60°	75°	90°	105°	120°

（续上表）

秋季	节气节名	立秋（七月节）	处暑（七月中）	白露（八月节）	秋分（八月中）	寒露（九月节）	霜降（九月中）
	节气节日	8月7日或8日	8月23日或24日	9月7日或8日	9月23日或24日	10月8日或9日	10月23日或24日
	太阳到达黄经	135°	150°	165°	180°	195°	210°
冬季	节气节名	立冬（十月节）	小雪（十月中）	大雪（十一月节）	冬至（十一月中）	小寒（十二月节）	大寒（十二月中）
	节气节日	11月7日或8日	11月22日或23日	12月7日或8日	12月21日或22日	1月5日或6日	1月20日或21日
	太阳到达黄经	225°	240°	255°	270°	285°	300°

12.5 儒略日

儒略日是种长期纪日法，它以公元前4713年1月1日格林尼治平正午，即世界时UT = 12 h为起算点，连续不断累计日数。在天文观测中（特别是变星、双星的观测中）常利用儒略日来计算日期和时间。中国天文年历的附表中载有世界时为零时的儒略日。例如，2001年11月18日北京时8点（世界时为0点）的儒略日为2 452 231.5。

12.6 干支纪年

中国有一套比儒略日更古老的连续纪日的方法，它从殷商时代就已被使用，今日在绘画、书法艺术领域还沿用干支纪年。干支就是甲乙丙丁戊己庚辛壬癸10个天干和子丑寅卯辰巳午未申酉戌亥12个地支。天干和地支的搭配，共60个顺序，又称“六十花甲子”，周而复始，循环使用。干支纪年是从东汉章帝元和二年（公元85年，乙酉年）四分历开始的。公元年数与年的干支可用下述方法加以换算。首先，为天干和地支分配序号。

表12－2　天干和地支

序号	0	1	2	3	4	5	6	7	8	9	10	11
天干	庚	辛	壬	癸	甲	乙	丙	丁	戊	己		
地支	申	酉	戌	亥	子	丑	寅	卯	辰	巳	午	未

对于任一公元年数：

天干序号 = 公元年尾数；

地支序号 = （公元年数/12）的余数。

例如：公元2003年，天干序号 = 3，天干为癸；地支序号 = （2003/12）的余数 = 11，地支为未。所以公元2003年为癸未年。

对于公元前年数，由于不存在公元0年，公元前 n 年在数学上应为 $n+1$ 年，所以计算公式应改为：

天干序号 = -（公元前尾数）+11，如大于等于10，则减10；

地支序号 = [-（公元前年数）+1]/12的余数+12，如等于12，则为0。

例如：公元前10年，天干序号 = -(0)+11 = 11，天干序号为1，天干为辛；地支序号 = (-10+1)/12的余数+12 = -9+12 = 3，地支为亥。所以公元前10年为辛亥年。

反过来，若已知年的干支，可以计算相应的公元1～60年的年数，公式为：公元年数 = 6×天干序号 - 5×地支序号，如得0或负值则加60。

13 天文学史

天文学是最古老的自然科学之一。人类正确认识宇宙以及地球在宇宙中的地位经历了漫长的过程，这一过程与历史上许多著名学者的辛勤劳动——细致的观测和深入的理论研究——是密不可分的。

13.1 起　源

（1）先民渔猎和农耕社会关于判断方向、观象授时、制定历法等的需要；

（2）先人关于星象与人事神秘关系的占星术。

13.2 发　展

B. C. 2137 年	中国《书经》有世界最早的日食记录。
B. C. 12 世纪	中国商末周初采用二十八宿划分天区。
B. C. 611 年	中国有彗星的最早记录，这个彗星即后来有名的哈雷彗星。
B. C. 7 世纪	古巴比伦人发现日月食循环的沙罗周期。
B. C. 6 世纪	中国采用十九年七闰月法来协调阴历和阳历。
B. C. 4 世纪	古希腊哲学家亚里士多德提出“地心说”，即认为地球位于宇宙中心。
B. C. 2 世纪	古希腊希帕克编制了第一个太阳与月亮的运行表和西方第一个星表；发现岁差，划分恒星的亮度为六个星等。
B. C. 1 世纪	西汉落下闳发明浑仪，用以测量天体的赤道坐标。
B. C. 46 年	罗马颁行儒略历。
140 年	古希腊天文学家托勒密发表《天文学大战》确立“地心说”，统治西方对宇宙的认识长达 1 300 年。
1054 年	中国《宋史》中有超新星爆发的第一次记载，该超新星的残骸形成了现在所见的蟹状星云。
1385 年	中国明朝在南京建立观象台，是世界上最早的设备完善的天文台。
1543 年	波兰天文学家哥白尼在《天体运行论》中系统地提出新的宇宙体系理论“日心说”（最早由古希腊天文学家阿里斯塔克提出，未被大众接受）①。
1608 年	荷兰人李波尔塞发明望远镜。

① 直到 1838 年，德国天文学家白塞尔才首次利用三角方法测出一颗名为天鹅 61 的恒星的位置变化，并推算出它的距离为 11.2 光年，从而最终证实哥白尼的日心地动学说。

1609 年	意大利天文学家伽利略独立制造折射望远镜，首次以望远镜看到了太阳黑子、月球表面和一些行星的表面和盈亏。
1618 年	德国天文、物理学家开普勒根据丹麦天文学家第谷·布拉赫 10 年之间对于行星轨迹的观测资料和星表，通过他本人的观测和分析后，于 1609—1619 年先后归纳提出行星运动定律，即开普勒三定律。
1687 年	牛顿出版了《自然哲学的数学原理》一书，提出物体运动三大定律和万有引力定律，对天体的运动和形状的研究从此进入新的历史阶段，天体力学正式诞生。
1705 年	英国哈雷发现第一颗周期彗星，并预言其周期为 76 年左右，后得到证实。
1781 年	法国梅西耶刊布第一个星云表。
1782 年	英国弗·赫歇尔编制第一个双星表。
1800 年	英国弗·赫歇尔首次发现太阳光谱中不可见的红外辐射。
19 世纪中叶	天体摄影和分光技术的发明使天文学家能够进一步深入研究天体的物理性质、化学组成、运动状态和演化规律，从而产生了一门新的学科——天体物理学。
1851 年	德国拉芒特和英国萨比恩发现地磁和磁暴也有同太阳黑子数变化完全相对应的 11 年周期变化。
1886 年	美国爱·皮克林和安·莫里建立恒星的光谱分类法。
1912 年	中国开始使用公历。
1930 年	国际天文学联合会为了统一繁杂的星座划分，用精确的边界把天空分为 88 个星座，使天空每一颗恒星都属于某一特定星座。
1932 年	美国央斯基用他的旋转天线阵观测到了来自天体的射电波，开创了射电天文学。
1952 年	荷兰欧尔特证明银河系是一个旋涡星系。
1960 年	有四项非常重要的发现：脉冲星、类星体、宇宙微波背景辐射、星际有机分子，被称为“四大发现”（都与射电望远镜有关）。
1961 年	苏联发射第一艘载人宇宙飞船“东方一号”，加加林成为第一个进入空间轨道的宇航员。
1990 年	“哈勃空间望远镜”由美国穿梭机“发现号”放进地球轨道。

13.3 今 天

随着探测器和空间技术的发展以及研究工作的深入，天文观测进一步从可见光、射电波段扩展到包括红外、紫外、X 射线和 γ 射线在内的电磁波各个波段，形成了多波段天文学，并为探索各类天体和天文现象的物理本质提供了强有力的观测手段。同时，偏振观测、干涉测量、斑点干涉、CCD 探测器以及多光纤等技术在天文观测中发挥了越来越大的作用，天文学发展到了一个全新的阶段。

可以说，天文学发展了那么长时间，研究它的历史，也是非常有意义的。这也是天文学研究中的一个重要方向，尤其是历史上记录的各种天文现象，更是当今某些天文研究领域的非常重要、非常珍贵的资料。正是由于一直以来不断的资料积累，才使得后来的天文学有了相当大的发展。因此天文学史也就成了天文学的一个重要分支，希望读者对此有一定的了解，并运用到今后的天文学学习中。

14

重要参考数据

14.1 全天88星座

表14-1 全天88星座表

拉丁名	所有格	缩写	汉语名	位置	面积①	大小	星数②
Andromeda	Andromedae	And	仙女座	北天	722	19	100
Antlia	Antliae	Ant	唧筒座	南天	239	62	20
Apus	Apodis	Aps	天燕座	南天	206	67	20
Aquarius	Aquarii	Aqr	宝瓶座	赤道	980	10	90
Aquila	Aquilae	Aql	天鹰座	赤道	652	22	70
Ara	Arae	Ara	天坛座	南天	237	63	30
Aries	Arietis	Ari	白羊座	赤道	441	39	50
Auriga	Aurigae	Aur	御夫座	北天	657	21	90
Bootes	Bootis	Boo	牧夫座	赤道	907	13	90
Caelum	Caeli	Cae	雕具座	南天	125	81	10
Camelopardalis	Camelopardalis	Cam	鹿豹座	北天	757	18	50
Cancer	Cancri	Cnc	巨蟹座	赤道	506	31	60
CanesVenatici	CanumVenaticorum	CVn	猎犬座	北天	465	38	30
CanisMajor	CanisMajoris	CMa	大犬座	赤道	380	43	80
CanisMinor	CanisMinoris	CMi	小犬座	赤道	183	71	20
Capricornus	Capricorni	Cap	摩羯座	赤道	414	40	50
Carina	Carinae	Car	船底座	南天	494	34	110
Cassiopeia	Cassiopeiae	Cas	仙后座	北天	598	25	90
Centaurus	Centauri	Cen	半人马座	南天	1 060	09	150
Cepheus	Cephei	Cep	仙王座	北天	588	27	60
Cetus	Ceti	Cet	鲸鱼座	赤道	1 231	04	100

① 单位为平方度。

② 指亮于六等的星的数目。

（续上表）

拉丁名	所有格	缩写	汉语名	位置	面积	大小	星数
Chamaeleon	Chamaeleonis	Cha	蝘蜓座	南天	132	79	20
Circinus	Circini	Cir	圆规座	南天	93	85	20
Columba	Columbae	Col	天鸽座	南天	270	54	40
ComaBerenices	ComaeBerenices	Com	后发座	赤道	386	42	53
CoronaAustrilis	CoronaeAustrilis	CrA	南冕座	南天	128	80	25
CoronaBorealis	CoronaeBorealis	CrB	北冕座	赤道	179	73	20
Corvus	Corvi	Crv	乌鸦座	赤道	184	70	15
Crater	Crateris	Crt	巨爵座	赤道	282	53	20
Crux	Crucis	Cru	南十字座	南天	68	88	30
Cygnus	Cygni	Cyg	天鹅座	北天	804	16	150
Delphinus	Delphini	Del	海豚座	赤道	189	69	30
Dorado	Doradus	Dor	剑鱼座	南天	179	72	20
Draco	Draconis	Dra	天龙座	北天	1 083	08	80
Equuleus	Equulei	Equ	小马座	赤道	72	87	10
Eridanus	Eridani	Eri	波江座	赤道	1 138	06	100
Fornax	Fornacis	For	天炉座	赤道	398	41	35
Gemini	Geminorum	Gem	双子座	赤道	514	30	70
Grus	Gruis	Gru	天鹤座	南天	366	45	30
Hercules	Herculis	Her	武仙座	赤道	1 225	05	140
Horologium	Horologii	Hor	时钟座	南天	249	58	20
Hydra	Hydrae	Hya	长蛇座	赤道	1 303	01	20
Hydrus	Hudri	Hyi	水蛇座	南天	243	61	20
Indus	Indi	Ind	印地安座	南天	294	49	20
Lacerta	Lacertae	Lac	蝎虎座	北天	201	68	35
Leo	Leonis	Leo	狮子座	赤道	947	12	70
Leo Minor	Leonis Minoris	LMi	小狮座	赤道	232	64	20
Lepus	Leporis	Lep	天兔座	赤道	290	51	40
Libra	Librae	Lib	天秤座	赤道	538	29	50
Lupus	Lupi	Lup	豺狼座	南天	334	46	70
Lynx	Lyncis	Lyn	天猫座	北天	545	28	60
Lyra	Lyrae	Lyr	天琴座	北天	286	52	45

（续上表）

拉丁名	所有格	缩写	汉语名	位置	面积	大小	星数
Mensa	Mensae	Men	山案座	南天	153	75	15
Microseopium	Microacopii	Mic	显微镜座	南天	210	66	20
Monoceros	Monocerotis	Mon	麒麟座	南天	483	35	85
Musca	Muscae	Mus	苍蝇座	南天	138	77	30
Norma	Normae	Nor	矩尺座	南天	165	74	20
Octans	Octantis	Oct	南极座	南天	291	50	35
Ophiuchus	Ophiuchi	Oph	蛇夫座	赤道	948	11	100
Orion	Orionis	Ori	猎户座	赤道	594	26	120
Pavo	Pavonis	Pav	孔雀座	南天	378	44	45
Pegasus	Pegasi	Peg	飞马座	赤道	1 121	07	100
Perseus	Persei	Per	英仙座	北天	615	24	90
Phoenix	Phoenicis	Phe	凤凰座	南天	469	37	40
Pictor	Pictoris	Pic	绘架座	南天	247	59	30
Pisces	Piscium	Psc	双鱼座	赤道	889	14	75
Piscis Austrinus	Piscis Austrini	PsA	南鱼座	赤道	245	60	25
Puppis	Puppis	Pup	船尾座	赤道	673	20	140
Pyxis	Pyxidis	Pyx	罗盘座	赤道	221	65	25
Reticulum	Reticuli	Ret	网罟座	南天	114	82	15
Sagitta	Sagittae	Sge	天箭座	赤道	80	86	20
Sagittarius	Sagittarii	Sgr	人马座	赤道	867	15	115
Scorpius	Scorpii	Sco	天蝎座	赤道	497	33	100
Sculptor	Sculptoris	Scl	玉夫座	赤道	475	36	30
Scutum	Scuti	Sct	盾牌座	赤道	109	84	20
Serpens	Serpentis	Ser	巨蛇座	赤道	637	23	60
Sextans	Sextantis	Sex	六分仪座	赤道	314	47	25
Taurus	Tauri	Tau	金牛座	赤道	797	17	125
Telescopium	Telescopii	Tel	望远镜座	南天	252	57	30
Triangulum	Trianguli	Tri	三角座	赤道	132	78	15
Triangulum Australe	Trianguli Australis	TrA	南三角座	南天	110	83	20
Tucana	Tucanae	Tuc	杜鹃座	南天	295	48	25
UrsaMajor	UrsaeMajoris	UMa	大熊座	北天	1 280	03	125

（续上表）

拉丁名	所有格	缩写	汉语名	位置	面积	大小	星数
UrsaMinor	UrsaeMinoris	UMi	小熊座	北天	256	56	20
Vela	Velorum	Vel	船帆座	南天	500	32	110
Virgo	Virginis	Vir	室女座	赤道	1 294	02	95
Volans	Volantis	Vol	飞鱼座	南天	141	76	20
Vulpecula	Vulpeculae	Vul	狐狸座	赤道	268	55	45

14.2 全天30亮星

表14－2 全天30亮星表

排名	中文星名	英文星名	所属星座	m	d (l. y.)	赤经	赤纬（°）	拜耳命名	双或变
1	天狼星	Sirius	大犬座	－1. 46	8. 6	6 h 45 m	－16. 5	α CMa	双
2	老人星	Canopus	船底座	－0. 72	300	6 h 24 m	－52. 5	α Car	
3	南门二	Rigel Kentaurus	半人马座	－0. 30	4. 39	14 h 40 m	－61	α1Cen	三
4	大角星	Arcturus	牧夫座	－0. 04	36. 7	14 h 15 m	19	α Boo	变
5	织女星	Vega	天琴座	0. 03	25. 3	18 h 37 m	39	α Lyr	
6	五车二	Capella	御夫座	0. 08	42	5 h 17 m	46	α Aur	双，非食变
7	参宿七	Rigel	猎户座	0. 12	770	5 h 14 m	－8	β Ori	
8	南河三	Procyon	小犬座	0. 38	11. 4	7 h 39 m	5	α Cmi	双
9	参宿四	Betelgeuse	猎户座	0. 45	430	5 h 55 m	7. 5	α Ori	变
10	水委一	Achernar	波江座	0. 46	144	1 h 38 m	－57	α Eri	
11	马腹一	Hadar	半人马座	0. 61	525	14 h 04 m	－60. 5	β Cen	
12	牛郎星	Altair	天鹰座	0. 77	16. 8	19 h 51 m	9	α Aql	
13	十字架二	Acrux	南十字座	0. 80	320	12 h 27 m	－63	α1Cru	
14	毕宿五	Aldebaran	金牛座	0. 85	65	4 h 36 m	16. 5	α Tau	变
15	角宿一	Spica	室女座	0. 97	270	13 h 25 m	－11	α Vir	双，食变
16	心宿二	Antares	天蝎座	0. 96	600	16 h 30 m	－26. 5	α Sco	变
17	北河三	Pollux	双子座	1. 14	34	7 h 46 m	28	β Gem	
18	北落师门	Fomalhaut	南鱼座	1. 16	25	22 h 58 m	－29. 5	α PsA	
19	天津四	Deneb	天鹅座	1. 25	3 200	20 h 41 m	45. 5	α Cyg	
20	十字架三	Mimosa	南十字座	1. 25	350	12 h 48 m	－59. 5	β Cru	变，双
21	轩辕十四	Regulus	狮子座	1. 35	78	10 h 08 m	12	α Leo	

（续上表）

排名	中文星名	英文星名	所属星座	m	d (l. y.)	赤经	赤纬（°）	拜耳命名	双或变
22	弧矢七	Adhara	大犬座	1.50	430	6 h 59 m	-29	ε Cma	双
23	北河二	Castor	双子座	1.58	51	7 h 35 m	32	α Gem	双
24	十字架一	Gacrux	南十字座	1.63	88	12 h 31 m	-57	γ Cru	双
25	尾宿八	Shaula	天蝎座	1.63	703	17 h 34 m	-37	λ Sco	
26	参宿五	Bellatrix	猎户座	1.64	243	5 h 25 m	6.5	γ Ori	
27	五车五	Elnath	金牛座	1.65	131	5 h 26 m	28.5	β Tau	
28	南船五	Miaplacidus	船底座	1.68	111	9 h 13 m	-70	β Car	
29	参宿二	Alnilam	猎户座	1.70	1 342	5 h 36 m	-1	ε Ori	
30	鹤一	Al Nair	天鹤座	1.74	101	22 h 08 m	-47	α Gru	

注：①1~21亮星的距离采用Hipparcos卫星数据。

②南门二为肉眼不可辨认的双星，其合亮度超过大角星，大角星是单独第三亮的恒星。

14.3 常见流星群母体彗星/小行星

（1）恩克彗星（2P/Encke）：金牛座南、金牛座北流星雨；

（2）贾科比尼—津纳彗星（21P/Giacobini-Zinner）：天龙座流星雨；

（3）斯威夫特—塔特尔彗星（109P/Swift-Tuttle）：英仙座流星雨；

（4）庞士—温尼克彗星（7P/Pons-Winneke）：六月牧夫座流星雨；

（5）塔特尔彗星（8P/Tuttle）：小熊座流星雨；

（6）C/1861 G1（佘契尔）：天琴座流星雨；

（7）哈雷彗星（1P/Halley）：猎户座流星雨、宝瓶座η流星雨；

（8）坦普尔—塔特尔彗星（55P/Temple-Tuttle）：狮子座流星雨，周期为33年；

（9）小行星3200法厄同（3200 Phaethon）：双子座流星雨。

14.4 12个最亮的球状星团

表14-3 12个最亮的球状星团表

NGC	名称	1975		视直径	真直径（pc）	摄影（m）	距离（pc）	类	光谱	所属星座
		赤经	赤纬							
104	杜鹃47	0 h 23.4 m	-72°13′	23′	45	5	6 800	Ⅲ	G5	杜鹃
5139	半人马ω	13 h 23.9 m	-47°10′	23′	45	5.1	6 800	Ⅷ		半人马
5272	M3	13 h 41.0 m	28°31′	9′.8	35	7.2	12 200	Ⅵ	G	猎犬
5904	M5	15 h 17.3 m	2°10′	12′.7	40	7	10 800	Ⅴ	G	

（续上表）

NGC	名称	1975		视直径	真直径（pc）	摄影（m）	距离（pc）	类	光谱	所属星座
		赤经	赤纬							
6121	M4	16 h 21.6 m	−26°28′	14′	29	7.4	7 200	Ⅸ	F	
6205	M13	16 h 40.8 m	36°30′	10′	30	6.8	10 300	Ⅴ	G	武仙
6254	M10	16 h 54.6 m	−4°4′	8′.2	27	7.6	11 200	Ⅶ		
6341	M92	17 h 16.4 m	43°10′	8′.3	27	7.3	11 200	Ⅳ	G5	
6656	M22	18 h 34.9 m	−23°57′	17′.3	34	6.5	6 800	Ⅶ		
6809	M55	19 h 38.4 m	−31°1′	10′	26	7.1	8 800	Ⅺ		
7078	M15	21 h 28.8 m	12°3′	7′.4	28	7.3	13 100	Ⅳ	F	
7089	M2	21 h 31.1 m	0°57′	8′.2	33	7.3	13 900	Ⅱ	F5	人马

14.5　10 个大范围的弥漫星云

表 14－4　10 个大范围的弥漫星云表

星号	1975		别名
	赤经	赤纬	
NGC1976	5 h 34 m	−5°30′	猎户座大星云
IC434	5 h 40 m	−2°25′	马头星云
NGC2244	6 h 31 m	4°57′	玫瑰星云（麒麟座）
NGC3372	10 h 44 m	−59°30′	船底 η 星云
NGC6514	18 h 1 m	−23°2′	三叶星云
NGC6523	18 h 3 m	4°57′	M8
NGC6611	18 h 17 m	−13°49′	M16
NGC6914	20 h 24 m	42°13′	天鹅 γ 星云
NGC6992	20 h 55 m	31°35′	网状星云
NGC6960	20 h 45 m	30°38′	
NGC7000	20 h 28 m	44°14′	美洲星云

14.6 21个最亮的河外星系

表14－5 21个最亮的河外星系表

NGC	1975		星等	范围	类型	附注
	赤经	赤纬				
55	0 h 13.7 m	－39°22′	7.8	25′.0×3′.0	S	
224	0 h 41.4 m	4°18′	<5	160′×40′	Sb	仙女座星云 M31
221	0 h 41.4 m	40°44′	9.5	2′.6×2′.1	E	M31 星云的伴侣
253	0 h 46.3 m	－25°26′	7.0	22′.0×6′.0	Sc	
292	0 h 50 m	－73°	1.5	216′×216′	I	小麦哲伦星云
598	1 h 32.5 m	30°32′	7.8	60′×40′	Sc	三角座星云 M33
	4 h 26 m	－69°	0.5	432′×432′	I	大麦哲伦星云
3031	9 h 53.4 m	69°11′	8.9	16′×10′	Sb	大熊座星云 M81
3034	9 h 53.8 m	69°49′	9.4	7′.0×1′.5	I	M82
3115	10 h 4.0 m	－7°35′	9.8	4′.0×1′.0	E	
3627	11 h 18.9 m	13°9′	9.9	8′.0×2′.5	Sb	M66
4594	12 h 38.6 m	－11°29′	8.1	7′.0×1′.5	Sa	
4631	12 h 41.3 m	4°6′	9.6	12′.0×1′.2	Sc	
4736	12 h 49.8 m	41°15′	9.0	5′.0×3′.5	Sb	M94
4826	12 h 55.5 m	21°39′	8.0	8′.0×4′.0	Sb	M64
4945	13 h 3.5 m	－49°9′	9.2	11′.5×2′.0	S	
5128	13 h 23.8 m	－42°53′	7.2	10′.0×8′.0	I	
5194	13 h 28.9 m	47°19′	10.1	12′.0×6′.0	Sc	猎犬座星云 M51
5236	13 h 35.7 m	－29°45′	8.0	10′.0×8′.0	Sc	M83
5457	14 h 2.3 m	54°28′	9.0	22′×22′	Sc	M101
7793	23 h 56.6 m	－32°43′	9.7	6′.0×4′.0	S	

14.7 梅西耶天体

表 14－6 梅西耶星云星团表

编号	赤经	赤纬	m	距离（kl. y.）	星座	类型	备注
M1	5 h 34.5 m	22° 01′	8.4	6.3	金牛座	超新星残骸	* 蟹状星云
M2	21 h 33.5 m	− 0° 49′	6.5	36.2	宝瓶座	球状星团	
M3	13 h 42.5 m	28° 23′	6.4	30.6	猎犬座	球状星团	
M4	16 h 23.6 m	−26° 32′	5.9	5.6	天蝎座	球状星团	
M5	15 h 18.6 m	2° 05′	5.6	22.8	巨蛇座	球状星团	
M6	17 h 40.1 m	−32° 13′	5.3	2.0	天蝎座	疏散星团	* 蝴蝶星团
M7	17 h 53.9 m	−34° 49′	4.1	0.8	天蝎座	疏散星团	*
M8	18 h 03.8 m	−24° 23′	6.0	5.2	人马座	弥漫星云	* 礁湖星云
M9	17 h 19.2 m	−18° 31′	7.7	26.4	蛇夫座	球状星团	
M10	16 h 57.1 m	−4° 06′	6.6	13.4	蛇夫座	球状星团	
M11	18 h 51.1 m	−6° 16′	6.3	6.0	盾牌座	疏散星团	野鸭星团
M12	16 h 47.2 m	−1° 57′	6.7	17.6	蛇夫座	球状星团	
M13	16 h 41.7 m	36° 28′	5.8	22.8	武仙座	球状星团	* 武仙座球状星团
M14	17 h 37.6 m	−3° 15′	7.6	27.4	蛇夫座	球状星团	
M15	21 h 30.0 m	12° 10′	6.2	32.6	飞马座	球状星团	
M16	18 h 18.8 m	−13° 47′	6.4	7.0	巨蛇座	弥漫星云	天鹰星云及伴生星团
M17	18 h 20.8 m	−16° 11′	7.0	5.0	人马座	弥漫星云	* 马蹄星云
M18	18 h 19.9 m	−17° 08′	7.5	4.9	人马座	疏散星团	
M19	17 h 02.6 m	−26° 16′	6.8	27.1	蛇夫座	球状星团	
M20	18 h 02.3 m	−23° 02′	9.0	5.2	人马座	弥漫星云	* 三叶星云
M21	18 h 04.6 m	−22° 30′	6.5	4.3	人马座	疏散星团	
M22	18 h 36.4 m	−23° 54′	5.1	10.1	人马座	球状星团	
M23	17 h 56.8 m	−19° 01′	6.9	2.2	人马座	疏散星团	
M24	18 h 18.4 m	−18° 25′	4.6	10.0	人马座	疏散星团	
M25	18 h 31.6 m	−19° 15′	6.5	2.0	人马座	疏散星团	
M26	18 h 45.2 m	−9° 24′	8.0	5.0	盾牌座	疏散星团	
M27	19 h 59.6 m	22° 43′	7.4	1.2	狐狸座	行星状星云	* 哑铃星云
M28	18 h 24.5 m	−24° 52′	6.8	17.9	人马座	球状星团	
M29	20 h 23.9 m	38° 32′	7.1	4.0	天鹅座	疏散星团	

（续上表）

编号	赤经	赤纬	m	距离（kl. y.）	星座	类型	备注
M30	21 h 40.4 m	−23° 11′	7.2	24.8	摩羯座	球状星团	
M31	0 h 42.7 m	41° 16′	3.4	2 900	仙女座	旋涡星系	* 仙女座大星系
M32	0 h 42.7 m	40° 52′	8.1	2 900	仙女座	椭圆星系	M31 的伴星系
M33	1 h 33.9 m	30° 39′	5.7	3 000	三角座	旋涡星系	三角座星系
M34	2 h 42.0 m	42° 47′	5.5	1.4	英仙座	疏散星团	
M35	6 h 08.9 m	24° 20′	5.3	2.8	双子座	疏散星团	
M36	5 h 36.1 m	34° 08′	6.3	4.1	御夫座	疏散星团	
M37	5 h 52.4 m	32° 33′	6.2	4.4	御夫座	疏散星团	
M38	5 h 28.7 m	35° 50′	7.4	4.2	御夫座	疏散星团	
M39	21 h 32.2 m	48° 26′	5.2	0.83	天鹅座	疏散星团	
M40	12 h 22.4 m	58° 05′	8.4	0.51	大熊座	双星	
M41	6 h 47.0 m	−20° 44′	4.6	2.3	大犬座	疏散星团	*
M42	5 h 35.4 m	−5° 27′	4.0	1.6	猎户座	弥漫星云	* 猎户座大星云
M43	5 h 35.6 m	−5° 16′	9.0	1.6	猎户座	弥漫星云	猎户座大星云东北部
M44	8 h 40.1 m	19° 59′	3.7	0.58	巨蟹座	疏散星团	* 鬼星团（蜂巢星团）
M45	3 h 47.0 m	24° 07′	1.6	0.38	金牛座	疏散星团	* 昴星团
M46	7 h 41.8 m	−14° 49′	6.0	5.4	船尾座	疏散星团	
M47	7 h 36.6 m	−14° 30′	5.2	1.6	船尾座	疏散星团	
M48	8 h 13.8 m	−5° 48′	5.5	1.5	长蛇座	疏散星团	
M49	12 h 29.8 m	8° 00′	8.4	60 000	室女座	椭圆星系	
M50	7 h 03.2 m	8° 20′	6.3	3.0	麒麟座	疏散星团	
M51	13 h 29.9 m	47° 12′	8.4	37 000	猎犬座	旋涡星系	涡状星系
M52	23 h 24.2 m	61° 35′	7.3	5.0	仙后座	疏散星团	
M53	13 h 12.9 m	18° 10′	7.6	56.4	后发座	球状星团	
M54	18 h 55.1 m	−30° 29′	7.6	82.8	人马座	球状星团	
M55	19 h 40.0 m	−30° 58′	6.3	16.6	人马座	球状星团	
M56	19 h 16.6 m	30° 11′	8.3	31.6	天琴座	球状星团	
M57	18 h 53.6 m	33° 02′	8.8	4.1	天琴座	行星状星云	* 环状星云
M58	12 h 37.7 m	11° 49′	9.7	60 000	室女座	旋涡星系	棒旋星系
M59	12 h 42.0 m	11° 39′	9.6	60 000	室女座	椭圆星系	
M60	12 h 43.7 m	11° 33′	8.8	60 000	室女座	椭圆星系	

（续上表）

编号	赤经	赤纬	m	距离（kl. y.）	星座	类型	备注
M61	12 h 21.9 m	4° 28′	9.7	60 000	室女座	旋涡星系	
M62	17 h 01.2 m	30° 07′	6.5	21.5	蛇夫座	球状星团	
M63	13 h 15.8 m	42° 02′	8.6	37 000	猎犬座	旋涡星系	太阳花星系
M64	12 h 56.7 m	21° 41′	8.5	19 000	后发座	旋涡星系	黑眼星系
M65	11 h 18.9 m	13° 05′	9.3	35 000	狮子座	旋涡星系	
M66	11 h 20.2 m	12° 59′	8.9	35 000	狮子座	旋涡星系	
M67	8 h 50.4 m	11° 49′	6.1	2.7	巨蟹座	疏散星团	
M68	12 h 39.5 m	26° 45′	7.8	33.3	长蛇座	球状星团	
M69	18 h 31.4 m	–32° 21′	7.6	26.7	人马座	球状星团	
M70	18 h 43.2 m	–32° 18′	7.9	28.0	人马座	球状星团	
M71	19 h 53.9 m	18° 47′	8.2	11.7	天箭座	球状星团	
M72	20 h 53.5 m	–12° 32′	9.3	52.8	宝瓶座	球状星团	
M73	20 h 59.0 m	–12° 38′	9.0	—	宝瓶座	疏散星团	由四颗星组成
M74	1 h 36.7 m	15° 47′	9.4	35 000	双鱼座	旋涡星系	
M75	20 h 06.1 m	–21° 55′	8.5	57.7	人马座	球状星团	
M76	1 h 42.4 m	51° 34′	10.1	3.4	英仙座	行星状星云	小哑铃星云
M77	2 h 42.7 m	–00° 01′	8.9	60 000	鲸鱼座	旋涡星系	赛佛特星系
M78	5 h 46.7 m	00° 03′	8.3	1.6	猎户座	疏散星团	
M79	5 h 24.5 m	24° 33′	7.7	41.1	天兔座	球状星团	
M80	16 h 17.1 m	–22° 59′	7.3	27.4	天蝎座	球状星团	
M81	9 h 55.6 m	69° 04′	6.9	12 000	大熊座	旋涡星系	波得星系
M82	9 h 55.8 m	69° 41′	8.4	12 000	大熊座	不规则星系	雪茄星系
M83	13 h 37.0 m	–18° 52′	7.6	15 000	长蛇座	旋涡星系	南纺轮星系
M84	12 h 25.1 m	12° 53′	9.1	60 000	室女座	旋涡星系	透镜状星系
M85	12 h 25.4 m	18° 11′	9.1	60 000	后发座	透镜星系	透镜状星系
M86	12 h 26.2 m	12° 57′	8.9	60 000	室女座	椭圆星系	透镜状星系
M87	12 h 30.8 m	12° 24′	8.6	60 000	室女座	椭圆星系	带喷流的巨椭圆星系
M88	12 h 32.0 m	14° 25′	9.6	60 000	后发座	旋涡星系	
M89	12 h 35.7 m	12° 33′	9.8	60 000	室女座	椭圆星系	
M90	12 h 36.8 m	13° 10′	9.5	60 000	室女座	旋涡星系	
M91	12 h 35.4 m	14° 30′	10.2	60 000	后发座	旋涡星系	

（续上表）

编号	赤经	赤纬	m	距离（kl. y.）	星座	类型	备注
M92	17 h 17.1 m	43° 08′	6.4	26.4	武仙座	球状星团	
M93	7 h 44.6 m	23° 52′	6.0	3.6	船尾座	疏散星团	
M94	12 h 50.9 m	41° 07′	8.2	14 500	猎犬座	旋涡星系	
M95	10 h 44.0 m	11° 42′	9.7	38 000	狮子座	旋涡星系	棒旋星系
M96	10 h 46.8 m	11° 49′	9.2	38 000	狮子座	旋涡星系	
M97	11 h 14.8 m	55° 01′	9.9	2.6	大熊座	行星状星云	猫头鹰星云
M98	12 h 13.8 m	14° 54′	10.1	60 000	后发座	旋涡星系	
M99	12 h 18.8 m	14°25′	9.9	60 000	后发座	旋涡星系	
M100	12 h 22.9 m	15° 49′	9.3	60 000	后发座	旋涡星系	
M101	14 h 03.2 m	54°21′	7.9	27 000	大熊座	旋涡星系	车轮星系
M102	15 h 06.5 m	55° 46′	10.0	—	天龙座	椭圆星系	
M103	1 h 33.2 m	60°42′	7.4	8.0	仙后座	疏散星团	
M104	12 h 40.0 m	-11° 37′	8.0	50 000	室女座	旋涡星系	*草帽星系
M105	10 h 47.8 m	12° 35′	9.3	38 000	狮子座	椭圆星系	
M106	12 h 19.0 m	47° 18′	8.4	25 000	猎犬座	旋涡星系	
M107	16 h 32.5 m	-13° 03′	7.9	19.6	蛇夫座	球状星团	
M108	11 h 11.5 m	55° 40′	10.0	45 000	大熊座	旋涡星系	
M109	11 h 57.6 m	53° 23′	9.8	55 000	大熊座	旋涡星系	
M110	0 h 40.4 m	41° 41′	8.5	2 900	仙女座	椭圆星系	

注：①M24 通常被视为银河的一部分而不是一个天体，但有人也会以 M24 指 NGC6603。

②梅西耶《星云星团表》于 1784 年出版时仅收入 103 个天体，表 14-6 中 104—110 号 7 个天体为后人所加。

③“*”为较重要的星云、星团。请记住它们在星图上的大致位置。

以下天体与梅西耶天体同样重要，请留意。

表 14-7　其他重要的天体

天体	赤经	赤纬	m	距离（l. y.）	星座	类型	备注
大麦哲伦	5 h 24 m	-69°48′	1	16 万	剑鱼座	矮星系	我国南沙群岛等处可见
小麦哲伦	0 h 51 m	-73°06′	2	19 万	杜鹃座	矮星系	
毕星团	4 h 18 m	15°34′	4	130	金牛座	疏散星团	离太阳系最近

14.8 日食（2015—2060年）

表14－8 2015—2060年日食表

年份	日期	类型	可见地区	持续时间
2015	3月20日	全食	法罗群岛、斯瓦尔巴德群岛、北大西洋、北极	2分47秒
	9月13日	偏食	南非洲、南印度洋、东南极洲	—
2016	3月9日	全食	印度尼西亚、密克罗尼西亚、马绍尔群岛	4分9秒
	9月1日	环食	大西洋、中非洲、马达加斯加、印度	3分6秒
2017	2月26日	环食	南智利、阿根廷、安哥拉、加丹加西南部	44秒
	8月21日	全食	美国	2分40秒
2018	2月15日	偏食	南极洲	—
	7月13日	偏食	南澳大利亚、维多利亚、塔斯马尼亚、印度洋、巴德海岸	—
	8月11日	偏食	加拿大东北部、格陵兰、冰岛、北冰洋、斯堪的纳维亚、北英国、俄罗斯、北亚	—
2019	1月6日	偏食	东北亚洲、西南阿拉斯加州、阿留申群岛	—
	7月2日	全食	中阿根廷、智利、土阿莫土群岛	4分33秒
	12月26日	环食	中东、印度洋周边、东南亚、太平洋西南	3分40秒
2020	6月21日	环食	非洲、阿拉伯半岛、印度北部、中国	38秒
	12月14日	全食	南智利、阿根廷、基里巴斯、波利尼西亚	2分10秒
2021	6月10日	环食	北加拿大、格陵兰、俄罗斯	3分51秒
	12月4日	全食	南极洲	1分54秒
2022	4月30日	偏食	东南太平洋、南美洲南部	—
	10月25日	偏食	欧洲、非洲东北部、中东、亚洲西部	—
2023	4月20日	全环食	印度尼西亚、澳大利亚、巴布亚新几内亚	1分16秒
	10月14日	环食	美国西部、中美洲、哥伦比亚、巴西	5分17秒
2024	4月8日	全食	墨西哥、美国中部、加拿大东部	4分28秒
	10月2日	环食	南智利、南阿根廷	7分25秒
2025	3月29日	偏食	非洲西北部、欧洲、北俄罗斯	—
	9月21日	偏食	南太平洋、新西兰、南极洲	—
2026	2月17日	环食	南极洲	2分20秒
	8月12日	全食	北极、格陵兰、冰岛、西班牙	2分18秒

（续上表）

年份	日期	类型	可见地区	持续时间
2027	2月6日	环食	智利、阿根廷、大西洋	7分51秒
	8月2日	全食	摩洛哥、西班牙、阿尔及利亚、利比亚、埃及、沙特阿拉伯、也门、索马里	6分23秒
2028	1月26日	环食	厄瓜多尔、秘鲁、巴西、苏里南、西班牙、葡萄牙	10分27秒
	7月22日	全食	澳大利亚、新西兰	5分10秒
2029	1月14日	偏食	北美洲、中美洲	—
	6月12日	偏食	北极、斯堪的纳维亚、阿拉斯加州、亚洲北部、加拿大北部	—
	7月11日	偏食	南智利、南阿根廷	—
	12月5日	偏食	南阿根廷、南智利、南极洲	—
2030	6月1日	环食	阿尔及利亚、突尼斯、希腊、土耳其、俄罗斯、中国北部、日本	5分21秒
	11月25日	全食	博茨瓦纳、南非洲、澳洲	3分44秒
2031	5月21日	环食	安哥拉、刚果共和国、赞比亚、坦桑尼亚、南印度洋、马来西亚、印度尼西亚	5分26秒
	11月14日	全环食	太平洋、巴拿马	1分8秒
2032	5月9日	环食	南大西洋	22秒
	11月3日	偏食	亚洲	—
2033	3月30日	全食	东俄罗斯、阿拉斯加州	2分37秒
	9月23日	偏食	南美洲南部、南极洲	—
2034	3月20日	全食	尼日利亚、喀麦隆、乍得、苏丹、埃及、沙特阿拉伯、伊朗、阿富汗、巴基斯坦、印度、中国	4分9秒
	9月12日	环食	智利、玻利维亚、阿根廷、巴拉圭、巴西	2分58秒
2035	3月9日	环食	新西兰、太平洋	48秒
	9月2日	全食	中国、韩国、日本、太平洋	2分54秒
2036	2月27日	偏食	南极洲、南澳大利亚、新西兰	—
	7月23日	偏食	南大西洋	—
	8月21日	偏食	阿拉斯加州、加拿大、北极、西欧、非洲西北部	—
2037	1月16日	偏食	北非洲、欧洲、中东、西亚洲	—
	7月13日	全食	澳大利亚、新西兰	3分58秒
2038	1月5日	环食	古巴、多米尼加共和国、科特迪瓦、加纳、尼日尔、乍得、埃及	3分18秒
	7月2日	环食	哥伦比亚、委内瑞拉、毛里塔尼亚、摩洛哥、马里、尼日尔、乍得、苏丹、埃塞俄比亚、肯尼亚	1分
	12月26日	全食	澳大利亚、新西兰、南太平洋	2分18秒

（续上表）

年份	日期	类型	可见地区	持续时间
2039	6 月 21 日	环食	北美、北欧、俄罗斯	4 分 5 秒
	12 月 15 日	全食	南极洲	1 分 51 秒
2040	5 月 11 日	偏食	澳大利亚、新西兰、南极洲	—
	11 月 4 日	偏食	北美洲、中美洲	—
2041	4 月 30 日	全食	安哥拉、刚果共和国、乌干达、肯尼亚、索马里	1 分 51 秒
	10 月 25 日	环食	蒙古、中国、韩国、日本、太平洋	6 分 7 秒
2042	4 月 20 日	全食	马来西亚、印度尼西亚、菲律宾、北太平洋	4 分 51 秒
	10 月 14 日	环食	泰国、马来西亚、印度尼西亚、澳大利亚、新西兰	7 分 44 秒
2043	4 月 9 日	全食	俄罗斯东北部	—
	10 月 3 日	环食	南印度洋	—
2044	2 月 28 日	环食	南大西洋	2 分 27 秒
	8 月 23 日	全食	格陵兰、北加拿大、蒙大拿州、南达科他州北部	2 分 4 秒
2045	2 月 16 日	环食	新西兰、太平洋	7 分 47 秒
	8 月 12 日	全食	南美国、海地、多米尼加共和国、委内瑞拉、圭亚那、苏里南、巴西	6 分 6 秒
2046	2 月 5 日	环食	巴布亚新几内亚、夏威夷、加利福尼亚州、俄勒冈州、爱达荷州	9 分 42 秒
	8 月 2 日	全食	巴西、安哥拉、东纳米比亚、博茨瓦纳、南非洲、斯威士兰、南莫桑比克	4 分 51 秒
2047	1 月 26 日	偏食	亚洲东部、阿拉斯加州	—
	6 月 23 日	偏食	北加拿大、格陵兰、北亚洲东部	—
	7 月 22 日	偏食	东南澳大利亚、新西兰	—
	12 月 16 日	偏食	南极洲、南智利、南阿根廷	—
2048	6 月 11 日	环食	美国中西部、加拿大、格陵兰、冰岛、挪威、瑞典、俄罗斯、阿富汗	4 分 58 秒
	12 月 5 日	全食	智利、阿根廷、纳米比亚、博茨瓦纳	3 分 28 秒
2049	5 月 31 日	环食	秘鲁、厄瓜多尔、哥伦比亚、委内瑞拉、圭亚那、塞内加尔、马里、布基纳法索、加纳、尼日利亚	4 分 45 秒
	11 月 25 日	全环食	沙特阿拉伯、也门、马来西亚、印度尼西亚	38 秒
2050	5 月 20 日	全环食	南太平洋	21 秒
	11 月 14 日	偏食	东北美国、东加拿大、北非洲、欧洲	—

（续上表）

年份	日期	类型	可见地区	持续时间
2051	4 月 11 日	偏食	亚洲、阿拉斯加州、加拿大、格陵兰	—
	10 月 4 日	偏食	南极洲、澳大利亚、新西兰	—
2052	3 月 30 日	全食	中太平洋、墨西哥、美国、中大西洋	4 分 8 秒
	9 月 22 日	环食	澳大利亚、南太平洋	2 分 51 秒
2053	3 月 20 日	环食	中印度洋、印度尼西亚	50 秒
	9 月 12 日	全食	摩洛哥、阿尔及利亚、突尼斯、利比亚、埃及、沙特阿拉伯、印度尼西亚	3 分 4 秒
2054	3 月 9 日	偏食	南极洲、南非洲、马达加斯加、智利	—
	8 月 3 日	偏食	南极洲	—
	9 月 2 日	偏食	亚洲、美国、加拿大、格陵兰	—
2055	1 月 27 日	偏食	加拿大、美国、墨西哥、古巴	—
	7 月 24 日	全食	南非洲	3 分 17 秒
2056	1 月 16 日	环食	中太平洋、墨西哥	2 分 52 秒
	7 月 12 日	环食	中太平洋、哥伦比亚、厄瓜多尔、秘鲁、巴西	1 分 26 秒
2057	1 月 5 日	全食	南大西洋、南印度洋	2 分 29 秒
	7 月 1 日	环食	中国、蒙古、俄罗斯、加拿大、美国	4 分 23 秒
	12 月 26 日	全食	南极洲	1 分 50 秒
2058	5 月 22 日	偏食	南非洲、马达加斯加	—
	6 月 21 日	偏食	俄罗斯、格陵兰、挪威、瑞典、芬兰	—
	11 月 16 日	偏食	俄罗斯、中国、蒙古、日本	—
2059	5 月 11 日	全食	中太平洋、厄瓜多尔、秘鲁、巴西	2 分 23 秒
	11 月 5 日	环食	法国、利比亚、埃及、苏丹、埃塞俄比亚、厄立特里亚、索马里、印度尼西亚	7 分
2060	4 月 30 日	全食	科特迪瓦、加纳、多哥、贝宁、尼日利亚、尼日尔、乍得、利比亚、埃及、土耳其、哈萨克斯坦、俄罗斯	5 分 15 秒
	10 月 24 日	环食	几内亚、塞拉利昂、利比里亚、科特迪瓦、安哥拉、纳米比亚、博茨瓦纳、南非洲	8 分 6 秒

14.9 月食（2000—2019年）

表14－9 2000—2019年月食表

年份	日期	月食类别	初亏	食既	食甚	生光	复圆	持续时间
2000	1月21日	全	11：01	12：04	12：43	13：22	14：25	1小时18分
	7月16日	全	19：57	21：02	21：55	22：49	23：53	1小时47分
2001	1月10日	全	2：42	3：49	4：20	4：51	5：59	1小时3分
	7月5日	偏	21：35	—	22：56	—	0：16	—
2003	5月16日	全	10：02	11：13	11：39	12：06	13：17	53分
	11月9日	全	7：32	9：06	9：18	9：30	11：04	24分
2004	5月5日	全	2：49	3：52	4：30	5：08	6：12	1小时16分
	10月28日	全	9：14	10：23	11：03	11：44	12：52	1小时21分
2005	10月17日	偏	19：34	—	20：03	—	20：32	—
2006	9月8日	偏	2：05	—	2：51	—	3：37	—
2007	3月4日	全	5：29	6：43	7：20	7：57	9：11	1小时14分
	8月28日	全	16：50	17：51	18：37	19：22	20：23	1小时31分
2008	2月21日	全	9：42	10：59	11：25	11：50	13：08	51分
	8月17日	偏	3：35	—	5：10	—	6：44	—
2010	1月1日	偏	2：51	—	3：23	—	3：54	—
	6月26日	偏	18：16	—	19：38	—	21：00	—
	12月21日	全	14：32	15：40	16：16	16：53	18：01	1小时13分
2011	6月16日	全	2：21	3：21	4：11	5：02	6：01	1小时41分
	12月10日	全	20：45	22：05	22：31	22：57	0：18	52分
2012	6月4日	偏	17：59	—	19：03	—	20：06	—
2013	4月26日	偏	3：51	—	4：08	—	4：25	—
2014	4月15日	全	13：57	15：06	15：45	16：25	17：33	1小时19分
	10月8日	全	17：13	18：23	18：53	19：23	20：33	1小时
2015	4月4日	全	18：15	19：55	20：00	20：05	21：45	10分
	9月28日	全	9：06	10：10	10：46	11：23	12：27	1小时13分
2017	8月8日	偏	1：21	—	2：20	—	3：18	—
2018	1月31日	全	19：47	20：50	21：29	22：07	23：10	1小时17分
	7月28日	全	2：23	3：29	4：23	5：13	6：18	1小时44分
2019	1月21日	全	11：32	12：40	13：11	13：43	14：50	1小时3分
	7月17日	偏	4：08	—	5：29	—	6：59	—

14.10 重要公式与常数

14.10.1 物理常数（约数）

（1）真空中光速：299 792 458 m/s

（2）太阳半径：6.955×10^5 km

（3）太阳质量：2×10^{30} kg

（4）地球半径：6.378×10^3 km

（5）地球质量：6×10^{24} kg

（6）天文单位（日地平均距离）：1.496×10^8 km

（7）太阳视星等：-26.7^m

（8）满月视星等：-12^m

（9）金星最大视星等：-4.8^m

（10）太阳绝对星等：4.8^m

（11）太阳光度：3.845×10^{33} J/s

（12）太阳常数：1 366 W/m^2

（13）万有引力常数：$G=6.67\times10^{-11}\ N\cdot m^2\cdot kg^{-2}$

（14）斯提芬—玻尔兹曼常数：$\sigma=5.67\times10^{-5}\ erg^4s/(cm^2\cdot K^4)=5.67\times10^{-8}\ W/(m^2\cdot K^4)$

14.10.2 提丢斯—波得定则

$R=(n+4)/10$，其中 $n=0, 3, 6, 12, 24, 48, \cdots$（$n\geqslant3$ 时，后一数为前一数的 2 倍）。

14.10.3 开普勒三大定律

（1）开普勒第一定律（轨道定律）：每一行星沿一个椭圆轨道环绕太阳，而太阳则处在椭圆的一个焦点中。

（2）开普勒第二定律（面积定律）：从太阳到行星所连接的直线在相等时间内扫过同等的面积。

（3）开普勒第三定律（周期定律）：所有行星的轨道的半长轴的三次方跟它的公转周期的二次方的比值都相等。用公式表示为：$a^3/T^2=$常数，$a=$行星公转轨道半长轴，$T=$行星公转周期。

$$\frac{a^3}{T^2}=\frac{GM}{4\pi^2}=\text{常数}\qquad \frac{a^3}{a_0^3}=\frac{T^2(M+m)}{T_0^2(M_0+m_0)}$$

14.10.4 万有引力定律

$$F=\frac{GMm}{r^2}=m\frac{v^2}{r}=m\omega^2r=m\frac{4\pi^2}{T^2}r=ma$$

需掌握公式的推导与适应条件。

14.10.5 望远镜

（1）光力 $A=D/F$；

（2）焦比 $1/A=F/D$；

（3）分辨角 $\theta=1.22\lambda/D$，$\theta''=140''/D$；

（4）视场 $\tan(\omega/2)=D/F$；

（5）放大率 $G=F/f$（即物镜焦距/目镜焦距）；

（6）底片比例 $\alpha=206\,265/F$［（″）/mm］。

14.10.6 星等换算

（1）$m=-2.5\lg E$；

（2）$m_1-m_2=-2.5\lg(E_1/E_2)$；

（3）M（绝对星等）$=m$（视星等）$+5-5\lg r$（r 以 pc 为单位）；

（4）绝对星等/光度换算 $M-M_{\odot}=-2.5\lg\dfrac{L}{L_{\odot}}$。

14.10.7 会合周期

对地内行星：$\dfrac{1}{T_{合}}=\dfrac{1}{P}-\dfrac{1}{E}$　对地外行星：$\dfrac{1}{T_{合}}=\dfrac{1}{E}-\dfrac{1}{P}$

14.10.8 天球坐标

（1）$z=90°-h$，z 是天顶距，h 是天体的地平高度。

（2）$p=90°-$赤纬，p 是天体的极距，这是赤道坐标系中的一个常用公式。

（3）$S=t+\alpha$，S、t、α 分别表示恒星时、天体时角和赤经。这是一个极为重要的公式，是我们天文测量时的一个关键式。

（4）北天极地平高度＝当地纬度。在天文和地理测量中，这是测量某地纬度的一个公式。

（5）下面给出一组天体出没中天的公式，大家应记住：

$\cos t=-\tan\Phi\tan\delta$

$\cos A=\sin\delta/\cos\Phi$

这是天体上升时时角 t、当地纬度 Φ 和天体赤纬 δ 的关系，至于天体上升的时角 T 和方位角 A'' 由下式求得：$T=-t$，$A''=360°-A$，以地方恒星时 S 和 S' 分别表示上升和下落的地方恒星时时刻。由 $S=T+A$，得 $S=t+\alpha$，$S''=T+\alpha$。

（6）下面给出天体中天的相关公式：

①天体上中天时：$A=180°$，

$t=0$ 时，$z=\Phi-\delta$ 或 $z=\delta-\Phi$。

②天体下中天时：$A''=0°$，

$t=12$ 时，$z''=180°-\Phi-\delta$。

③天体上中天的高度公式还有一种：

在天顶之南上中天：$h=90°-\Phi+\delta$。

在天顶之北上中天：$h=90°+\Phi-\delta$。

（7）对于未说明观测地点的观测，可以认为是在广州（东经 113 度，北纬 23 度）进行的。

14.10.9 数学计算

（1）$\sin 23.5° = 0.399$，$\cos 23.5° = 0.917$，$\arcsin 0.387 = 22.8°$，$\arccos 0.387 = 67.2°$，$\arctan 0.387 = 21.1°$。

（2）当 $|x| < 1$（比如 $|x| = 0.2$）时，你可以根据情况选用以下近似公式：

$(1+x)\alpha = 1+\alpha\times x$（$\alpha$ 为任意实数）　　$e^x = 1+x$　　$\ln(1+x) = x$

$\lg(1+x) = 0.4343\times x$

$\sin x = x$（x 以弧度为单位）　　$\tan x = x$（x 以弧度为单位）　　$\cos x = 1 - x^2/2$（x 以弧度为单位）

14.10.10 光度公式

$L = 4\pi r^2 \sigma T^4$

14.11 月　相

表 14－10　月相

月相名称	图形	符号的来源
新月		农历初一的月相，通常因靠近太阳而不得见
眉月		上弦月前的阶段（即从新月至上弦月的月盈阶段）的月牙形状
上弦月		上弦月的时刻，为半圆的形状
盈凸月		上弦月后的阶段（即从上弦月至满月的月盈阶段）的月相
满月		望的时刻，为全圆的形状
亏凸月		下弦月前的阶段（即从满月至下弦月的月亏阶段）的月相
下弦月		下弦月的时刻，为半圆的形状
残月		下弦月后的阶段（即从下弦月至晦月的月亏阶段）的月牙形状
晦月		农历最后一天的月相，同样通常因靠近太阳而不得见

14.12 天文符号

表 14－11

行星	符号	符号的来源
水星	☿	旅行者和商人的保护神墨丘利的插有双翅的头盔和他的神杖
金星	♀	爱和美的女神维纳斯手中的镜子
地球	⊕	带有赤道和一条经线的球体
火星	♂	战神玛尔斯的盾牌和长矛
木星	♃	万神之王朱庇特的闪电或他的神鹰
土星	♄	农神萨图尔努斯的镰刀
天王星	♅	天王星发现者弗里德里希·威廉·赫歇尔姓氏开头的字母 H
海王星	♆	海神尼普东的三叉戟
谷神星	⚳	柄向下的镰刀（请对比区别图形符号中柄向上的镰刀图形）
冥王星	♇	

表 14－12

黄道星座	中文名	符号
Aries	白羊座	♈
Taurus	金牛座	♉
Gemini	双子座	♊
Cancer	巨蟹座	♋
Leo	狮子座	♌
Virgo	室女座	♍
Libra	天秤座	♎
Scorpius	天蝎座	♏
Sagittarius	人马座	♐
Capricornus	摩羯座	♑
Aquarius	宝瓶座	♒
Pisces	双鱼座	♓

14.13 CGS 制与 SI 制换算

表 14－13 CGS 制与 SI 制换算表

量纲	单位	定义	SI 单位制
长度	厘米（cm）	1 cm	$=10^{-2}$米（m）
质量	克（g）	1 g	$=10^{-3}$千克（kg）
时间	秒（s）	1 s	
力	达因（dyn）	$1\ \mathrm{dyn}=1\ \mathrm{g\cdot cm/s^2}$	$=10^{-5}$牛顿（N）
能量	尔格（erg）	$1\ \mathrm{erg}=1\ \mathrm{g\cdot cm^2/s^2}$	$=10^{-7}$焦耳（J）
功率	尔格/秒（erg/s）	$1\ \mathrm{erg/s}=1\ \mathrm{g\cdot cm^2/s^3}$	$=10^{-7}$瓦（W）
压力	巴（Ba）	$1\ \mathrm{Ba}=1\ \mathrm{dyn/cm^2}=1\ \mathrm{g/(cm\cdot s^2)}$	$=10^{-1}$帕（Pa）
黏性	泊（P）	$1\ \mathrm{P}=1\ \mathrm{g/(cm\cdot s)}$	$=10^{-1}$帕·秒（Pa·s）

14.14 希腊字母

表 14－14 希腊字母表

字母	英语名称	中文注音	汉语拼音	天文、数学意思
Α α	Alpha	阿尔法	alfa	赤经；角度；系数
Β β	Beta	贝塔	bita	黄纬；磁通系数；角度；系数
Γ γ	Gamma	伽马	gama	电导系数（小写）
Δ δ	Delta	德尔塔	delta	赤纬；变动；密度；屈光度
Ε ε	Epsilon	伊普西隆	epsilon	对数之基数
Ζ ζ	Zeta	泽塔	zita	系数；方位角；阻抗；相对黏度；原子序数
Η η	Eta	伊塔	yita	磁滞系数；效率（小写）
Θ θ	Theta	西塔	sita	温度；相位角
Ι ι	Iota	约塔	yota	微小，一点儿
Κ κ	Kappa	卡帕	kappa	介质常数
Λ λ	Lambda	兰姆达	lamda	黄经；波长（小写）；体积
Μ μ	Mu	谬	miu	微（千分之一）；放大因数（小写）
Ν ν	Nu	纽	niu	磁阻系数
Ξ ξ	Xi	克西	ksai	
Ο ο	Omicron	欧米克隆	omiklon	
Π π	Pi	派	pai	黄极（大写）；圆周率＝圆周÷直径≈3.141 6
Ρ ρ	Rho	柔	rou	天极（大写）；电阻系数（小写）
Σ σ	Sigma	西格马	sigma	总和（大写），表面密度；跨导（小写）
Τ τ	Tau	陶	tao	时间常数
Υ υ	Upsilon	玉普西隆	yupsilon	位移
Φ φ	Phi	弗爱	fai	地理纬度；磁通；角
Χ χ	Chi	凯	kai	
Ψ ψ	Psi	普赛	psai	角速；介质电通量（静电力线）
Ω ω	Omega	欧米茄	omiga	欧姆（大写）；角速（小写）；角

14.15 天文学数据与物理学常数

表 14－15 天文学数据

黄赤交角	23°26′32″
章动常数（J）	9″.202 5
黄赤交角（J2000.0）	23°26′21.4″
黄经总岁差	5 029″.096 6（每世纪）
回归年	365 日 5 时 48 分 45.6 秒
	365.242 2 日
恒星年	365 日 6 时 9 分 9.7 秒
	365.256 4 日
儒略年	365.25 日
近点年	365 日 6 时 13 分 53.2 秒
交点（食）年	346 日 14 时 52 分 52.8 秒
	346.620 03 日
朔望月	29 日 12 时 44 分 2.9 秒
	29.530 59 日
回归月	27 日 7 时 43 分 4.7 秒
恒星月	27 日 7 时 43 分 11.6 秒
	27.321 66 日
近点月	27 日 13 时 18 分 33.1 秒
交点月	27 日 5 时 5 分 35.9 秒
1 平太阳日	24 小时（民用）
	1 440 分 =86 400 SI 秒
	1.002 737 909 3 恒星日
	24 时 3 分 56.553 6 秒恒星时
1 平恒星日	0.997 269 566 3 平太阳日
	23 时 56 分 4.090 53 秒平太阳时
1 真恒星日	861 64.090 54 SI 秒
1 AU	$1.495\ 978\ 70\times10^{11}$ m
1 l. y.	$9.460\ 536\times10^{15}$ m（365.25 日）
	63 239.8 AU
1 rad	206 265″
1 Å	10^{-10} m，0.1 nm

表 14－16 物理学常数

真空中光速	c	299 792 458 m/s
引力常数	G	6.67×10^{-11} N·m²·kg⁻²
高斯引力常数	k	0.017 202 098 95
普朗克常数	h	$6.626\ 2\times10^{-34}$ J·s
		$4.135\ 667\times10^{-15}$ eV·s
狄拉克常数	$\hbar=h/(2\pi)$	1.054 572 66 (63) $^{-34}$ J·s
电子电荷	e	$1.602\ 2\times10^{-19}$ C
		$1.602\ 2\times10^{-20}$ emu
电子静止质量	m_e	$9.109\ 5\times10^{-31}$ kg
		$5.485\ 799\ 03\times10^{-4}$ u
质子静止质量	m_p	$1.672\ 6\times10^{-27}$ kg
中子静止质量	m_n	$1.674\ 9\times10^{-27}$ kg
氢原子质量	m_H	$1.673\ 534\ 4\times10^{-27}$ kg
		1.007 8 u
原子质量单位	u	$1.660\ 6\times10^{-27}$ kg
阿伏伽德罗常数	N_A	6.022×10^{23} mol⁻¹
里德伯常数	R	109 737 31.568 527 m⁻¹
真空介电常数	ε_0	$8.854\ 187\ 817\times10^{-12}$ C²/(N·m²)
玻尔兹曼常数	k	1.381×10^{-23} J/K
波尔半径	A_0	$5.291\ 77\times10^{-7}$ m
维恩定律	$\lambda_{max}T$	0.29 cm·K
哈勃常数	H	50－75 km/（s·Mpc）
电子伏	eV	$1.602\ 2\times10^{-19}$ J
辐射密度常数	$a=8\pi^5k^4/15c^3h^3$	$7.565\ 91\times10^{-14}$ J/(m³·K⁴)
斯提芬—玻尔兹曼常数	σ	5.67×10^{-8} W/（m²·K⁴）
标准大气压	P_0	101 325.0 Pa = 760 mmHg
1 卡路里	cal	4.184 J

表 14－17

1 pc	$3.085\ 776\times10^{16}$ m
	206 264.806 AU
	3.261 631 l. y.

14.16 太阳数据与月球数据

表 14－18 太阳数据

日地平均距离	149 597 870 km
日地最远距离	152 100 000 km
日地最近距离	147 100 000 km
质量	1.989×10^{30} kg
	333 400（地球＝1）
平均角直径	31′59″. 3
光球直径	1 390 000 km
	109. 3（地球＝1）
太阳半径	6.9598×10^{5} km
平均密度	1 400 kg/m^3
日面重力加速度	273 m/s^2
	27. 9（地球＝1）
太阳常数	1 366 W/m^2
	1. 95 cal/（min · cm^2）
有效温度	5 770 K
光度	3. 845（8）$\times 10^{26}$ J/s
视星等	-26.7^m
绝对星等	4.8^m
主要化学成分	H、He
MK 光谱型	G2V

表 14－19 月球数据

地月距离	356 400～406 700 km
地月平均距离	384 400 km
视直径	29′22″～33′31″
满月亮度	－12. 5（31′05″）
黄白交角	5°09′
轨道偏心率	0. 054 9
黄赤交角（月亮）	1°32′
白赤交角（月亮）	6°41′
平均轨道速度	1 km/s
直径	3 476. 4 km（2×1 738）
体积	0. 020 3（地球＝1）
质量	7.35×10^{22} kg
	0. 012 3（地球＝1）
平均密度	3 360 kg/m^3
	0. 60（地球＝1）
脱离速度	2. 38 km/s
月龄	46 亿年
表面重力加速度	1. 62 m/s^2

14.17 地球一般数据

表 14－20 地球数据

质量	5.974×10^{24} kg	表面重力加速度	9. 806 1 m/s^2
直径	12 756 km（6 378×2）	表面脱离速度	11. 2 km/s
平均密度	5 515 kg/m^3	地球大气层	磁、电离、平流、对流

14.18 银河系数据

表 14－21 银河系数据

太阳银心距	8.5 kpc，28 kl. y.	银心（J2000.0）（人马座）	$17^h45^m.6$，$-28°56'.2$
太阳银盘距	12 pc，39 l. y.	北银极（J2000.0）（后发座）	$12^h51^m.4$，$+27°07'.7$
太阳绕银心轨道速度	220 km/s	脱离速度（核球）	700 km/s
太阳公转周期	2.7 亿年	脱离速度（太阳附近）	360 km/s
银河自转方向	北看顺时针	脱离速度（银河边缘）	240 km/s
总质量	约 $2\times10^{12}\ M_\odot$	银盘直径	约 30 kpc，10 万光年
年龄	约 10^{10} 年	银盘厚度（核球）	约 2 kpc，6 500 光年
核球长径	4～5 kpc	银盘厚度（太阳）	约 1 kpc，3 300 光年
核球短径	约 4 kpc	银晕直径	约 90 kpc，30 万光年
核球质量	$7\times10^9\ M_\odot$	银冕直径	约 200 kpc，68 万光年
旋臂	英仙臂、猎户臂（太阳位于其内侧）、人马臂、南十字臂、矩尺臂		

14.19 二体运动

活力公式（vis viva equation），又称为轨道能量守恒方程（orbital energy conservation equation），是天体力学中的一个方程，表示二体问题中的总能量守恒，即轨道上任何一点的动能与势能之和为常数。

对任意开普勒轨道，活力公式的表达式为：

$$v^2 = G\ (M+m)\ \left(\frac{2}{r}-\frac{1}{a}\right)$$

其中，v 表示两天体间的相对速度，r 表示两天体间的相对距离，a 表示半长轴（椭圆：$a>0$；抛物线：$a=\infty$ 或 $\frac{1}{a}=0$；双曲线：$a<0$），G 表示万有引力常数，M 和 m 表示两天体的质量。

14.20 二体运动的轨道和相应条件

14.20.1 第一宇宙速度（最低环绕速度）

第一宇宙速度（first cosmic velocity），又称为最低环绕速度，是指在地球上发射的物体绕地球飞行作圆周运动所需的最小初始速度。要作圆周运动，必须始终有一个力作用在航天器上，其大小等于该航天器运行线速度的平方乘以其质量再除以公转半径，即 $F=\frac{mv^2}{R}$，其中$\frac{v^2}{R}$是物体作圆周运动的向心加速度。在这里，正好可以利用地球的引力。在合适的轨道半径和速度下，地球对物体的引力，正好等于物体作圆周运动的向心力。第一宇宙速度的计算公式是：

$$G\frac{Mm}{R^2}=m\frac{v_1^2}{R}\qquad v_1=\sqrt{\frac{GM}{R}}=7.9\ \mathrm{km/s}$$

【注意】第一宇宙速度有时候也指某一天体的环绕速度，此时将地球的半径、质量替换为该天体的即可；该公式只有在环绕天体超轻于中心天体时才有效。

14.20.2 轨道形状与能量

将无穷远处的物体的势能记为0，则距离天体中心为 r 的地方，势能为 $-GMm/r$，那么在天体表面的待发射的物体势能为 $-GMm/R$。所谓刚好脱离天体引力，极限情况是脱离后速度为0，根据机械能守恒：

$$\frac{1}{2}mv_2^2-G\frac{Mm}{R}=0$$

若中心天体为地球，此速度即第二宇宙速度（second cosmic velocity），亦即地球的逃逸速度，是指在地球上发射的物体摆脱地球引力束缚、飞离地球所需的最小初始速度。

与此对应的，第三宇宙速度则是太阳系作为中心天体的情况；第四宇宙速度是银河系作为中心天体的情况。

此时，总系统动能$\left(\frac{1}{2}mv^2\right)$与势能（$-GMm/r$）之和为0，物体沿抛物线飞行。

对于双曲线的情况，势能的绝对值小于这个系统的总动能，即两种能量的和为正值。

对于椭圆的情况，势能（经常为一负值）在绝对值上大于这个系统的总动能（这些物体在它们坐标轴的旋转能未计算在内）。

【注意】抛物线轨道的能量为0的事实是由当物体相距无限远时、重力势能为0这一假定产生的。系统在无限分离的状态下可以被认为具有任意值（例如42焦）的势能，那一种状态被假定具有0势能（即0焦）。

14.21 恒星演化

星云快速收缩过程：原始星云→分子云→原恒星→恒星。

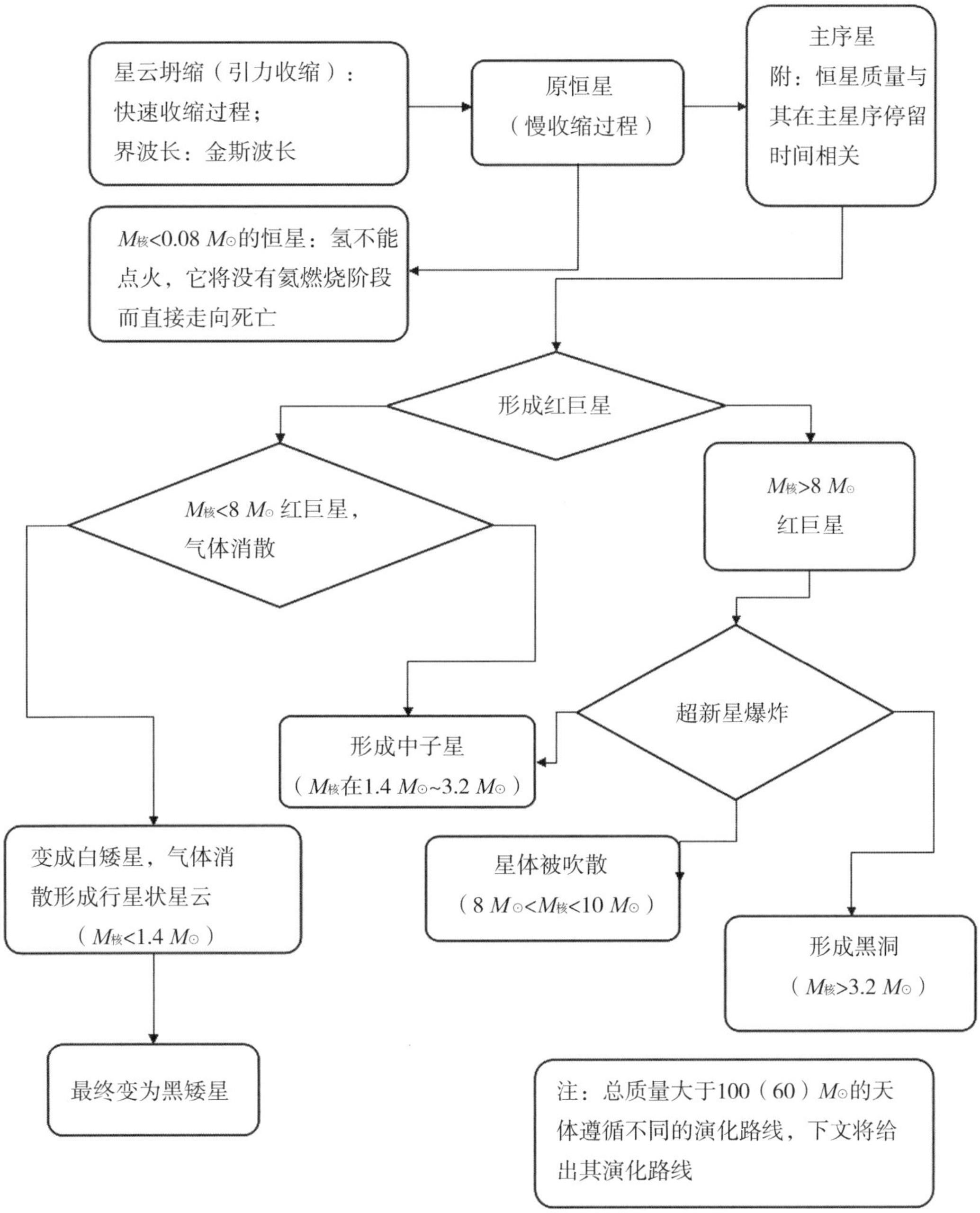

恒星演化示意图

14.22 爱丁顿光度

爱丁顿光度是吸积天体所能达到的最大光度。天体在吸积周围介质的同时发出辐射，当吸积物质累积到一定程度时，辐射压会阻止物质的进一步下落。此时天体作用在一个粒子上的引力与其受到的辐射压力达到平衡。爱丁顿光度的表达式是：

$$L_{\mathrm{Edd}} = 4\pi GMm_{\mathrm{p}}c/\sigma_{\mathrm{T}}$$
$$\cong 1.3 \times 10^{38}\left(\frac{M}{M_{\odot}}\right)\mathrm{erg/s} = 3.3 \times 10^{4}\left(\frac{M}{M_{\odot}}\right)L_{\odot}$$

其中，m_{p} 是质子的质量，σ_{T} 是电子的汤姆孙散射截面，$M_{\odot}$ 和 $L_{\odot}$ 分别是太阳的质量和光度。上式表明天体吸积所能达到的光度与其自身质量成正比，并且太阳的爱丁顿光度是其光度的 10^4 倍。一般说来，普通恒星的光度远远低于爱丁顿光度，某些 X 射线双星和活动星系核的光度能够达到爱丁顿光度，伽马射线暴、超新星爆发可以在短时间内超过爱丁顿光度。

14.23 S－过程与R－过程

S－过程，或称为慢中子捕获过程，是发生在相对来说中子密度较低和温度中等条件下的恒星进行核合成的过程。在这样的条件下，原子的核心进行中子捕获的速率相较之下就低于 β 负衰变。虽然稳定的同位素捕获中子，但是放射性同位素在另一次中子捕获前就先衰变成为稳定的子核，这样经由 β 稳定的过程，使同位素沿着同位素列表的槽线移动。S－过程大约创造了另一半比铁重的元素，因此在星系化学演化中扮演着很重要的角色。S－过程与更快速的 R－过程中子捕获不同的是，它的速率低。

R－过程，或称为快中子捕获过程，是在核心发生坍缩的超新星（参考超新星核合成）中创造富含中子且比铁重的元素的程序，并创造了大约一半的数量。R－过程需要以铁为种核进行连续的快中子捕获，或是短程的 R－过程。

参考文献

［1］苏宜编著：《天文学新概论》，北京：科学出版社，2009 年。

［2］余明主编：《简明天文学教程》，北京：科学出版社，2001 年。

［3］刘学富主编：《基础天文学》，北京：高等教育出版社，2004 年。

［4］钮卫星：《天文学的历史》，南京：江苏人民出版社，2013 年。

［5］［英］伊恩·里德帕斯著，李元、沈良照、李竞等译：《诺顿星图手册》，长沙：湖南科学技术出版社，2012 年。

［6］［加］特伦斯·迪金森著，谢懿译：《夜观星空》，北京：北京科学技术出版社，2012 年。

省实天文观测篇

本篇共有四个章节，主要是SSAA组织活动的写照。如果您已经参与，请多提宝贵意见；如果您准备参与的话，请按照上面的提示准备好知识和器材。打开这篇，能让你充分了解SSAA的魅力，来吧，加入我们！

前　言

天文学是一门古老而常新的自然科学，其研究对象是宇宙的规律。它是以观察及解释天体的物质状况及事件为主的学科。天文学与其他自然科学的不同之处在于，天文学的主要实验方法是观测，通过观测来收集天体的各种信息。我校的天文观测采用多种观测方法，概括起来主要有以下几种。

1 开学招新观测

1.1　目　的

主要是吸引从未接触过天文的同学，激发其对天文的兴趣。

1.2　步　骤

1.2.1　查天气、定观测时间

当天的气象条件是进行观测的第一步，也是最重要的一步。我校所处的位置属亚热带季风气候，而我们要选择的时间是开学的军训期间或是开学第一周的某天，这个时间段天气复杂多变，因此须明确观测的目标是什么，首先取决于天气状况。这部分的工作主要是在室内完成。

1.2.2　定观测内容

8 月底到 9 月初没有特殊的天象，因此，根据实际情况，我们定的观测内容主要是观测太阳、太阳黑子、月球等表面特征和月象。

1.2.3　定观测地点

我校较理想的观测地点是足球场的南面和天文活动室的平台上，这两个地点各有优缺点。足球场南面的优点是场地面积较大，不受观测人数的限制；缺点是足球场不宜在白天观测，因为白天学校有较多的体育活动和其他活动需要占用场地。而天文活动室平台的优点是地势较高（四楼），受其他因素干扰较少，视场较大，观测条件较好；缺点是场地不够大，只能同时容纳 20 人左右。权衡之下，我们招新的场地大多数是选择在足球场。

学校足球场一角

天文活动室所在顶楼平台

图 1－1　学校的两个观测场地

1.2.4　定负责人

召开负责人会议，明确分工。负责人大部分为天文社骨干，宣传部派两人负责宣传；运营部负责器材的准备；内务部负责活动的经费预算；外联部负责现场收集新入社人员的各项信息（招新宣传单见图 1－2，招新报名表，见附件 1，招新试题见附件 2）。

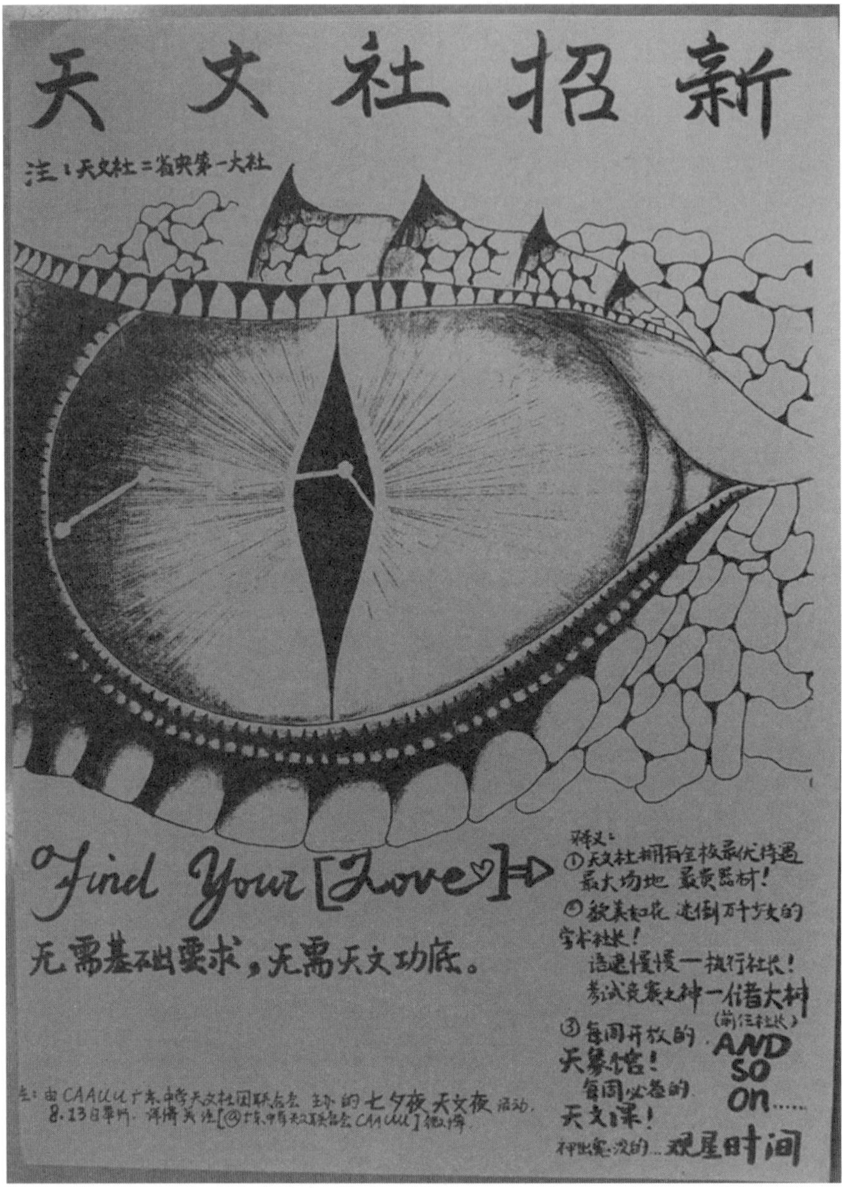

图 1 –2　天文社招新海报

1.2.5　准备器材

我校用来观测的望远镜较多，有双筒望远镜、折射式望远镜、反望式望远镜、折反射式望远镜等。根据观测内容，我们大多用的是折射式望远镜。如图 1 –3 所示。

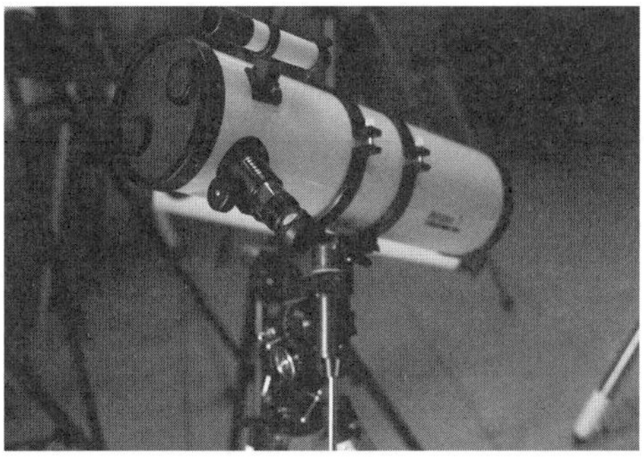

牛顿反射式望远镜

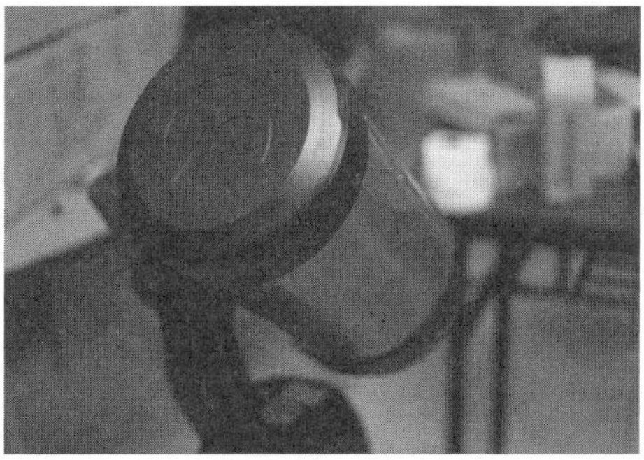

折反射式望远镜

牛顿反射式望远镜

小口径折射望远镜

90 mm 折射望远镜

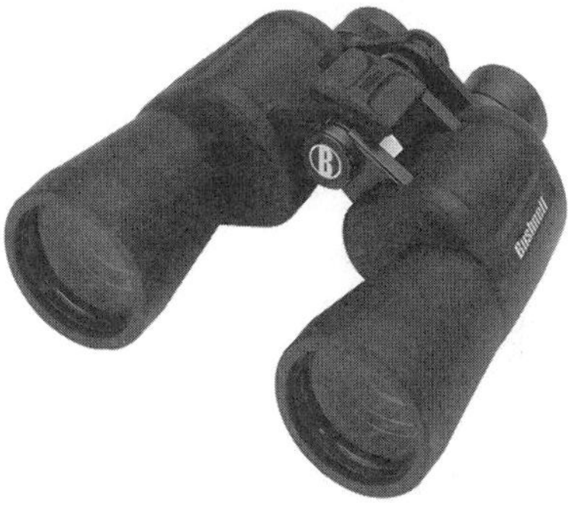

双筒望远镜

图 1－3　天文社观测所使用的望远镜

1.2.6　观　测

此观测的主要目的是为招新。因此，只要天文社的骨干拿到的合适的望远镜对着太阳、月亮调好焦距，解答同学提出的一些简单问题即可。

总结：即使是简单的观测，也能吸引很多同学加入天文社。天文社每年的招新人数都居各大社团人数之首，也许这就是天文的魅力所在吧！

附件1　招新报名表

温馨提示：

①如果你有意愿加入我们，请认真填写表格的每一项内容。未完成或填写不认真者，将不予录取。Take it seriously！

②填写完毕后，也请注意阅读写在最后的注意事项。

③只要有一颗热爱天文的心，加入天文社不需要你有任何学术基础喔。

<table>
<tr><td colspan="2">姓名</td><td></td><td>性别</td><td></td><td>班别</td><td></td><td>学号</td><td></td></tr>
<tr><td colspan="2">毕业院校</td><td colspan="7"></td></tr>
<tr><td colspan="2" rowspan="3">获奖情况
（数理化生）</td><td rowspan="3">天文奖项优先</td><td>①</td><td colspan="2"></td><td>④</td><td colspan="2"></td></tr>
<tr><td>②</td><td colspan="2"></td><td>⑤</td><td colspan="2"></td></tr>
<tr><td>③</td><td colspan="2"></td><td>⑥</td><td colspan="2"></td></tr>
<tr><td rowspan="3">联系方式</td><td>手机</td><td colspan="3"></td><td>宿舍号</td><td colspan="3"></td></tr>
<tr><td>QQ</td><td colspan="3"></td><td>微信</td><td colspan="3"></td></tr>
<tr><td>微博</td><td colspan="3"></td><td>其他联系方式</td><td colspan="3"></td></tr>
<tr><td colspan="2">希望加入的部门（在括号中打钩，单选）</td><td colspan="7">内务部（　　）　宣传部（　　）　学术部（　　）　运营部（　　）
我只想当普通一员（　　）</td></tr>
<tr><td colspan="2">特长（在括号中打钩，多选）</td><td colspan="7">学习（　　）　活动组织（　　）　竞赛（　　）　演讲（　　）　书法（　　）
其他（　　）</td></tr>
<tr><td colspan="2">你希望天文社有什么活动（在括号中打钩，多选）</td><td colspan="7">天文科普（　　）　天象仪开放（　　）　户外观星活动（　　）
路边天文夜活动（　　）</td></tr>
<tr><td colspan="2">是否愿意参加天文竞赛（在括号中打钩，单选）</td><td colspan="2">是（　　）　否（　　）
未确定（　　）</td><td>是否第一次接触天文</td><td></td><td>流水号</td><td colspan="2">GT－</td></tr>
</table>

注：①完整填写表格并上交后，即正式成为广东实验中学天文社普通社员，社员享有权利的同时，也要遵守各项规章制度，听从负责老师及社内骨干的指导和要求（社员名单近期将张贴在教学楼，请密切关注）。

②社员大会将在社员名单公布后召开，大家要积极参与，准时出席喔。

附件2　招新试题

2010年省实初中部天文社招新考试试题

班级：__________　学号：__________　姓名：__________　成绩：__________

天文社是一个非常注重学术水平的社团，请自主完成以下几道题目。不用紧张，成绩的高低不影响录取。这只是一张检测你知识水平的卷子，没有必要刻意让这个成绩“好看”。超出自己水平的作答，意味将来要承受超出自己学术水平的压力，作弊者自重。

注意事项：1. 考试时间为30分钟；

2. 考试为开卷形式，在比赛中可以查阅任意书面材料，但不得借助电子词典及笔记本电脑；

3. 考试期间不得使用任何通信工具，不得相互讨论，否则将以作弊处理。

一、单项选择题（每题有且只有一个正确选项，多选、错选、少选均不得分，共20题，每题3分）

1. 下列词语中，最能描述我国古人对宇宙形状认识的是（　　）

A. 天方地方　B. 天方地圆　C. 天圆地方　D. 天圆地圆

2. 我国古人用于形容宇宙起源的“开天辟地”一词与下列哪位神话人物有关(　　)

A. 女娲　B. 盘古　C. 黄帝　D. 夸父

3. 地球的年龄约为（　　）

A. 26亿年　B. 36亿年　C. 46亿年　D. 56亿年

4. 太阳最终的命运将会变为（　　）

A. 白矮星　B. 红巨星　C. 中子星　D. 黑洞

5. 我们所看见的太阳光实际上是（　　）以前所发出的太阳光

A. 一分钟　B. 四分钟　C. 八分钟　D. 十分钟

6. 太阳系最高的山在（　　）上

A. 水星　B. 火星　C. 地球　D. 金星

7. 太阳系中能感受到太阳从西边升起的行星是（　　）

A. 金星　B. 木星　C. 土星　D. 火星

8. 天空中除太阳与月球外，看上去最亮的自然天体是（　　）

A. 天狼星　B. 天王星　C. 木星　D. 金星

9. 离地球最近的行星是（　　）

A. 金星　B. 月球　C. 火星　D. 太阳

10. 离地球最近的恒星是（　　）

A. 金星　B. 月球　C. 火星　D. 太阳

11. 以希腊神话中爱神维纳斯命名的天体是（　　）

A. 金星　B. 太阳　C. 水星　D. 月球

12. 被称为“行星之王”的是（　　）

A. 木星　　B. 土星　　C. 火星　　D. 金星

13. 太阳系中质量最大的天体是（　　）

A. 木星　　B. 地球　　C. 月球　　D. 太阳

14. 曾经是行星家族中一员，后被“降级”为矮行星的是（　　）

A. 谷神星　　B. 海王星　　C. 冥王星　　D. 月球

15. 月球上的环形山大多是以地球上的科学家名字来命名，以下不在其中之列的中国科学家是（　　）

A. 宋应星　　B. 祖冲之　　C. 张衡　　D. 万户

16. 古埃及人根据（　　）的出没规律判断尼罗河的洪水期，并由此制定了历法

A. 太阳　　B. 天狼星　　C. 月球　　D. 地球

17. 地球的99%的能量来自（　　）

A. 地壳运动　　B. 太阳　　C. 月球引力　　D. 人类开发

18. 不属于太阳活动的是（　　）

A. 流星现象　　B. 耀斑　　C. 太阳风　　D. 太阳黑子

19. 观看狮子座流星雨的时间应是每年（　　）

A. 9月中旬　　B. 10月中旬　　C. 11月中旬　　D. 12月中旬

20. 带有明显大红斑特征的行星是（　　）

A. 土星　　B. 金星　　C. 火星　　D. 木星

二、判断题（共10题，每题2分）

1. 伽利略卫星指的是土卫一至土卫四。（　　）

2. 浑天仪的制作者是东汉时期我国著名天文学家张衡。（　　）

3. 地球绕太阳公转一周需要24小时。（　　）

4. 土星不是太阳系中唯一拥有光环的行星。（　　）

5. 天王星看上去像是躺在公转轨道面上进行自转的。（　　）

6. 海王星是第一颗通过计算结果搜索找到的行星。（　　）

7. 谷神星在“升级”为矮行星之前曾经被认为是最小的小行星。（　　）

8. 伽利略发明了第一台天文望远镜。（　　）

9. 太阳黑子是由于太阳表面被小型天体遮住而形成的。（　　）

10. 彗星可能被认为是个很大的“脏雪球”。（　　）

三、识图题（请在各星座图下横线上写出该星座的名称，共4题，每题5分）

1. ____________

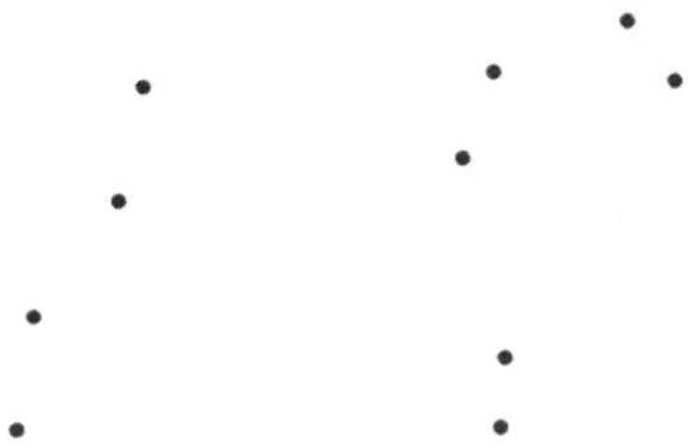

2. ____________

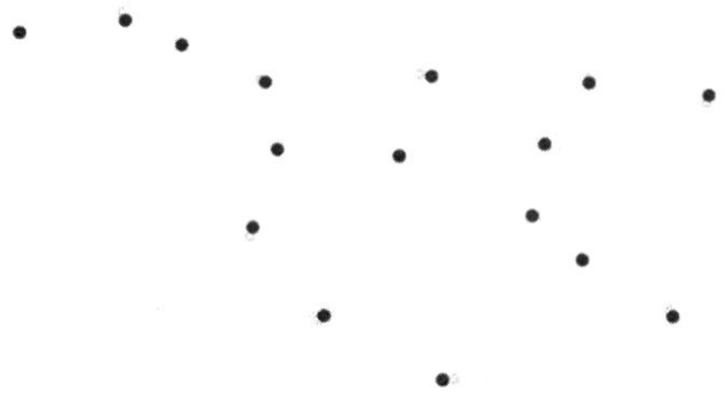

3. ____________

4. ____________

1.3 案例——太阳黑子观测

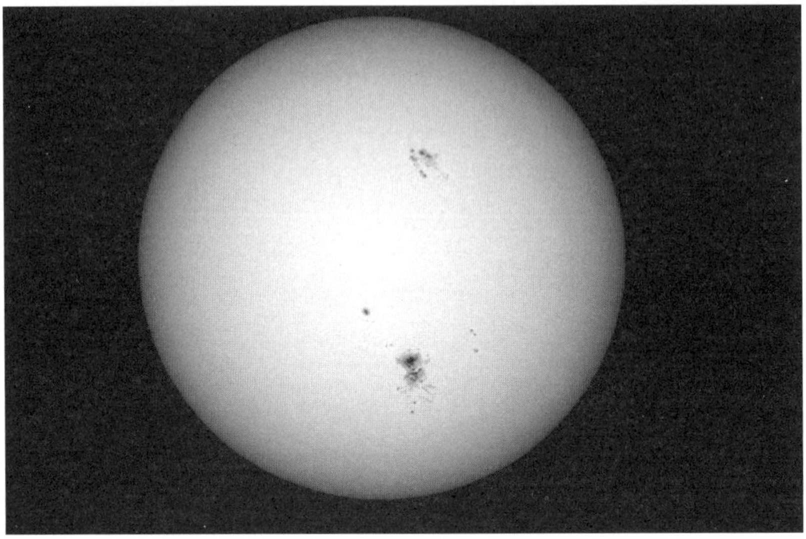

图1－4 太阳黑子观测

2013 年是太阳活动周期的极大年，太阳的活动尤为活跃，黑子和耀斑出现的频率特别高。太阳黑子的观测内容主要是了解太阳黑子的分布、性状、运动规律等，从而掌握太阳的活动规律。

1.3.1 观测太阳黑子必需的物品

口径 5～10 cm 的小型天文望远镜（观测太阳黑子常用有专用镜片的反射式望远镜）、太阳投影板、目镜（50～60 倍的目镜和一个能看到黑子深部的高倍率目镜）、太阳滤光镜、观测用图纸［在洁白的纸上画好直径 15 cm（或 10 cm）的圆并写好数据，事先制成观测用的图纸，见下图］、其他（如铅笔、橡皮、秒表等）。

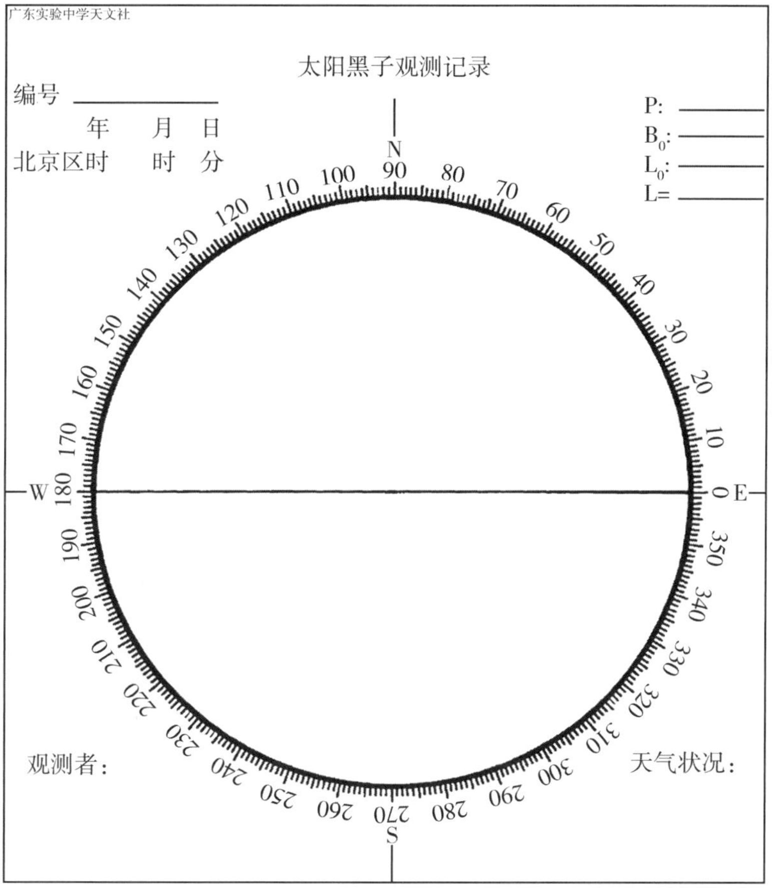

图 1－5　太阳黑子观测记录

1.3.2　观测方法指导

观测太阳黑子的方法通常有投影法、直视法、照相摄影法。但一般是用投影法或投影法和直视法并用来观测。

（1）投影法。所谓投影观测法，就是在天文望远镜上装上太阳投影板，把太阳像放大投影到投影板上去观测太阳的方法。

（2）直视法。这是在目镜上安一个专用的太阳滤光镜片，直接对太阳进行观测的方法。这种方法可以在计算黑子数量的同时又用高倍率镜头画出更详细的黑子图。但是，仅用直视法要把位置形状都准确记录下来，是较困难的；必须用备用的投影法把正确的位置和特殊的大形状记录下来。

【注意】用直视法进行观测时，要特别注意眼睛的安全。一定要在物镜上盖一个中间开有直径 5 cm 以下的孔的盖子，并注意控制观测时间。

（3）摄影法。就是把照相机装在天文望远镜上进行摄影的方法。这种方法有一个很大的优点就是可以得到客观的记录，并且具有利用各种滤光器和分光器使观测内容更广泛的魅力。另外，由于大气层的影响，太阳像会晃动且太阳外面的透明度经常是变化的，要得到准确的观测结果，并非易事。

1.3.3 观测太阳的时间与地点的选择

观测太阳，应该在有太阳的时候，且在能看到太阳的地方，还应该进一步考虑适合各种观测方法的条件。

最好避开高的建筑物或高大的烟囱，因这些地方会使太阳像变得模糊（本校主要选择在足球场进行）。另外，不要看离地平线很近的太阳。这时太阳光被厚厚的大气层遮盖着，透明度差，且会受到气流移动的影响。因此，应选择在太阳升高些的时候进行观测。一般来说，中午前的条件会好一些。

1.3.4 太阳观测注意事项

（1）太阳的视星等为 -27 等，因此这是一项非常危险的观测，需要有安全的保护措施，否则对眼睛有很大的损伤。

（2）使用巴德膜日光滤光片，这种滤光片是专门为日面观测安全设计的。

①在安装有滤光片的望远镜、寻星镜、双筒镜上才可观看太阳。

②在滤光片及其镀膜面上不能有小洞或破损。怎么检查滤光片？我们可以把滤光片举起来，如果透过滤光片可以看见天空，那么这个滤光片一定是不安全的。

③在任何情况下都不要使用装在双筒镜或望远镜目镜端的滤光片来替代全孔径太阳滤光片。

（3）把滤光片固定在望远镜主镜筒上面，需充分考虑到风以及意想不到的震动情况，一定要把滤光片加固。

1.3.5 实地观测

（1）时间：2013 年 7 月 25 日。

（2）地点：云南省某地。

（3）人数：40 人。

（4）天气：晴朗。

（5）器材：反射望远镜两台、巴德膜观测眼镜若干。

图 1 -6　肉眼观测使用的巴德膜眼镜

图 1－7　现场观测图

图 1－8　观测记录

图 1－9　观测底片的投影结果

2

兴趣提高观测（校园路边天文观测）

2.1 目　的

提高社员随时观测各种天象的能力，让社员感受到天文的无穷魅力。

2.2 步　骤

2.2.1 定方位

确认太阳升起和落下的方位。在3月21日和9月23日前后，太阳从正东方升起，正西方落下。在北半球夏季的几个月里，太阳从东北方向升起，西北方向落下；而在冬季的几个月里，太阳从东南方向升起，西南方向落下（大体如此，具体方位视日期而定）。省实高中部正门方向为东面，新的体育馆方向为西面。

2.2.2 定时间

开学招新后最好的观测时间是9月23日左右。这天太阳从正东升起，从正西落下，具体时间视天气情况而定。

2.2.3 定地点

这种校园路边的天文观测地点可以随意而定，任何一个地点都可。

2.2.4 定目标

观测目标随同学们随意间看到的天体而定，如：在白天和晚上，都可以观测月亮；在冬季的任一晴朗的晚上，可以观测猎户座等；在春季和夏季，可以观测大三角，还可以观测金星和木星等。

总而言之，提高兴趣的观测，是不定时间、不定地点的观测，人员也可随意，可以是社员，也可以是非社员，目的就在于提高同学们的实际观测能力。

2.3 案例——月球的目视观测

望月的观测。时间为2013年8月15日20时。

2.3.1 月球概述

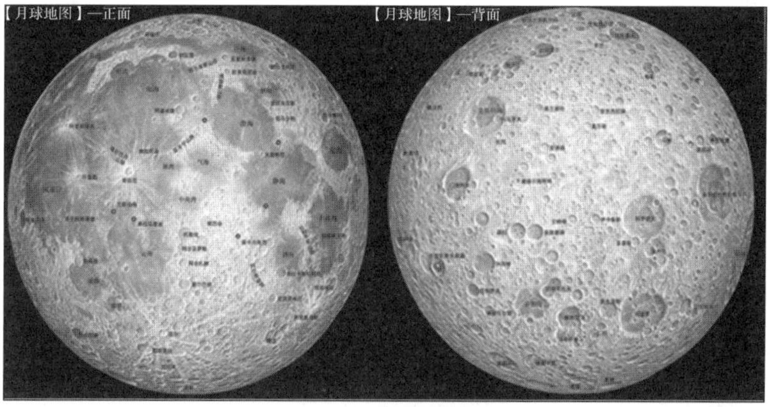

图 2-1 月球地图

月球（moon）俗称月亮，也称太阴。月球是地球唯一的天然卫星，也是离地球最近的天体。由于月球绕地球公转，同时随着地球一起绕太阳公转，因此，我们看到的月球亮度有周期性变化。月球的盈亏叫月相，月球的盈亏周期叫朔望月。月球表面的地形主要有环形山（月坑）、月海、月陆和山脉、月球表面辐射纹和月谷（月隙）。环形山是月面上最明显的特征，数量非常多，总数有 5 万多个。肉眼或用望远镜看到的月面上的暗淡黑斑为月海，它们是广阔的平原；高出月海的地区为月陆，一般高出 2 ~ 3 km，最高峰达 9 km。月面辐射纹是一种以环形山为中心向四周延伸的亮带，亮带可以直穿月球上的山脉、月海或环形山，辐射纹的长度和亮度不一。最引人注目的是第谷环形山的辐射纹，最长的一条达 1 800 km，满月时尤为壮观。其次是哥白尼环形山和开普勒环形山的辐射纹，在地球上，即使用最普通的望远镜，也能清晰地观测到那些较大的辐射条纹。月面上一些弯弯曲曲的黑色大裂缝为月谷，最大的月谷是阿尔卑斯月谷，它把月面上的阿尔卑斯山拦腰截断，很是壮观。

2.3.2 观测指导

月球的视面大，表面清晰可辨，可观测的项目多，通过认真的观测，比较容易获得观测结果。因此，月球观测是进行天文普及教育的最生动、最真实的活动。最普通的有月球表面结构观测和月相变化观测。

（1）月球表面结构观测：时间为弦月前后。准备一架 5 cm 的小型望远镜和一份小比例尺的月球全貌图和大比例尺的月面特征详细图。

（2）月相变化观测：直接用肉眼进行观测，农历上半月可选择在晚上 8 点左右观测，下半月可选择在早晨 6 点左右观测。

2.3.3 观测方法介绍——目视观测和照相观测

（1）目视观测：时间为弦月前后。器材包括多个目镜（选择放大 120 倍以上）、折射望远镜（口径大于 5 cm）。

（2）照相观测：有基本的摄影常识，利用天文望远镜进行照相观测。

2.3.4 实地观测

（1）时间：2013 年农历 8 月 14 日 20 时。

（2）地点：学校足球场。

（3）人员：学生 15 人，老师 2 人，广州电视台记者 3 人。

（4）器材：折射天文望远镜 2 台，指星笔，手电筒 3 只，手机。

（5）效果：拍摄的视频在广州电视台综合频道播出（时间为 8 月 15 日 18 时）。

以下是播出时的截图：

图 2－2　调试中的望远镜

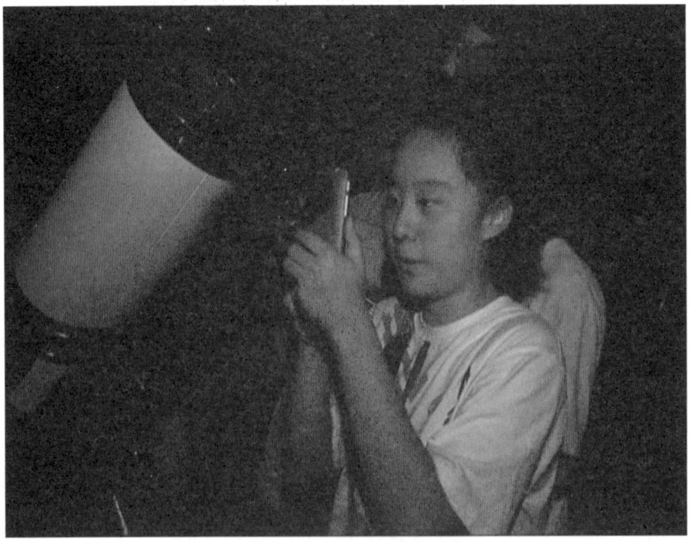

图 2－3　手机贴近目镜拍摄月面

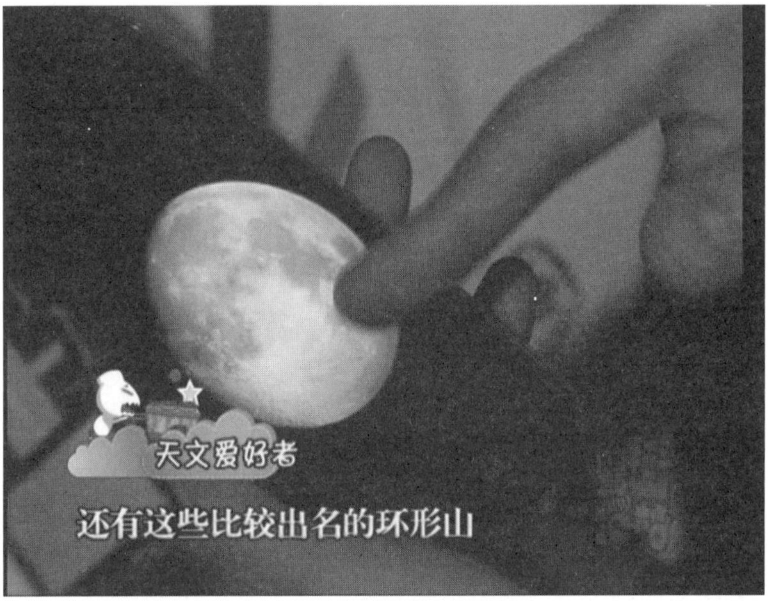

图 2－4　手机拍摄的月面

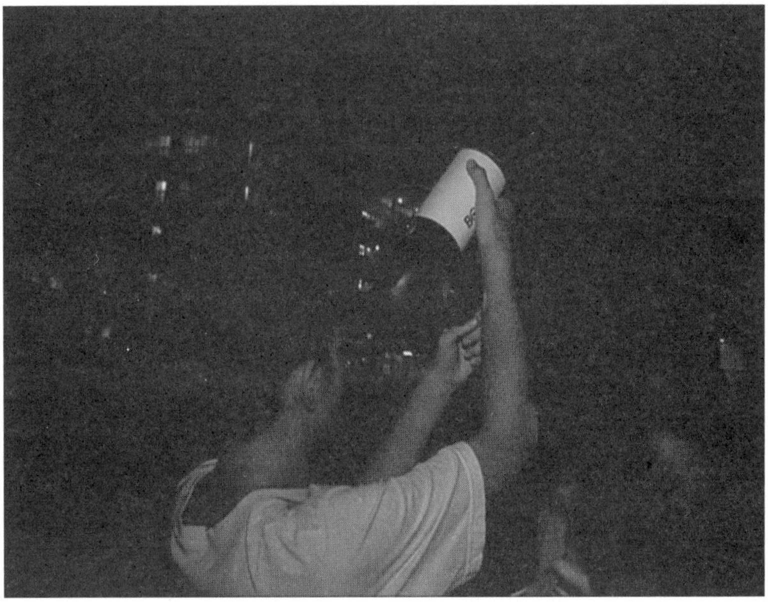

图 2－5　专业的望远镜观测月面

3

常规野外观测

本章所说的常规野外观测指的是天文社组织社员在校外进行的观测活动。

3.1 目　的

为提高社员的野外观测能力提供平台。

3.2 步　骤

3.2.1 定地点

视野开阔、灯光污染较少、草地地面、附近有便利的生活条件的地点适合野外观测（我校的观测地点主要有花都、肇庆、从化、清远等）。

3.2.2 查天气

天气预报大概只能预测一个星期的大致天气情况，因此，要先确定好观测地点后再查天气状况。

3.2.3 定观测内容

野外观测的内容主要是流星雨及特殊天象。

3.2.4 定参加的人数

根据带队老师的多少，定野外观测参加的人数（一般为100人左右）。

3.2.5 定负责人

负责人除领队老师外，大部分为天文社骨干。

3.2.6 向学校递交申请（后附申请书）

3.2.7 召开负责人会议

明确分工，宣传部派两人负责宣传，两人负责报名事宜；运营部负责器材的准备；内务部负责活动的经费预算等。

3.2.8 准备器材

双筒望远镜、折射式望远镜、反望式望远镜、折反射式望远镜、指星笔、手电筒等。

3.2.9 后勤准备

安排好观测点的吃、住、行等。

3.2.10 观　测

观测中安全是第一位。由于大部分的野外观测是在晚上进行的，因此，防寒保暖、防虫等工作必须落实到位。

3.3 观测总结

每次野外观测后，各分工小组需进行小结（总结经验与教训）；如有记录表，需进行收集整理得出结果分发给参加的同学；对搬出去的器材要安排专门负责人进行清点和归类。

3.4 案例——流星雨观测

3.4.1 流星雨概述

流星雨（meteor shower）是夜空中有许多的流星从天空中一个所谓的辐射点发射出来的天文现象。这些流星是宇宙中被称为“流星体”的碎片，在平行的轨道上运行时以极快速度投射进入地球大气层的流束。大部分的流星体都比沙砾要小，因此几乎所有的流星体都会在大气层内被销毁，不会击中地球的表面；能够撞击到地球表面的碎片称为“陨石”。数量特别庞大或表现不寻常的流星雨被称为“流星突出”或“流星暴”，每小时出现的流星可能会超过 1 000 颗。一般认为流星雨是流星体与地球大气层相摩擦而形成的。

图 3－1　流星雨

3.4.2 观测指导

流星雨的观测方法有目视观测、照相观测、分光观测、光电观测、电视观测、雷达观测和空间观测等，业余爱好者多用目视观测和照相观测。长期观测事实表明，天空流星的出现有一定的规律，表现在以下几点：

（1）流星数与其大小有关，对于肉眼不能见的暗弱流星平均每降低一个星等（因为星等数小的星更亮，所以天文学上习惯把星等数增加称为降低），流星数平均增加2.5倍，即流星体质量越小，数目越多。

（2）在同一天中，流星出现的概率以黎明前为最大，傍晚时为最小，即下半夜的流星比上半夜多。

（3）在同一年中，下半年的流星数比上半年多，秋季的流星比春季多。尽管每天落向地球的流星数目由于观测手段不一，会有不同的结果，但大体上反映出的规律是相似的。

3.4.3 观测流星雨的注意事项

观测流星雨的时候，我们的视野方向在一定的时间段内要固定，并记录下自己视野的中心位置，用赤经和赤纬表示。

如果大家一起观测，可以各自负责一块天区。即便别人观看的天区出现了流星，也不要随意转过去，以免错过自己天区中出现的流星。这对于观测者来说是一个考验。

我们观测视野范围越大，就越可能看到更多的流星。因此，我们应尽量选择在没有障碍的环境下进行观测。视场中被遮挡的情况要记录下来，采用占总视场的百分比来表示。

如果是建筑物或树木，比较容易确定，因为它们是静止的，只需要在改变观测区域的时候记录一次即可；而如果是天空中的云，情况会复杂一些。由于云经常变化，我们应该经常记录云占观测视场的百分比。

如果视场中被遮挡的范围超过20%，就应该中断观测，也可以改变观测方向。当然，在出现流星暴雨的时候可以例外。

理想观测条件：天空非常晴朗，大气透明度非常好，天空完全黑暗，没有任何人为的光污染，没有月亮。

3.4.4 实地观测（肇庆双子座流星雨观测）

（1）时间：2011年12月11日。

（2）地点：肇庆学军基地。

（3）人数：120人。

（4）器材：星特朗折反望远镜1台、博冠折射望远镜2台、开信反射望远镜2台、帐篷若干、手电筒若干等。

（5）步骤：①定观测内容：双子座流星雨；②查各个备用观测点的天气情况，确定地点为肇庆；③定带队老师、负责的同学等；④向学校递交申请；⑤带队老师和负责同学参加会议，确定任务；⑥派发宣传单（见附件1）、组织报名，同时给报名的同学一份知情同意书（见附件2），印制流星雨观测记录表（见附件3）；⑦做好联系观测基地、安排车辆等后勤工作；⑧现场观测。

图 3－2　围坐一起聆听观测的注意事项

图 3－3　进行观测前的分组

图 3－4　现场观测

图 3－5　天文社社长为前来参加活动的小朋友讲解望远镜的使用方法

附件 1

天文社组织观星的通知

为了给同学们普及天文知识，提高天文观测能力，培养同学们的兴趣爱好，天文社拟组织一次外出观星活动，本次主要是观测双子座流星雨。具体安排如下：

1. 时间：2011 年 12 月 11 日出发，12 月 12 日中午返校。

2. 地点：肇庆学军基地。

3. 人数：暂定 100 人左右，根据实际情况变更。

4. 费用：暂定×××元。包括来去车费、晚餐、早餐。根据实际费用多退少补。

5. 活动安排：11 日 17 时 30 分在高中部后门集合，准时出发，过期不候。乘车前往肇庆，预计 19 时 30 分到达。20 时开始晚餐，21 时 30 分集合前往观测点。22 时开始观测。由天文社骨干成员负责望远镜等器材的准备、装运，并指导同学们观测。

6. 为了保障同学们的安全，使活动顺利开展，并取得良好的效果，请参与的同学服从安排、听从指挥；考虑到秋天晚上较冷，请同学们多带衣服；最好带上有星图、指星笔、手电。

7. 报名时间：即日起至 2011 年 12 月 9 日截止。

报名联系人：高一年级×××老师，电话：××××××

初一年级×××老师，电话：××××××

广东实验中学天文社

×年×月×日

附件 2

观看流星雨知情同意书

广东实验中学：

我们已知晓孩子____________（姓名）参加学校组织去肇庆观看流星雨的活动，时间从 2011 年 12 月 11 日下午放学后（放学后即出发）至 12 日中午 11 时左右（抵广州）。我们同意孩子参加此次活动，并督促孩子遵守学校的各项纪律，服从学校的统一安排。（带队曹老师，电话：××××××）

家长签名：

家长联系电话：

日期：　　　年　　月　　日

4 竞赛观测

4.1 目　的

竞赛观测的主要内容是根据全国中学生天文奥林匹克竞赛的要求而组织的观测。

4.2 观测内容

根据当年承办地的地理纬度和经度即地理位置情况，找各种恒星和行星等。

4.3 观测地点

由于外出有诸多不便，因此，利用我校现有的天象馆优势，在学校进行模拟星空观测。

4.4 观测人数

要根据进入国赛人数的多少而定。

4.5 观测形式（肉眼观测）

（1）由指导老师进行现场的指导观测。

（2）由具有丰富参赛经验的天文社骨干成员进行观测指导。

4.6 案例——竞赛模拟观测（行星观测）

4.6.1 行星概况

（1）水星。

①观测概况：山脉、平原、盆地和星罗棋布的环形山。

②观测难点：大距前后才有可能被看到，一年中只有6～7个观测期，每个观测期1～2周，每次观测仅有1～2个小时，观测条件受影响（观测地点、环境条件、天气状况等）。

（2）金星。

①地球的姐妹星，但没有卫星。

②独特的自转：自转方向自东向西。

③观测奇特的地形：

第一，雄伟的山脉——麦克斯韦山，高达11 200 m。

第二，壮观的峡谷——金星大峡谷，全长约12 000 km，宽280 km，深2 250 m。

（3）火星。

①被称为小地球。

与地球相似之处：有气体包围的固体表面，赤道面与轨道面夹角24°，大致与地球相等，所以有相似的昼夜长短，也有四季变化，但季节比地球上的长。

②观测地貌特征。

第一，盾状火山——奥林匹斯火山（基底直径600 km，高出地面26 km）。

第二，大峡谷——水手谷（峡谷系）。绵延约5 000 km，比周围地面低6～7 km。

第三，河床。现在火星表面没有液态水，却有数千条宽阔而弯曲的河床。

（4）木星。

①在太阳系中是体积、质量最大，自转速度最快的行星。

②观测的标志最明显：大红斑。

木星大气浓厚，对流、环流剧烈，大气中有一系列与赤道平行的明暗相间的亮带与暗纹，但最突出的是赤道南侧的“大红斑”，能容下3个地球。

③观测其卫星，被誉为“小太阳系”：木星的卫星有63颗，最突出的是伽利略卫星，即木卫一、木卫二、木卫三、木卫四。

（5）土星。

①观测标志：光环。

土星光环并不是任何时候都能被清楚地观测到，有时光环又宽又亮，有时则隐约不清。原因有：第一，土星光环位于土星的赤道平面上，而土星的赤道平面与地球公转的轨道平面有大约29°的夹角，因此，土星光环与地球轨道平面也有同样的夹角；第二，土星在公转的过程中，自转轴方向保持不变，所以，从地球上观察，土星光环的视形态和视面积出现以29.5年为周期而变化，光环时隐时现。

②观测卫星。

土星有59颗卫星，卫星数目在行星中位居第二。土卫六（提坦），直径5 150 km，大于水星，是太阳系第二大卫星，仅次于木卫三。

（6）天王星。

①观测其外表颜色：在望远镜中，天王星呈蓝绿色。（原因：大气中甲烷含量较大，而甲烷对阳光中的红、橙、黄光具有强烈的吸收作用，因此，经天王星的大气反射后的阳光主要成分是蓝绿光，所以看上去呈蓝绿色。）

②观测卫星：天王星的卫星数已达24颗。

（7）海王星。

①观测外表颜色：蔚蓝色（原因是其大气成分主要是氢和少量的甲烷）。

② 观测标志：大黑斑和光环。

4.6.2 行星观测

（1）肉眼可以观测到的是：金星、火星、木星和土星。

（2）需借助望远镜观测的是：水星、天王星和海王星。

由于硬件设施的优势，因此，观测的行星都可以模拟出来，不受时间、天气的限制。

4.6.3 案例——竞赛实地观测

（1）时间：2011 年 4 月 29 日。

（2）地点：北京延庆某地。

（3）人数：本校参加全国决赛的 20 人及临时加入的其他学校的参赛学生。

（4）器材：折射望远镜 2 台、指星笔 2 支。

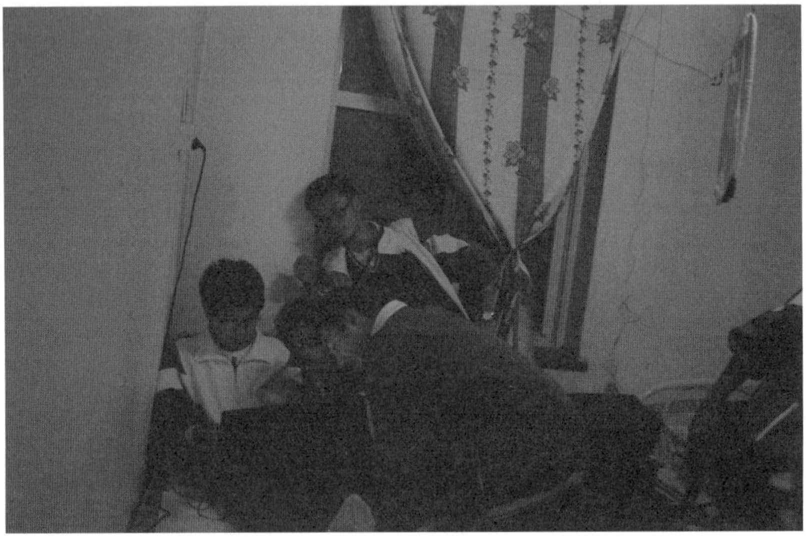

图 4 -1　实地观测前的资料查询（经纬度，行星可能出现的方位）

图 4 -2　望远镜的组装与调试

图 4－3　讲解观测前的注意事项

图 4－4　现场的模拟观测

图 4－5　硕果累累的广东实验中学联队

参考文献

[1]［英］安东·范普鲁著，刘勇译：《最新天文观测手册（精）》，哈尔滨：黑龙江科学技术出版社，2013 年。

[2] 阮国全、陶蕃麟著，林完次译：《天文观测入门》，台北：银禾文化，1996 年。

[3]［英］伊恩·里德帕思著，台湾猫头鹰出版社译：《恒星与行星》，台北：台湾猫头鹰出版社，2006 年。

[4] 苏宜编著：《天文学新概论（第四版）》，北京：科学出版社，2009 年。

[5] 刘学富：《基础天文学》，北京：高等教育出版社，2010 年。

[6]［美］埃里克·简森著，熊况译：《宇宙简史》，上海：上海科学技术文献出版社，2011 年。

[7] 张元东：《美丽月球》，北京：中国青年出版社，2010 年。

SSAA 天文之星篇

此篇呈现给您的是 SSAA 天文之星的“星”路历程——酸甜苦辣、五味杂陈，充满收获和感动……想要了解他们，请翻开此篇，一定会给您惊喜!

1

广东实验中学天文社（SSAA）简介

破阵子

胡德邻（2014届社员）

执镜雄图在握，寻天星辰移推。观夜景诸垣灿烂，忆梦乡银汉武威。新星方耀辉。
仰望壮怀满目，尝思星陨何为。复起沉沙兵尚锐，兴作豪誓心未归。腾飞向紫微。

广东实验中学天文社简称SSAA，是一个学术性社团，自2004年成立以来，已有11年的历史，是广东实验中学的老牌社团之一。天文社致力于为广大热爱天文的同学提供一个交流、学习的平台，积极利用学校提供的场所和资金开展天文科普活动，主要包括每周两次的天文社特色课程，球幕天象馆的例行开放，定期开展的校外观星活动，参加与外校友社联合举办的“七夕路边天文夜”活动，参加省天文奥赛、全国天文奥赛等。

1.1 历史悠久，成绩辉煌

广东实验中学天文社是广东实验中学最早成立的社团之一。2004年社团成立以来，培养了许多天文爱好者，给广东实验中学乃至全国的天文爱好者提供了一个交流平台，也为我国天文事业输送了许多优秀人才。天文社社员许之骥、余泽龙、黄航、马皓南、张源、张纪元、肖荻菲、詹筑畅、储岸均、黄伟庭、龚啸飏、李恩亮、熊颖馨、刘林杰、简明杰、洪巽阳、邓淇升、林琛尧等数十人曾在国际级的天文竞赛中摘金夺银。此外，省实天文社在2007年、2008年、2009年全国天文竞赛中皆获得团体一等奖，2010年获二等奖，2008年、2009年及2011年的个人最佳成绩奖也为省实天文社社员夺得。2009年的全国天文邀请赛暨国际天文年活动由广东实验中学承办。优异的学术成绩、学校的支持与保障为天文社开展活动奠定了良好的基础。

1.2 活动丰富，资源充足

广东实验中学天文社多次组织社员开展观测活动，如2008年甘肃的日全食、2009年湖北宜昌的日全食、2012年河南郑州的日全食等，以及省内的流星雨观测与校内路边天文夜活动。此外，还有长期的天文科普课程以及天文校本选修课，为新入门的天文爱好者服务。天文活动对设备要求较高，广东实验中学综合楼四楼的天文活动室及五楼圆顶的天象馆为广东实验中学天文社进行天文活动的场所。这些设备对社员开放，社员在校或外出观星都可以到天文活动场所借用这些设备。有了这些设备，天文社活动才得以顺利进行。此外，在天文台有约300册的书籍可供学生阅读，内容从科普、图册、理论到专业研究，能满足各个层次的天文爱好者的需求。

1.3 交流宽广，走向世界

广东实验中学天文社与国内外的名牌大学有着密切的交流，包括美国斯坦福大学、美国亚利桑那州立大学、北京大学、澳大利亚国立大学以及英国布莱德福大学。其中，正在天文台运行的 Solar Ionosphere Disturbance（SID 突发离子层干扰项目，与斯坦福大学合作）和 Bradford Robotic Telescope（BRT 自动化望远镜，与布莱德福大学合作）面向社员开放。2009 届学生余泽龙被美国亚利桑那州立大学录取，获得全额奖学金，攻读地球空间科学专业；2009 届学生马皓南被澳大利亚国立大学物理系录取，获得免学费、国家级奖学金以及攻读荣誉学位的资格等优惠条件；2010 届学生张源被北京大学天文系录取。

1.4 优秀的辅导老师队伍

在广东实验中学的地理科，形成了一个辅导老师的团队，有黄建伟、林小莹、刘中礼、彭宪莲、刘忠毅、施美彬、张铁牛、曹隆坤、黄志坤、李国强、黄嘉永、李素丽、方向阳、张智林、董锡、廖洁、曲凤等老师，还有广东省天文学会的指导老师，如陈欣欣、刘振中、胡彦栋等。天文学者王洪光教授、苏成悦教授、覃一平教授也经常到我校举办讲座，支持我校天文科普工作的开展。

1.5 结构严密，分工明确

本社团内设学术社长 1 名，执行社长 1 名，副社长 2 名。内设 4 个部门：学术部（部长 1 名，部员若干）、组织部（部长 1 名，部员若干）、内务部（部长 1 名，部员若干）、宣传部（部长 1 名，部员若干）。部门职责如下：

1.5.1 社　长

（1）主持全面工作。

（2）把握社团的发展方向。

（3）决策社团的重大事务。

（4）向社团联合会汇报工作。

1.5.2 副社长

分管社团的其他部门。

1.5.3 学术部

（1）在校内普及天文学知识。

（2）对社员进行学术培训。

1.5.4 组织部

（1）组织校内天文学推广活动。

(2) 每学期组织1~2次校外观星活动。
(3) 寒暑假组织天文夏令营、天文集训等活动。

1.5.5 内务部

(1) 整理社团档案。
(2) 对本社团所有（所使用）的设备、场所进行日常维护。
(3) 有重大活动时协助组织部开展组织工作。

1.5.6 宣传部

(1) 制作宣传海报、传单、横幅。
(2) 负责对社团活动进行宣传和展示。

1.6 薪火相传、同伴互助的精神传承，文化氛围浓厚

在广东实验中学，天文社因为传承的存在而强大。师兄、师姐带师弟、师妹，同届的社员互帮互助。SSAA社员们不仅在学术理论上、实操上、组织活动上以老带新，而且将此精神传承下来，使SSAA成为广东实验中学、广州市、广东省甚至全国同行的楷模。

2 SSAA 天文之星

袁凤芳

2004—2007 年就读于我校，SSAA 发起人和第一届社长、华南农业大学天文爱好者协会发起人之一和第一任副会长、广州市天文爱好者协会发起人和第一任秘书长、广东南十字星会秘书长、天文科普作家、《天文爱好者》杂志预约作者、香港生态协会天文导师。2009 年 3 月发现小行星高雄星。2013 年 4 月，小行星（263906）被命名为“袁凤芳星”。

2004 年成立天文小组到现在，没想到那么快就 11 年了。仿佛就在昨天一样。记得当时还是在中山四路的老校区，学校说要推动大家成立兴趣小组，作为一个从 4 岁开始喜欢天文的小爱好者，我自然觉得要成立一个天文兴趣小组。

那时候自己写申请书，自己在网上找章程下来修改，自己设计招新海报。因为我是少有的积极成立兴趣小组的学生，所以校长和老师们都很支持我，还在做广播体操的时间，让我到台上招人。一下子就有四五十人加入了天文小组。那时候的高中没有扩招，一个年级只有 8 个班，招新成绩很不错。

很快我们就迎来了第一次活动，施老师带着我们去从化的一个有天文圆顶的水库看月全食。至今我还深深地记得，那时我们在圆顶里面通宵等待月食，在里面打地铺，最后成功观测！回到学校后，活动照片还被贴在学校门口附近的宣传栏，宣传了好久。

很快我升上了高三，大家都去新校区了，我们那届留在老校区，而我也不能花时间在天文小组上了。值得庆幸的是，在施老师、刘老师等老师和各届社长的带领下，天文社的发展超乎我的想象，通过天文奥赛，在全国，乃至全世界有名。而我也很荣幸有那个机缘成立了这个天文社。省实天文社，我以你为荣！

冯铭斌

2004—2006 年就读于我校，SSAA 第二届社长。2006 年省实高二毕业赴加拿大留学。2007 年考入加拿大滑铁卢大学精算系，2011 年取得精算本科及硕士学位，并于同年赴美国西北大学攻读金融工程博士。2012 年成为北美精算师协会认证的精算师。现在博士四年级，期望毕业后寻求大学教职，为社会培育更多人才。

星月交心，难忘省实

冯铭斌

幸运地成为省实天文社社长，这是一个让我骄傲的回忆。学术竞赛如奥数，体育如羽毛球，艺术如合唱均是省实在国内外的老牌强项。在两位地理老师的带领下，我们一群标新立异的学生怀揣着对天文的爱好聚集在一起，组织起了省实天文社。在晴朗的夏夜，我们在天文台里与星月交心。在其他同学积极准备各类学术竞赛的时候，我们也准备着属于我们自己的天文竞赛。作为广东省代表队成员，我们在第三届全国天文奥林匹克竞赛中获得了团体第四名。那年在北京郊外，在北京天文馆馆长的指导下，我们追星，追人造卫星，追日出。地理课本里关于星辰日月的知识鲜活地呈现在眼前，让我至今难忘。希望天文社凝聚所有的天文爱好者，带领社员亲身体验宇宙的浩瀚。

许之骥

省实高中部2007届毕业生。于2004年高一时加入第一届天文社，2005年获得全国中学生天文奥林匹克竞赛一等奖和国际天文奥赛三等奖。2007年高中毕业后考入香港科技大学，现在在美国西北大学凯洛格商学院攻读运营管理博士。

虽然我在天文社的时候大半精力都放在了学习知识、准备竞赛上，并且我之后所学的专业也与天文相去甚远，但我认为天文社带给我的美好回忆是我人生中重要的财富。在这里，我得以开始对浩瀚星空的探索，不仅沉醉于望远镜中和天体摄影作品里的绝伦美景，更了解了世间万物的演化过程，体会到人类只是宇宙中的沧海一粟。另外，在天文社里和同学的深厚友谊，以及在比赛过程中认识的全国和世界各地的朋友，都让我的生活更有意义。（2013年我到西北大学之后才发现当年的天文社第二任社长冯铭斌同学辗转加拿大之后竟然也在西北大学！七八年不见的老友重逢，让我们不得不感叹缘分的美妙！）在这十年里的很多个夜晚，不管我在广州、香港还是美国，每当我抬头仰望星空，看着春天的狮子、室女，夏天的夏季大三角，秋天的仙女、仙后，还有壮阔的冬季星空，就仿佛和老朋友们开始了无声的对话。那时候无论我的心情是兴高采烈或是阴郁低沉，都能被星光洗涤得平静不少。这或许是我在天文社最大的收获。

希望天文社的学弟、学妹们能分享我的感受，在天文社找到属于自己的快乐！

马皓南

2007—2010年就读于我校，省实天文社精神领袖，SSAA第三届社长。考取澳大利亚国立大学天体物理系，获全额奖学金，师从2011年诺贝尔奖获得者。2007年获国赛二等奖，2007年获IOAA赛银牌。2008年、2009年获国赛一等奖和最佳成绩奖，2008年获IOAA赛铜牌。

漫漫天文路，悠悠星月心

马皓南

澳大利亚的夜空，经常布满星辰。我对天文的兴趣在此而起，而后在省实得到发展的机会。我想介绍一下我在省实参加天文活动，以及参加各种比赛的经历，以供学弟学妹参考。

在广州的夜里，星空常被城市的灯光掩盖。小学五年级时，我有幸获得一次去澳大利亚的机会。南半球的星空果然不一样，我住在悉尼的近郊，竟然可以看到银河和大小麦哲伦云；而我最早认得的星座猎户座，在南半球看来竟然倒立了。不可思议的异国星空，激起了我进一步学习天文的兴趣。回国后，我甚至购买了望远镜，不过后来由于种种原因，我放下了对天文的爱好。

2006 年，我开始了在省实的高中生活。不久后，学校举办了天文社团招新和天文校本选修课的活动。当时，怀着重拾天文这个兴趣的想法，在得知我们学校的天文是一个特色科技项目的时候，我参加了天文社。通过刘忠毅老师和张铁牛老师的校本课程、晚修后对照星图认星座以及阅读书籍，我的天文知识不断增长。然而，让我印象最深的是在 2006 年省天文奥赛前夕的一次流星雨观测。

流星雨是很能吸引人的，无论是爱好者，还是普通大众。当时天文知识并不深厚的我也参与组织了这个活动，跟随天文社到清远的连江口观测。我们观测的流星雨是 2006 年的小熊座流星雨。幸运的是当年的小熊座流星雨有一个小规模的爆发。冷空气能让空气透明度变高，同时也带来严寒。当时室外温度只有 5 ℃左右。我们在江边从凌晨 3 点坚持到 5 点。寒风、晴空、银河和流星，锻炼了我们艰苦奋斗的意志。

次日，在广州举办的广东省第二届天文奥赛中我只获得了二等奖，但我相信天文的学习是一个循序渐进的过程。幸运的是，我通过了 2006 年 3 月的全国天文预赛，由此有了更加深入学习天文的机会。我们学校的同学在准备期间，无论是一起解题、出去观测，还是组织天文活动，都获得了锻炼的机会，也结识了不少天文爱好者。个人感觉，天文奥赛和其他学科的奥赛相比，在准备时不会太紧张，而且在学习天文、解天文题的过程中会涉及很多数学和物理上的知识，所以对日常的学习有很大的促进作用。

2007 年五一国际劳动节假期，全国天文奥赛决赛暨邀请赛在福建厦门举行，这是我第一次有机会和全国各地的选手进行交流。因为之前做了比较充分的准备，我获得了全国二等奖，得到了国家队集训和选拔的机会。集训时间比较长，选手之间交流的时间更充足。平时学习天文由于条件所限，只能纸上谈兵；而在集训能遇到各路观测高手，观测条件相对广州市区而言要好很多。怀柔集训的一夜，让我积累了不少观测的经验。经过选拔，我幸运地进入 2007 年国际天文学和天体物理学奥林匹克竞赛（IOAA）国家队。

第一届 IOAA 在泰国北部城市清迈举行，中国队的领队是朱进馆长和张子平博士。晚上抵达清迈后，举办方在机场举行了简单的欢迎仪式。比赛期间，同一个房间的韩国选手让我有了学习韩语的机会，而当我和他用汉字交流时也倍感亲切。印象中 IOAA 比较正式，而且题目更偏向理论，观测更是别出心裁。平时用惯各种望远镜的我们，在观测考试前的会议被告知，本次观测考试使用双筒望远镜和天体指向管。这个天体指向管颇为有趣，据说是为了考试的公平性而设计出来的。其结构是一根塑料水管接在赤道仪上，放大率为 1，视场约为 1 度。收到这个消息的时候，我们既好奇又紧张。在考试时，利用天体指向管指向天体的前四题我都比较轻松地正确完成了，结果一时大意，在最后一题竟然出现了差错，遗憾未能获得观测部分的满分。比赛承办方还安排了游览项目，让我们和其他国家的选手同游，不仅增进了我们的友谊，也让我们有了充分交流的机会。

交流对天文的意义相当重大。这次 IOAA 设立了友谊奖，由大家通过投票的形式，选出心目中的最佳朋友。我有幸获得了这个奖项，并且获得了一枚雅典奥运会的纪念章。颁奖结束的那天晚上，在清迈大学举行了晚会，伊朗的波斯民族乐器弹唱等节目给大家留下了非常深刻的印象。其他国家有不少参赛选手是大一新生，很多人的理论水平相当高。考试结束后，我和一个波兰的选手讨论试题，发现他的理论基础知识相当扎实，次日颁奖时他以 59.2 分夺得理论最高分，和满分只差 0.8 分，这也看出当时我们的不足之处。据馆长反映，当时我们做题目时比较马虎。总而言之，这次IOAA给我们的感觉是比较规范、对理论基础要求更高且富有创新性，相信这会吸引更多的选手参加这个比赛。后续的IOAA难度有所提升，也向着学术的方向发展，所以大学有兴趣攻读天文学的爱好者，可以着重关注这个比赛。

以上简单地介绍了我在省实参加的各类活动和比赛。希望各位省实天文社的社员能积极参加天文社的活动，同时也要注重数学和物理的学习，学有余力而想参加国际比赛的同学也可以提前学习高年级甚至大一的数学和物理知识，在提高自身学科知识水平的同时，更为将来的赛事打下良好的基础。

张纪元

2008—2011年就读于我校、省实天文社精神领袖、SSAA第四届社长。现就读于中山大学数学系。2009年国赛二等奖，2009年APAO银牌及最佳观测奖，2010年国赛二等奖并入选国家队。

由于从小就对天文感兴趣，我在2008年入学的时候便加入了省实天文社，在2009年很幸运地获得了国赛二等奖并被选入国家集训队，被委派去韩国光州参加第五届亚太赛，也很幸运地取得二等奖及最佳实测奖。2010年，我拿到了国赛的三等奖，入选了集训队，但出于升学的考虑，我没有参加该年的国际比赛。在2009届社长任期内，我尽自己所能为社员们组织上课、观测、比赛等一系列活动，以及顺利地完成天文社的传承。虽然花费了不少时间精力，但自认为无愧于天文社，无愧于指导老师和学长们的栽培。

在我看来，天文路并不是一条平坦通达的康庄大道。入门时所需要的数理基础足以令人望而却步，而且天文工作的枯燥无味、天文专业就业面之窄，历年来也令不少同好在前途的选择上举棋不定。我自己当时亦出于各方面的考虑，最终选择了可能更适合自己的数学作为专业方向。一些曾经选读了天文专业的学长亦因为自身的原因而放弃了这个专业，转而攻读其他领域的学位。

然而，前途的不确定性并不能成为我们放弃天文爱好的理由。在我的社交网站主页上，长期活跃着一大批天文圈的朋友。他们当中的很大一部分都是我在天文奥赛当中认识的，并且我和他们中的很多人目前还有定期的联系。有来自全国各地不同城市，说着不同方言，有着不同生活习惯的朋友。我们一起分享天文的乐趣及音乐、动画、游戏等共同的爱好，这极大地拓宽了我的视野。另外，在生活和学习中我们也时常互相咨询建议，大有裨益。这也令我大学时在待人接物方面可以做到心平气和，遇事波澜不惊，比其他很多同学心理准备更充分。同时，非天文专业的我，也可以在他们的日常点滴中窥探到他们各行专业中相关的见闻，提高自己的知识水平。

此外，学习天文的过程也促使我养成了良好的学习习惯。在高一参加天文社，刚刚开始学习天文的时候，我发现教材、教辅等一系列以往习以为常地由老师准备妥当的参考资料需要我自己去发掘寻找。流连于书店，在网络上查找自己需要的数据，这跟以前一味地赶进度完成别人交付的学习任务是两种完全不同的体验，这需要我重新审视自己的不足，明白自己确实需要什么。这样的过程恰恰正是大学以及往后的学习生活中自发寻找适合自己的数据所必经的。曾经有一位同好跟我闲聊的时候说，天文圈的朋友大多都比较独立和成熟，我认为这或许跟学科的特点有关。在天文课程成为一项成熟的授课计划之前，教学资料缺乏，学生唯有自主学习，而这个过程也练就了我们不依赖他人的习惯。

相比于天体，人类可谓是相当渺小的存在，这一点对于天文人来说都是不言自明的。在生活压力大得不能承受的时候，抬头看一看星空，会发觉相对于它，我们仅仅是灰尘，那又何来什么大不了的事情呢？看看自己和身边的人，或许都在为前途命运而奔波忙碌，又或许在各种重负压力之间彷徨而手足无措，但是这样的我们真的明了自己内心真实的需求吗？取得很优异的成绩并升读一所顶尖的大学对我们来说到底意味着什么呢？这样的问题我在高考前每次熬夜复习间歇中凝视星空的时候都会叩问自己，现在经历过后感触可谓更深。

在参与天文奥赛的过程中，我十分有幸地游览了北京、张家口、杭州、固原、银川、仁川、光州等一些城市。每次的旅途都是不同于以往的奇妙经历，每次搭飞机回穗的时候总是深夜，从机窗内俯瞰大地，灯火总是把地球点缀得充满印象派的味道。就着如此美妙的夜色，我不禁回想起这一趟旅程下来的所见所闻并惊叹于此，同时亦不禁陷入了一些更深层次的问题的思考当中。曾经在知乎上看过一个提问，大概问的是旅行的意义，有一位回答者给出了一个我以为绝佳的、无与伦比的答案，它也或许就能解答我们在天文路上的一切彷徨犹疑。

在你完成这次旅途的时候，你就能找到它对你独一无二的意义所在。

以上，与诸君共勉。

廖智昊

2010—2013 年就读于我校，SSAA 第八任副社长。现就读于浙江大学化学系，曾多次获省天文奥赛一等奖，2011 年、2012 年连续两年获全国天文奥赛银牌。

相比于其他同学而言，我接触天文的时间可能比较早，初中时因为连续观测了两年的日全食而喜欢上了天文。又因学术和组织能力都不错，我有幸被选为 SSAA 的副社长。学习天文对我而言，在高中阶段，不仅多了一个兴趣，客观上也为物理的学习打下良好的基础。至于竞赛方面，说实话，我没有更多地去追求些什么，因为我清楚兴趣和专业的区别，只是在不太费劲的范围内尽量地去享受、去争取出去玩的机会，也因此认识了许多好友。高中毕业以后在大学比较闲，我更多地把时间放在天文摄影这方面，也是一个可以深挖、颇有吸引力的爱好。

希望 SSAA 越办越好，同学们能更多地探索自己的兴趣，在夯实基础之余找到自己的爱好，努力探索知识，而不只是接受知识。

詹筑畅

2008—2011 年就读于我校。SSAA 第六任社长。曾获两届国赛金牌以及 IOAA 银牌。本科毕业于美国伊利诺伊大学香槟分校（UIUC），天文、物理双专业。现攻读麻省理工学院（MIT）全奖天文学硕士研究生。

Walk that Extra Mile

詹筑畅

如果说过去的7年之中能有什么是值得我骄傲的，那一定不是简历上的竞赛金牌和看起来还不错的offer，而是始终坚持自己所爱，成为众多曾被璀璨星空、浩瀚宇宙所震撼的人中能够真正选择天文学，并努力为之奋斗到最后的人。

无论是中考时压线考取省实，还是作为高一负责人专门负责为天文社跑腿打杂，我一直都是个平凡到不能再平凡的家伙。甚至曾经因为我的数学和物理基础不够好，学习天文理论知识成了我面对天文竞赛时最大的一个挑战。为了弥补自身的短板，我读了很多有关天文的专业书籍并每天坚持在保安还没开闸就到课室楼下学习。2008年决赛期间，作为东道主的我们自然投身到服务招待的行列，边站岗边背星图。但生活不是剧本，不是每份努力的背后都会是happy ending。决赛的成绩曾让我非常失望——别说一、二、三等奖，连“优胜奖”都没有我的名字。也正是这次比赛，让我真真切切地意识到了自己和他人的差距。意外的是，负责天文社的刘忠毅老师却出人意料地将我推上社长的位置。这个有争议的决定刺激且鼓励了我，我决心要提高自己的学术水平，并将天文社发展到更高的水准。

相对于更多团队合作的行政工作，学术显得有那么一些孤独。在努力组织活动，扩大社团影响力的同时，我时刻提醒自己不要停止提高学术水平。在基础薄弱与缺乏指导的情况下，我选择了自己主动去补充天文知识。那段时间，我把社费及个人的部分生活费全部投入到购买学术书籍上，几乎在当当、淘宝、亚马逊买全了所有跟天文沾边的书。到2009年国赛之前，我为天文室添加了上百本各式书本，并在之后一直坚持为天文社捐赠书籍。而准备科普课的过程也让我受益良多。为了确保能够准确无误地将每个概念传达给学生并保持其趣味性，我必须深刻理解每个专业词汇的含义，避免任何可能发生的错误。这个把书读薄的过程不但提高了我的学术水平，更让我理清了天文的知识框架，甚至潜移默化地帮助到之后大学钻研科研。

在准备高二天文竞赛期间，我将原有的题集进行整编与扩充，分为第一辑，省赛与国赛初赛；第二辑，国赛决赛与国际奥赛；第三辑，知识查阅与时事。资料集作为社员们准备奥赛的第一手资料，显得格外重要。为确认所有资料的可读性、完整性和准确性，我在网上已经存在类似合集的情况下，对所有内容进行进一步的整理总结与排版。这不仅是对社员们负责，同时也让我对知识有了更为深刻的理解，拥有了扎实的学术基础以及广阔的知识涉猎。在学术部成员的帮助下，我们赶在省赛前完成了初步的资料集。而在此过程中，之前购买的天文专业书籍体现的重要性让我们投入更多的社团经费到购买书籍当中。功夫不负有心人，在有如此多书籍和人手三本的资料集之后，国赛初赛我们获得了惊人的成绩。省实天文社8人进入决赛，共36人进入邀请赛，占全国参赛选手的五分之一。最终在宁夏的决赛我们获得三金五铜的成绩，占全国参赛选手的五分之一。获得奖牌于我并不意外，充分的野外观测经验与理论知识储备让我轻松地完成了试题。然而获得金牌却是对我一年努力的最大肯定，真真切切地从0变到1。而这一切努力也让我在接下来的国赛中如鱼得水，并蝉联金牌，且最终获得IOAA的银牌。

本科期间，作为MIT的waitlist因一步之遥而未能进入梦想的学术殿堂，但是我在大学期间不放弃任何一个机会去争取一切能够学习天文的机会，增加对自己有利的资本。无论是在大一就获得去美国国家计算机实验室（NCSA）实习的机会，还是作为唯一的本科生参与学校的天文学术研讨会，甚至是心甘情愿地不收任何报酬，做每一个感兴趣的优秀项目的免费劳动力。我一直都很清楚自己不是编程最厉害的，不是物理最厉害的，更不是最聪明的，甚至跟同届中国学生相比，我还有数学上的弱点，但我却是最努力、最好学、最渴望让我的灵魂自由地翱翔在浩瀚宇宙的。

一路走来，喜忧参半。我应该感恩，感恩我的故事还在那里，但终于有机会能够改变曾经的叙事方式。我感激每一个启发我的瞬间，珍惜每一个机会的出现，争取每一个属于自己的可能。我知道追梦很难，MIT 很难，但一切苦痛辛酸我甘之如饴；不为结果，只求心安。

而我想要问你，能够有耐心将这篇文章看到现在的你，现在有很多人都知道要努力，但多少人真的足够努力，足够渴望，愿意为自己的梦想付出青春，真的“walk that extra mile”呢？我想，答案在你心里。

我们依然年轻，我们的路还长。

简明杰

2010—2013 年就读于我校，省实天文社第七任社长，省实“天文耕耘之星”。2012 年被北京师范大学天文系录取。多次获广东省天文奥赛一等奖，2010 年获全国天文奥赛优秀奖，2011 获全国天文奥赛铜牌，并入选国家队，代表国家参加 IOAA。

一点想法，一点感动

简明杰

一　喜欢天文

喜欢上天文是缘于一次非常偶然的机会。那是初一的第一次地理考试，我很幸运地取得了 99 分。下课后老师找我，问我想不想去参加天文奥赛的培训。虽然不明白地理考试和天文奥赛之间有什么关系，但是我还是决定去试试。然而这一试就试到了大学。所以很感谢当时引导我入门天文的省实附中的老师和省实深厚的天文传统。

二　如何学习天文

刚开始学习天文的时候自己当然是一窍不通，但幸好有很多老师走在我的前面，为我开了一条路。虽然说是前面，但是也不是太远：当时附中的天文培训刚刚起步，不仅是学生，连老师知道的也不多。所以老师们在工作之余自己学习，边学边教，而我们也尽量理解老师所讲的内容。当时的三位老师年纪都不小，要学一门全新的学科也有不小的难度，老师们也为此付出了许多。因为初中低年级所学的物理知识不多，所以老师讲的多数是现象和星空等记忆性的知识；而当时我因为刚接触，兴趣比较大，记忆力也不错，觉得自己像是一块海绵被丢进了水里，不断地在吸收知识。可能这样的方式也比较契合天文奥赛的要求，所以初中时我参加了一次国赛决赛。

到了高中，我们开始学到更多的物理和数学知识，对天文的学习也进入了偏理科的阶段。这个阶段也有不少水平很高的学长带着我们学习，但是肯定没有老师讲得那么详细，各人也有自己的侧重点，所以自己也开始看书，包括对天文知识综述性的书和一些具体介绍某一个分支的书籍。天文的书籍虽然不多，但是综述性的不止一本。不同作者有不同的解释方式，这样就给我们的理解带来了方便，即使刚开始看的时候有些概念或者过程不理解，多看几次或者多看几个不同作者的解释，也渐渐会有自己的理解。

除了理论知识之外，学习天文少不了的就是进行观测。得益于高中的天文台，在课余的时间里我们可以到那里进行目视或望远镜的观测。星空非常广袤，仅仅通过看星图来记住整个星空是不现实的。在观测星空时结合星图和星空，从天空的亮星开始，一步一步地认出星座、行星，然后是 M 天体、星座的暗星和某些特殊天体。目视观测的话只要观测次数够多，稍微用心记住星图，就可以将整个星空装到自己的脑海里。至于望远镜观测，在掌握一些理论之后，将望远镜放到良好的观测地，实际地体会天体在望远镜中的样子，真正地找到各种特殊天体，这让我在体会到天体的美妙的同时也熟练掌握了望远镜的使用技巧。

进入大学，虽然学到了更多的专业知识，但是基础的天文常识仍然没有太多的更新。在大学中有机会处理科研的观测数据，用更多的物理数学知识处理一些简单的科研问题。如果希望在这条路上继续走下去的话，就应该在本科阶段学好数学和物理。天文系对物理的要求与物理系区别不大，对数学的要求仅次于数学系和某些专业。个人觉得在大学期间适当接触一些简单的天文科研观测和数据处理是有益处的，可以让自己接触更多的专业方向，了解观测资料的获取方法，这对之后的理论和观测研究都有帮助。

三　如何准备竞赛

我的竞赛成绩不好，最好的成绩也只是国赛三等奖和国际赛的鼓励奖。这里想提及的是参加 2011 年 IOAA 时陈冬妮老师说的一句话：“好好玩，比赛成绩是次要的。”这当然不是说比赛成绩不重要，而是想说只要保持对天文的热情，持续投入时间，刚开始时多听听老师和学长传授的知识，稍微熟悉之后自己去看各种书籍，让自己真正学到知识；多与其他的爱好者交流，竞赛成绩就基本上不会太差。北京天文馆组织天文奥赛的目的也是为了让爱好者们有一个良好的交流平台。

具体的赛前准备可以看看奥赛的题集，多做做题，熟悉奥赛的流程。因为奥赛与平常的考试不同，肯定有观测考试甚至是实测考试，熟悉流程可以减轻对比赛的恐惧。还记得 2009 年杭州奥赛的时候，从观测准备室到考场有很长的一段路，恰好地形比较开阔，我就和同行的同学一边走一边认星。等到达考场的时候，当时的星空早已认熟。而 2011 年的 IOAA 我就是因为对赛题不熟悉，临场过于紧张，导致成绩不佳。

四　学习天文的感受

北大科维理研究所所长何子山曾经说过：“天文没有任何实用价值。”仅仅将这句话放在这里当然有断章取义的意思，但是学习天文这么一个距离我们很远的科学的确会经常被人问起“有什么用”或者“学来干什么”这种问题。当然最好就是将天文作为自己的兴趣来学，这样会更有动力。学习天文不容易，在初高中就会提前接触高年级的内容，到大学还要跟物理系一起上课。但是当自己掌握一定的知识，能自如地向别人解释各种天象和星空之后，会有一种即使遇上了难以解释的现象也能仔细分析，从科学的角度试图进行解释的自信。

天文与数学、物理不同，是一个正在发展的学科，充满了新的发现。不论是选择研究星系、恒星还是宇宙学，都有非常多的未知等待我们去解答。这使天文的学习和研究成了一个非常激动人心的过程。不论掌握了多少天文知识，你都可以轻易地接触到非常前沿的研究，而某一个研究成果或许就会将天文的教科书改写。从科研的角度来说，天文也非常欢迎更多的研究者投入到包括理论和实际观测的研究中，特别是现在的中国，对天文研究者的需求一直没有减少。

作为省实天文社曾经的一员（担任过天文社社长）和一个天文爱好者，我非常感激一直以来有如此多的人为我提供帮助，特别是天文社的老师和同学们。他们为我们的学习提供了一个良好的环境和丰富的资源，使我在高中时就接触到了比其他人多一点点的知识，让我提早选定了自己大学的方向。当初在我答应附中的老师参加天文奥赛的培训时，曾经有过"不知道这条路我能走多远"的想法。从那时起，我一直都是试着一步一步在这条路上向前走着；而得益于家人、学校和天文社的支持，现在我还没有产生停止走下去的念头。

储岸均

SSAA 第九任学术社长，2014 年高考广州市理科状元，现就读于清华大学数理基础科学班，2012 年获国际天文学和天体物理学奥赛（IOAA）金牌，2012 年获丘成桐中学数学奖铜奖。

在 SSAA 的两年间，SSAA 留给我青春的记忆和对梦想的执着，当然还有很多很多。在寒风中一起仰望星空，我看到了激情与梦想带给每个人的力量；在阴云下一起黯然伤神，我懂得失败了也要抬起头来面对；在天文社的讲台之上，我明白了天文社的精神代代相传的意义。希望 SSAA 越来越好，不管身在何方，我对 SSAA 的爱永远不变。

林琛尧

SSAA 第八任执行社长，现就读于北京国际关系学院，曾多次获省赛一等奖，两次获国赛银牌，一次获国赛铜牌，2011 年获亚太天文奥赛银牌，并获最佳实测奖。

宇宙是个神奇的地方，人类从诞生之初就对它有着无穷的向往。人们渴望探索它，知道它的奥秘，甚至从中挖掘出人类是怎样的存在。由于宇宙的神奇魔力，于是就有了一个新的学科——天文学。其实，与其说它是一个新的学科，倒不如说它是一个学科之源。天文学，位列六大自然科学之首，有了它，才有之后的数学、物理学、化学，甚至是之后的很多自然科学。

当我还是个小孩的时候，广州的空气还是很好的，光污染也不厉害，因此我总能一抬头就看到满天繁星。那时候，我总会问爸妈一些问题：为什么我们动的时候天上的东西不会动？太阳和月亮是一个东西吗？为什么星星会有的亮有的暗？到后来，爸妈已经回答不了我提出的问题了，于是我开始去看一些这方面的书籍，了解得越来越多，这个迄今为止伴随了我十几年的爱好就这样产生了。

初中时我来到了梦寐以求的省实，我本来以为，以后逐渐增加的学科以及作业可能会让我离开我所热爱的天文，可是意想不到的是，学校居然有天文社！省实的天文社给了我一个更进一步接近天文的机会，也让我涉足了一个全新的领域——奥赛。那一年，我第一次接触奥赛，运气相当好地压线获得了一等奖。因为这个一等奖，原本并不突出的我被当时早已威震广州天文界的师兄刘林杰（后来一直是好朋友）注意到了。从他那里，我了解了省实天文社的辉煌历史：我们学校的天文社不仅在广东是不败神话，在全国奥赛甚至是世界性的比赛中也是威名远扬。我知道，路漫漫其修远兮。那时候，国际性的奥赛对我来说仍然是痴心妄想，但是，我决定，我一定要被写进省实天文社历史。

终于，因为水平提升，我进入到了更高的层次——全国奥赛。在备赛的过程中，我清楚地认知到，为什么我们的队伍能如此强大。因为传承，整个省实天文社都是贯通的，师兄师姐带师弟师妹，环环相扣。学术上，我们有暑期培训，都是由高中天文社核心成员以及老师们给我们初中小朋友授课，有元老们留下来的自己编写总结的题目，甚至有师兄师姐手把手指导望远镜操作等。更重要的是，这种传承还将我们省实天文社元老们的学习记录保存了下来。经过一次又一次的培训，我的水平也是指数式地增长，距离当年的元老们也越来越近了。一次偶然的机会让我进了国家队，代表中国，代表省实参加 APAO。最后的结局并不如我想象中的那么好，因 0.1 分的微弱差距被挡在金牌之外，再一次为省实拿回来一次银牌第一。与其他奥赛不同，天文奥赛并不只有枯燥的训练，更多的是在欢声笑语中进步。总之，学天文其实非常的快乐，既能满足自己的爱好，又能学到知识。其实，我一直都想从事天文方面的研究，但是最终没能如愿。不过，天文已经成为我生活中的一部分了。

关于我们的天文社，我只希望日后我们的社长都要把天文社一直以来的传统传承下去，这样才能维持我们天文社的不败神话。大家加油！

黄伟庭

SSAA 第十任学术社长。以天文为人生之爱好，将旁人看来枯燥乏味的深空天体位置记背视为乐事。曾获全国天文奥赛金奖、最佳理论奖，2013 年第九届亚太天文奥赛银牌、最佳观测奖。2015 年 7 月被香港中文大学录取。

致 SSAAer：

康德曾经说过：“在这个世界上，有两样东西值得我们仰望终生：一是我们头顶上璀璨的星空，二是人们心中高尚的道德准则。”作为一名天文爱好者，我们是幸运的，因为在天文世界里，我们的目光不再局限于周遭的世界，因而我们能多发现一分美，多享受一分宁静，以更宽广的胸怀去拥抱生活。在省实天文社的大家庭里，我们分享的不仅仅是深刻、严谨的天文知识，更是对天文最纯粹的热爱，希望这份热爱能在省实的星空下一直传递下去。

李恩亮

SSAA 第十任执行社长。多次荣获省天文奥赛一等奖，2012 年晋级全国决赛并获低年组银牌，同时入选国家队，参加 2012 年 APAO，荣获低年组国际银牌。

作为省实天文社的第十任社长，我倍感荣幸。在一年不到的时间里，我们做了很多事，但是似乎又没做什么事。我常常在想，如果某件事我们可以重新做，是不是可以做得更好？如果自己还能再干一年，是不是可以给天文社带来更多荣誉？

关于我的个人经历，我只想与大家简单地分享一下自己在天文路上的点点滴滴。我第一次接触天文正是在省实初中的兴趣课中，当时初一的小朋友们每周一下午还可以自行选课。因为我初一的时候还非常单纯，而且不喜欢和别人猜拳，所以被分到了冷门的天文兴趣课。

天文人的故事和国赛是分不开的。首先要过的关就是预赛。无论是老手还是新手，对国赛的预赛都是不敢怠慢的。预赛的考查不仅细，而且有答错倒扣分的玩法，因此曾经发生过往年的“金牌大神”进不了决赛的趣闻。

最重要的一点是，天文竞赛有别于数学和物理等学科竞赛，你会发现国赛其实更多的是提供给天文爱好者一个自由交流的平台而不是拼个你死我活的赛场。以一种正确的态度面对天文，学有余力地“玩转”天文，才是在天文竞赛中披荆斩棘的关键。

至于国际赛，并不是高不可攀的，这更是一件水到渠成的事情。付出多少，回报多少的道理在这里同样适用。能够代表中国参加国际比赛，这绝对会是你人生中一段重要的经历。

寄语：大胆策划，脚踏实地，用想象与汗水铸就天文社美好的明天。

林诗韵

2013—2016 年就读于省实，SSAA 第十一任执行社长。获 2013 年、2014 年省赛一等奖，2014 年入围全国天文决赛并获全国三等奖，2015 年再次入围全国决赛。

星空下·追梦人

林诗韵

今天是 2015 年 4 月 12 日，距离今年的全国天文奥赛决赛还有 7 天，一周后，SSAA 的 10 位小伙伴就要飞往山东威海，去圆自己的星空梦。想起自己一年前的懵懂幼稚，如今的自己多了学业的负担，少了冲动，但不变的是发自内心地对星空的爱，不变的是那一份寻梦的热情。

第一次听说“天文”这个词语，应该是在初二的时候，偶然在报纸上看到，储岸均学长到巴西“追星”，斩获国际天文与天体物理学竞赛金牌。因为学长来自我们那个小城镇，所以当时这个爆炸性的消息一下子就在我们中间传开了，一下子就让我们沸腾起来。星空，这个在我们那个不发达的、空气污染极小的地方触手可得的东西，第一次引起了我的注意。

一年后的中考，幸运地，我如愿以偿来到了省实，加入了省实天文社 SSAA，在学长、学姐的指引下，从一个什么都不懂的小女孩，开始在天文这条路上摸爬滚打，探寻那个离我们很遥远，却又与我们息息相关的世界。

经历了省赛后，身边的同学在一个个地离开。许多曾有豪情壮志的人在面对高深的学术、听不懂的课程时，渐渐地放弃了自己曾经的梦。教室越来越空，到课人数越来越少，热情也在一点点地被消磨。只是，当我夜里抬头仰望，看见无与伦比的冬季星空，看见灿烂夺目的猎户座，看见夜空中熠熠生辉的“七姐妹”昴星团的时候，前行路上的困难便早已被抛诸脑后，剩下的只是“我要走下去”的坚定决心。

2014 年 4 月 16—20 日，北京顺义。2014 年全国中学生天文奥林匹克竞赛如期举行，来自全国各地的天文爱好者齐聚一堂，共享天文盛宴。又一次，在经历了残酷的初赛淘汰之后，我幸运地闯进了决赛。与其说是紧张，倒不如说是兴奋，总之，在得知自己有幸参加决赛时，我内心小鹿乱撞，久久不能平静，隐隐感觉，付出的努力终于要迎来收获。5天的国赛旅程，记忆最深的反倒不是某场考试、某道题目，而是在比赛之余，与其他选手交流的情景。参观国家天文台兴隆观测站，让我们看到了科技的力量，感受到了科研人员身上所承担的那份神圣的使命。在北京的最后一个夜晚，初春久雨的北京终于放晴，夜空以它最美的姿态回馈了我们那一颗颗朝圣的心。大家都兴奋起来，甚至连精彩的联欢晚会都顾不上了，因为在我们看来，夜空的晚会更为精彩。第二天的闭幕式暨颁奖典礼上，有人欢喜有人愁，但我们更多的是为自己要与刚认识几天的天文同好告别而感到不舍。也许，友谊比成绩更为重要。

2014年5月20日，阶梯一室。SSAA全体社员大会暨换届选举，平常不善于表达的我、总是怯于在人群前说话的我终于鼓起了勇气，上台竞选。当时说了什么，现在早已记不清了，唯一留在脑海里的，只有一句话："我想留下来！"是的，一路走来，没有什么特别的力量支撑着我，一直都只是心底里默默的爱保护着那把热情之火，让它不熄灭，让它一直燃下去。

成了天文社的骨干，成了别人的学姐以后，我所关注的，不再仅仅是头顶那片璀璨的星空，不再仅仅是书本里面烦琐的公式、高深的学术知识，天文对我而言，早已不再是看看星星那么简单。因为，我肩上所承载的，是一个有逾10年历史的社团，接力棒传到了我的手上，责任不仅仅是把它平安地传递给下一届，而是让它焕发生机。我的梦不再仅仅停留在星空，而是要把星空带给身边的每一个人，让大家一起感受天文的魅力。

2014年8月2日，仁威庙"七夕"路边天文夜；2014年10月8日，月全食观测；2014年11月21日，从化溪头村观星；2014年12月14日，双子座流星雨；2015年4月4日，月全食观测……原来，天文早就烙进了我的生活里。

回头看自己这一年来所经历的人和事，感触良多。尤其是当今年的国赛成绩出来之后，看着学弟学妹们有人欢呼圆梦有期，有人伤心与成功失之交臂时，我仿佛看到了一年前的自己，那个曾经考完试不敢对答案，害怕面对残酷的现实，对完答案之后更加紧张，因为怕辜负了太多期望的自己，那个曾经对天文奥赛患得患失的自己。只是，一年的成长让我懂得，学天文的意义并不在于省赛、国赛能不能考好，能不能突围，我们应该享受的，是准备考试的过程，还有那一段和朋友一起并肩作战的岁月。在准备的过程中，我们会发现，"人外有人，山外有山"，发现原来这个世界还有很多东西等待着我们去探索，发现原来自己的进步空间还很大，发现前行路上自己并不孤单，因为，我们还有一起奋斗的小伙伴。我们大家其实都一样，场上是对手，场下是朋友。而SSAA所提供的就是这样的一个平台。在这里，我们有"大神"光环笼罩着的学长学姐作为前行路上的指路明灯，指引我们不断迈开双脚，跨步向前；有一群与自己志同道合的朋友，一起在星空之下追梦。

青春的岁月很短，当四季星空完成一个轮回之时，我们便又长大了一岁。高中生活已经过去了一半，在天文活动室的日子也越来越少，但是星空的陪伴却是亘古不变的，在未来的道路上，它也会一直伴随我们前行。无论我们在哪里，只要抬头仰望，大家所分享的，便是同一片星空；所怀抱的，便是同一个梦想。

星空，一直都在；梦，一直都在。

邓淇升

2013—2016 年就读于省实，2014 学年任年级学生会主席。SSAA 第十一任学术社长，2013 年省赛特等奖，2014 年全国赛银奖，2014 年 APAO 高年组银牌。

银河再次升起时

邓淇升

银河升起的地方，就是我坚持不懈追逐梦想的方向。

——题记

当我接到写作任务的时候，已经是晚上 11 点了。我坐在书桌前，关上了灯，凝望着深邃的黑夜。今晚天气确实不错，繁星点点，就如一粒粒晶莹的钻石，闪烁着光年尺度下的宇宙之光，时不时还有流星飞逝而过，绽放光芒。我已经无法记起这是第几次被星夜之美所折服，也许此时在某个偏远宁静的三维空间中，一颗超新星爆发，点燃一片诱人的鲜红；或在银河系深处一个的创生之柱里，有人曾尝试伸手抓住时间的箭矢。此时不禁感慨起宇宙之浩瀚，但所幸作为一个渺小人类中的一员，天文学仍与我相伴，亦是万幸。

还记得第一次接触天文学是在小学五年级。虽说在小学阶段，一部又一部的科普纪录片曾伴我成长，但让我印象最深刻的却是一本薄薄的关于天文的书。书的名字我早已记不清了，只记得里面主要介绍的是寻找太阳系中第十颗大行星。书中没有太多的专业术语，但生动而严谨的描写足以令一个此前从未接触过天文学的小学生折服。双曲线、抛物线、椭圆，这些现在看来十分头疼的词语，在当时显示出何等的魅力。从那时起，我的内心深处便埋下了天文的种子，静待着发芽的那一天。住在城市里的我，每天晚上看着五光十色的霓虹灯交相辉映，思考着如何刺破夜空的宁静，期待着银河的升起。

随着时间飞逝，学习压力逐渐增大，那个青涩的天文之梦似乎变得遥远了起来。直到进入了初中之后，天文社让我重拾了梦想。当时我连全天有 88 个星座这样简单的常识都不知道，但令我十分惊讶的是，我竟然被录取为天文社社员，现在想起还真的是很感谢当年的恩师钟老师。这个突如其来的好消息似乎又点燃了我的梦想，也就是从那时起，我的天文之路算是正式启程了。在当时，天文社会在每个周五举行小规模的观测活动，其实就是半个小时的驻足仰望，加之以老师的一些讲解。而这对我来说，却犹如收到了一封来自宇宙深处的邀请函。

作为一个刚起步的天文爱好者，爱好几乎是我学习天文的全部动力，而与数理知识相关的天文竞赛理论知识学习却显得格外高深，以至于对其一窍不通。竞赛之路对我来说，就如地月之间的距离，不仅十分遥远，更是存在着从未遇到过的艰难险阻。如今经常有人称我为“神”，但我想我不过只是一个默默无闻的天文爱好者而已，想起当时我连普通都称不上，我亦只有置之一笑罢了。2010 年的省赛是我人生中第一次天文竞赛，也是唯一一次什么奖都没得到的天文竞赛，那次我得了 38 分，离鼓励奖的分数线差了 6 分。我坚信爱好是学习天文的最大支柱，所以获知竞赛的坏消息后丝毫没有受到打击。那天回到家后我母亲平静地告诉我拿了 38 分，我心中也是一片平静，第二天若无其事地上学去了。也许正是这种心态教会了我沉稳吧，毕竟天文圈不爱功利。

也不知道是什么运气，2011 年国赛决赛的复核名单里竟然出现了我的名字。其实这也教会了我答题卡的填涂需要认真对待，因为正是后来进行了人工复查，我才获得了进入复赛的机会。但在现在看来那次预赛真的是全靠运气的，预赛收卷铃响的那一刻，我几乎已经把关于比赛的一切想法抛诸脑后了，直到老师把决赛名单呈现到我面前时，我才想起，自己的努力到底还是没有白费。就这样，在决赛的前一天，我与省实的学长学姐们一同踏上了前往北京的道路，那也是我第一次离开父母独自远行，至今我还记忆犹新。那时的我，心潮澎湃，只为一睹那从来没熟悉过的夜空。

但这段旅程注定是不平凡的，因为缺乏经验，无论是在竞赛方面还是在生活上，我都极其不适应。唯一值得欣慰的是，比赛所在地的风景的确不错。在熬过了 4 个小时犹如读天书的理论考试之后，终于可以有心情去眺望一下远处的山脉了，我想象着晚上去看那瑰丽星空，还有那从山谷中跃起的银河。很快就到了第二场考试，不过晚上的观测环节如果只从考试结果来看，那就真的是糟糕透了。当时我的主考官就是大名鼎鼎的日斤大叔，对望远镜并不熟悉的我到考试结束时仍然没有发现镜头盖仍嵌在镜头前，现在想起感觉这都能出一本书来诉说我的血泪史了。最终我的观测成绩是 3 分，还是“仁慈”的日斤大叔打给我的。但那一晚的星空却给了我震撼的一击，那盘踞在地平线的天蝎，犹如划破烟尘般地从地平线上冉冉升起，虽未见到期待久已的银河，但那一晚星空带给我的感觉已经无法用言语形容。最终张博士在颁奖典礼上第一个喊出了我的名字——我获得了鼓励奖倒数第一。

有时我不禁想起，究竟是什么让我热爱上天文的，她既简单又深奥，既壮丽又平凡，既伟大又渺小，而一切现实告诉我，她是人类终极命运的哲学。自从那次命运使然，让我踏上了天文之路之后，我便开始了对前途的思考。很多次，走在回家的那条人行天桥上，看着满天的星辰，我都会想起那些在我意料之外的日子。在那些纯真的日子里，我想，如果能一辈子躺在银河下，那该有多好。

伴随着新年的钟声，2011 年离我们远去，2012 年如期而至。而在那个人人疯传世界末日的年份里，天文就像我的挪亚方舟一般，带我驶向远方。有了经验的我参加了第二年的国赛，以低年组第四的成绩晋级。我抱着初生牛犊不怕虎的想法闯到了“西域”，在乌鲁木齐南山牧场的美丽星空下，最终带回了一块金牌和一个国际赛的席位。10 月前往韩国全罗南道的无等山上，在昴星团和天狼星的注视下带回了一块铜牌。年底的省赛，在广州带回一个特等奖。那一年也是我最辉煌的一年，承载了太多美好的回忆。有人问我怎样才能取得这样的成绩，要说方法，我只想说是没有明确的文字说明的。赛前不断地看天文资料，全靠自学能力以及发自心底的热爱。若没有了那团燃烧于心中的火，一切都会变得毫无意义。我也以一个完美的句号结束了我低年组的征程。不过正当我还沉浸在 2012 年的喜悦中时，全然没有发觉我自己已经犯了轻浮的错误。高年组纷至沓来的数理知识，铁青着脸给我的幻想打了一个零分，一块 2013 年国赛的铜牌说明了一切。现在看来那只不过是一次失手，但当时被寄予厚望的我施加给了自己太多的压力，直至崩溃。

要想一个全新的世界，在一瞬间照亮你的眼睛，还需要坚持不懈的努力。转眼间，我踏入了高中的校园，回首望见那些存在于过去的遗憾，却又无法挽回，才真正意识到青春正在默默地溜走。留给我的时间不多了，但从头开始，也未尝不可。而自始至终，我从未忘记我的初心，那一抹银河仍是我的终极目标。我利用暑假的时间自学了高等数学和大学物理，还有几本关于天文学的教材。在赛前准备各种资料，认真复习。赛前的晚上一直复习到三点才睡。省赛的又一个特等奖让自己明白，付出必有回报。但生活又是公平的，有得也必有失，我用每天复习到两点的作息时间来填充我的赛前一周，直到坐在了考场里我才明白，我的精力已经不足以应付考试了。两块银牌把我打回起点。

从俄罗斯的冰天雪地回来后，我思考了很久。前几天的双子座流星雨异常绚烂，就如在空中爆开飞落的礼花，旁边雄伟的猎户座熠熠生辉。当我站在操场上与素不相识的路人一同仰视头顶的星空时，才发现久违的星空是如此的美丽，才悟出爱好的真理。真正的爱好会让我们在关键时刻感动落泪，而我们要做的是顺其自然地做好自己。学习天文同样是这样，正如我们不能因为只看到地平线上的木星明亮闪烁，就忽视所有天体的东升西落。辉煌的背后，必定有一个稳定的心态。成功的背后，亦一定有着傲人的实力。明亮的背后，如果不是太阳的核燃烧，木星就只是一颗暗淡的灰尘。

也许学习天文是一条曲折的道路，但只要走得开心，就一定问心无愧。银河升起的地方，就像是我一直坚持不懈追逐梦想的方向。在多年之后想起自己曾经为此而奋斗过，相信会有一种巨大的成就感，因为至少爱过。此刻我又望向窗外，远处的灯都早已熄灭了，只留下街角那盏暗弱的路灯。抬头一看，银河已淡淡地横贯空中，星星更加明亮，我竟莫名有些感动。未来将何去何从？我相信，当银河再次升起时，她会告诉我的。

洪巽阳

2013—2016 年就读于省实，SSAA 2014 年宣传部长，多次获省赛一等奖，2014 年全国赛银奖，2014 年 APAO 高年组金牌。

成 长

洪巽阳

现在想一想，我为什么会选择去学天文，而不是去钻研诸如数学、物理、化学这样的竞赛，我自己也没有答案。从小学到现在，一路走来，很自然地我就喜欢上了天文，就像是鸟儿偶然地将种子投向山崖，山崖上偶然长出了一朵小花，没有什么特别的原因。

“天文”这个词，是我小学的时候在《科学世界》里第一次见到的。那时候，我特别喜欢看《科学世界》，虽然很多东西都没办法看懂，但依然“死心塌地”，几乎一有机会就会到离家不远的书店里看看，期待着新的《科学世界》。原因很简单，它里面几乎涵盖了所有我感兴趣的东西——科学。尤其是那时候《科学世界》主打的内容——也许只是我认为的——用一种很平白接地气的语言来描述“宇宙与物理的前沿的理论”。里面总能展现出宇宙中许多特别神奇的现象，而漂亮的排版和众多鲜艳的恒星、星云、星系的图片，也给我那时小小的心灵印上了对宇宙的憧憬还有向往。也许不仅因为星云的艳丽或恒星的光芒，更是因为蕴藏在其中的神秘感。

但是喜欢归喜欢，只有将喜欢落实到行动，才能成为真正的“爱好”。

小学时的我，虽然怀着对宇宙的憧憬，但“那是很高级的东西，我怎能学会”的潜意识阻止了我继续去深入地了解它，没有想过去学习，甚至也没有想到外边去看一看星星。

我想，也许是因为那时候只是喜欢科学，而宇宙中神秘的天体让我将这种喜欢，更大程度地给了天文，仅此而已。但这也算是一种起步了吧。

到了初中，课表里赫然出现了“校本课”这样一门课，而校本课里包含的“天文探索”这一门课让我激动不已，当时毫不犹豫地就报了名，结果因为报名的人太多了，竟被刷下来，而被选到了“英语书法”——其实也不是刷，因为那只是概率事件。我愤愤不平，心里一直在想“怎么能这样”。的确是这样，对我来说，英语书法怎么能跟天文探索相比呢？然而，终是没有去争取。第一个学期就这样过去了。

没有去争取，是因为我学习天文的欲望还不够强烈吗？或许不是的，那时候的我依然处于被动学习的状态，有着“没有老师就没办法学会”这样的意识。所以，自学也变得缥缈无望了。然而，我一直惦记着这个校本课。

第二个学期，校本课的报名表一发下来我立刻跑过去报名，第一个就把名字写在了“天文探索”上，后来还仔细检查了几遍看有没有写错。这次不会被刷掉了吧？

后来，校本课中天文探索课的名单上出现了我的名字，让我兴奋了很久。

然而课上没有遇到我所期待的有关宇宙的内容，仅仅只是介绍了类似地震、气象这类我认为很普通、很简单的东西。这的确让我有少许失望，但上课的愿望也算是被小小地满足了。接下来的天文国赛，我也只是去玩了玩，并没有放在心上，但终于在国赛的卷子上第一次见到了我熟悉的名词“恒星”。关于那次国赛我已经没有太多印象了，也许那时候也没有太过在意，没有记错的话，那次预赛似乎还是负分。

真正开始想着要去努力地学天文是在初二。校本课依旧是天文探索，即使并没有太多我感兴趣的内容，我也是很认真地听，收获并不是很大，却让我认识了很多比我们高一届、也就是那时候是初三的“大神”，听老师说，他们都是传奇人物。在广东省天文奥赛（简称省赛）之前，我们在教学楼最高层的辅导室里面看书，初三的几个“大神”偶尔会来给我们讲讲课什么的，他们的课总算让我知道了初等天文的一些内容了。

那时候，我们班上学天文并且想要去参加国赛的有10多个人，后来便越来越少，到初三的时候只剩下我和另外2个人。

简单地说，我们学校初二级有3个人进了决赛，2个在我们班，然而不包括我。因为某种原因，我特别寄希望于这一次的国赛。那时候我真的是特别失落，到办公室问带队老师，问我能不能跟他们一起去国赛的决赛。当然，最终我还是没有去，就像是一个留守的士兵，看着队友在战场上驰骋，冲锋陷阵，而自己只能够坐在家门口，无助。

那次之后，我下定决心，初三的国赛一定要进决赛。自此，对宇宙的兴趣逐渐转变为对比赛的寄托。

花了一年的时间，我看完了大部分的《基础天文学》，还有复印的资料“国赛决赛培训”。为了看懂基础天文学一些较多数学知识的部分，我在网上买了几本高中的数学还有物理的课本，之后又买了《高等数学》，还有几本《普通物理学》。初二暑假，我便沉浸在数学和天文的世界中，虽然有时候也看不懂，却也不亦乐乎。令人欣喜的是，这是让我感到最充实的一次暑假。

这时候，我被动学习的潜意识开始逐渐发生转变了。只是时不时又会想起，怎么初一、初二的时候就不知道，要认真地去学才会有所成就。无论什么时候，回过头来看一看，对过去的自己总是会有那么一种时隐时现的不甘，就像是鲁迅对孔乙己发出的“怒其不争”的感叹。

偶然有一次，在《天文爱好者》杂志上面，看到了2012年的APAO的一些事情，也是在那次，当我看到APAO里面的“最佳画熊奖”时，不禁笑了起来，突然觉得它有了种说不出的可爱的感觉。APAO原来还有这样的奖项，感觉挺棒的。然后，我就有了尝试报名参加国际赛的想法。当然我那时候根本还没有那样的能力，因为想要参加国际赛，还得先进全国预赛，然后再进行一次国家队的选拔赛，最终选出 15 人左右参加包括 APAO 在内的 3 项国际赛。这对于我来说，真的是遥不可及的一个梦想。即使是这样，后来我还是去参加了国际赛的选拔赛，当然心里还是抱有那么一点点的希望。

后来，国赛来临了，考场是在华附，开始前我并不紧张，开始之后每一题都特别仔细地看，慢慢地做，30 题做了快 1 个小时。因为做错了是要倒扣分的，所以也不敢怠慢。后来证实了这样做是正确的，我做了 18 道题，全都对了。

“放榜”的那一天，我很紧张地在网上的入围名单上一个一个地找我的名字，从最上面的高年组看下来，每看到一个来自广东实验中学的名字我都会激动一下。终于，我看到了自己的名字。

就这样，我参加了 2013 年在云南举行的全国天文奥赛还有国家队选拔赛。因为那次比赛，我认识了总是热情满满的陈缘、高高帅帅的黄伟庭，还有总是不说话的龚啸飚。省实，1 个队，4 个人，就在这次比赛之后联系在了一起。

有人说，学天文可以自己学，如果加入了社团的话，你对天文的感情就会更多地寄托在了社团上，而不是天文本身，无形中会多出了一些负担。而我看来，并不全是这样的，天文社，并不仅是社团，更像是一种超越社团的精神支柱，它包含了天文本身。

高中之后，学天文就顺畅了许多。高一的时候我加入了省高的天文社——高中天文社无论是制度还是学术都比初中的要好很多。听高二的学长、学姐，也就是陈缘，还有后来认识的翁建斌讲天文课，感觉超级幸福。曾经毫无指引地自学，如今竟加入了天文社，能上社课了。那种感觉，就像是经历了 3 年饥荒的人第二天醒来发现家门口原本开裂的土地上长满了饱满的麦穗一样。虽然最终还是要靠自学，但是这也给了我新的力量。

然后是 2014 年在北京举行的国赛。原来 4 个人的队伍，只剩下我和陈缘了，另外还有 6 个小朋友。在北京，我又找回了曾经在云南的那种感觉。陈缘说：“太好了，又能一起去国赛了。”我才发现，其实国赛给予我的不仅仅只是比赛获奖那么简单，5 天的比赛行程就足以诠释它的比赛宗旨。我们一起坐在草坪上，在伴随着蝉鸣安静的夏夜，看着月亮静悄悄地爬上树梢。在满天的繁星下哼着歌，似乎真的就看到了小时候那绚丽的星云，惬意，安详。它给了全国的天文爱好者们一个机会，在比赛之中交流，在比赛之余成为朋友。

后来，我进入了 2014 年天文国家队，参加了 2014 APAO。真正感受到了天文奥赛的魅力所在。我在比赛之后的一篇感想中这样写道：“现在能够感受到，就像是北京天文馆的老师说的，APAO 全称应该是‘Astronomy Party and Olympiad’。这是天文交流的 party，当你全身心投入进去的时候，才会发现，比赛是最不重要的。”

黎凯昕

2014—2017 年就读省实，SSAA 第十二任执行社长，曾多次获省赛一等奖，并获 2016 年国赛银奖、2016 年 IAO 高年组铜牌。

热爱天文的学弟学妹们：

Hello！大家好！很荣幸自己能有这个机会和热爱天文的学弟学妹一起探讨天文。我并不是一个在天文奥赛中成功的典范，但我希望以我在这条路上的失败与挫折为教训，总结出一些经验，供大家参考，希望大家以后能够更加顺利地走下去，实现自己的天文竞赛梦。

我从初一开始学习天文，但因为那时的我自学能力太差，并没有取得很好的成绩，三年国赛都是负分。我能坚持下来，完全是因为倔强——对未知求索的倔强与坚决不说放弃的倔强。这种倔强，大概就是源自对天文的爱。

天文的确不同于其他学科，因此天文奥赛也不同于其他的奥赛。天文奥赛会用到许多学科的知识，如物理、地理、化学甚至生物（比如一只猫有多大，脚掌与身体的比例）、绘画（比如每年都有最佳画熊奖，就是画北极熊看日出等一些好玩的场景），除此之外，还有动手能力、想象力等，它对各学科的知识深度的要求不如学科竞赛深，但它对人的全面素质有着很高的要求。

在天文竞赛中，我个人认为思维最重要，但思维是一种靠日积月累才能提升的能力。所以，如果在读这篇文章的你是一位初学者，觉得天文很难理解，题目读不懂，请不要惊慌，曾经的我也许比现在的你更加不知所措。首先，我建议你去看一下考题，它们给人一种与书上的知识和平时背的公式很不一样的感觉。其次，请多看几本关于基础知识的书，SSAA 提供的教材是永远不够的，你可以从《天文学新概论》开始。同一个知识点在不同的书中可能有不同的表述方式，多看一些书，你就会找到理解它们的最好方式。最后，遇到问题请多问问你身边的学长，他们都很乐意为你们解答疑惑。我曾经也非常胆怯，但在鼓起勇气与几位大神学长有了一些简短交流之后，发现一扇通往新世界的、巨大无比的门向我敞开了——原来有这么多的知识与公式可以有这么巧妙的理解与应用！

说了这么多，终于要开始讲比赛了，省赛便略过，听学长的话就好啦，我此次主要讲国赛。

国赛分初赛和决赛，初赛在广州考，决赛去举办地考。既然大家的目标都是决赛，那么我先讲讲初赛怎么过。

初赛共 30 题，一题 4 分，满分 120 分。做对了 +4 分，做错了 −4 分，不做 0 分。也就是说，做对一题和做错一题加起来相当于 0 分，这就是为什么我曾连续 3 年都得负分了。

初赛涉及时事、基础知识和简单的计算。时事方面一定要多整理，除了学长整理的以外，最好还有自己的一份，一定要关注《天文爱好者》。拿到的时事资料再多再复杂也请一定全部看完，不求全部都背下来，但也一定要有印象。因为时事是最容易拿分的内容，不需要什么技巧，只需要我们比平时看新闻时更加刻意地去记住发生了什么时事就好了。

2016 年的初赛考了十六七道时事题，每一则时事，我们都可以在下发的资料中找到，那一年只要做对 12 道时事题（48 分）就可以进决赛了，不过也有许多同学没有抓住机会，非常遗憾。至于基础知识，变数太大，只能多看书多积累，注意细节；计算题一般只要不算错就没什么问题了。平时也要多背星图、梅西耶天体等，特别注意 M 天体、亮星的别称，初赛也有可能考这些。除此之外，当月天象、当天行星位置、全年重要天象等也要特别关注。

一般来说初赛 64 分以上可以进入决赛（视当年考题难度而定）。这就意味着我们要净对 16 题以上，如果会做的题未满 16 题，建议蒙一些把握比较大的题，搏一搏也许有奇迹；若已满16题，就要谨慎作答，不要因倒扣分而失去进决赛的机会。另外，我们一直都不太提倡提早交卷，建议做完后认真检查，不要涂错卡，不要粗心犯错。

如果你进了决赛，那么恭喜你，你是全国考生中的前5%（2016年的数据是这样的，以后的考生可能更多，竞争更大），更大的挑战来了。

决赛的成绩由两部分组成，一是理论成绩，二是观测成绩。除了决赛以外还会进行选拔赛，就是选拔出每一年国家队的队员。选拔赛的成绩由观测成绩和选拔赛理论成绩组成。

先说说决赛，不熟悉它的同学建议把往届的考题都看一遍，即使没有时间深入求解，但至少要知道解题思路。如果在深入研究了国赛题目之后还有时间，可以把国际赛的题也看一下，因为决赛题也许会出现“套路”相似之处。理论部分一般有几道选择题，与初赛内容相似但难度更大，所以要持续关注时事，特别是初赛后决赛前的时事。计算题应该是5道，在我参赛的几年中比较偏向几何题。还有可能出描述题，如2016年的赫罗图或者描述一个星座（神话、形状、里面有什么等），这些是无法预计的，只能靠积累。总之还是要多看书多积累。

至于别的技巧，答题不是用卷子而是用本子，一定要让你的本子整洁一些。可以在第一页写目录，每页都标上页码，题号写大一点，步骤可以分步写，加序号，公式写在一行的中间（就像书上一样）。注意表达简洁清晰，能用图的多画图，不要用太多文字，卷面好的可以加分，而且还有一项特别奖叫“最佳书写奖”。

讲到观测，重要性不容置疑，因为决赛成绩和选拔赛成绩都和它有关。

观测分天气好和天气不好两种情况。

天气好，就是目视和望远镜观测。目视大概指几个星指、几个星座、几个天体的位置（可能是看不到这个M天体的，要记位置），然后考生写下这些；或者考官让考生指赤道、黄道、银道和各种极（天极、黄极、银极），以及亮星、星座、M天体，这些都不算难。一定要提前熟悉当地星空，好好利用星图和天象馆。我也是背星图困难症和健忘症患者。后来胡彦栋老师还有学长教我首先把一本星图描个三四遍，把里面的亮星、M天体全部标注，第一、二次描可以慢慢来，细致一些，一两个星期描一本。后面再反复描几遍即可，然后到考前再来系统复习。还可以提前把考试当天的星图打印下来描，包括行星位置（具体在哪个星座哪个位置要画得出来）、月相、月亮位置，另外要注意细节，如北河二、北河三要懂得分辨，亮星排序要记得。熟悉了以上这些，应付国赛的目视考试基本上是没问题了，考的时候不要紧张。

至于望远镜观测，难度不定，但国赛的望远镜考试目标应该不会太难找，只要多在社里拿望远镜练练，练习好速度、精确度，不忘记摘镜盖、装目镜就可以了，记住千万不可以踢脚架，会被扣分。还有，记得提前估计目镜视场（在第一晚试镜子时就可以大约估计了）。不要紧张，当你足够熟练，就没什么可怕的了，太紧张反而容易出错。此外，还要充分熟悉镜子，学会拆装，多拆装几台你就对它们异常熟悉了（当然，这要在学长的帮助下）。

如果天气不好，那就是笔试和室内望远镜观测了。笔试不用怕，做好跟目视一样的准备便可以了，当然，有可能比目视难度大，需要我们对星空更加熟悉。建议大家找前几年的考题来看一下。

室内望远镜考试的话，我个人认为找目标是更简单了，但找到目标后下一步要做什么就不确定了，可能是让你认天体、认星座或写字（2016 年是写 6 个很远很小屏幕上的 M 天体或者 3 个星座的英文缩写，然后要用中文写下 M 天体所在星座和星座缩写对应的星座）。我没有背星座缩写，当时就傻了，所以基础很重要，顺便提醒想进国家队的同学，国际赛都是用缩写答题的，早背没有坏处，背过之后用软件看图（高级一些的如 Stellarium，是没中文的）也方便。

顺便推荐一下 Stellarium，它功能齐全，但貌似要付费，个人觉得非常好用，在手机、电脑上使用都方便，也方便背星图。

总之，国赛决赛的观测并不会太过刁钻，相信你们都是可以的。当然还需要一点天时地利人和，比如说个人状态、领队抽到的签的位置。

接下来再讲讲选拔赛，相信大家对这个也特别感兴趣。

强烈建议大家多看国际赛的题，特别是 IAO、APAO 的题，IOAA 中非宇宙学的题可以看看。当然，太难的题也没必要太纠结，主要是学习解题的思路，多看几遍你的大脑中就会形成较清晰的解题思路。当然，基础知识很重要，高中物理（除光学很少涉及）最好都学完并能灵活应用。

选拔赛好像是 5 道理论题外加 2 道实测题，一般不会太难，就按它说的做就好了。认真计算，别算错数。考试时长是 4 个小时或者 4.5 个小时，题量较大，要好好安排时间，卷面要整洁有条理。

其实去外面比赛，更重要的是交朋友和玩，这些才会真正成为我们人生中无价的财富。联欢会要好好参与，我一直很后悔当时没有多上去玩玩游戏。

最后，终于讲到了国际赛，这是一个比国赛美妙得多的经历，由于我只去过 1 次，且是 IAO，对 APAO、IOAA 只是道听途说，所以以下内容仅供参考，更多信息可以咨询其他更厉害的学长。但不容置疑的是，国际赛一定会让你见识到不同的风景、认识到不同国家的人、体会到别国文化的精彩。

其实我的 IAO 成绩也并不尽人意，虽然我去之前已做了非常充分的准备，但仍有许多未考虑到之处。

首先是理论考试，国际赛的“套路”并不是特别明显，而且常常有一些奇奇怪怪的题目，比如北极熊又去了哪里、企鹅又干什么了；还会以当地历史为背景出题，所以去之前除了刷题、找出知识漏洞，还要多了解比赛地当地特色，这也是一个很有趣的过程呢！

国家队集训由于时间太短，讲的内容并不全面，所以还是要自己主动学，主动与老师们沟通交流。考的时候仍要注意答题本的整洁，思路要清晰，最好用英语答题。除此之外，由于试题是领队人工翻译，他们可能是在很疲惫的状态下完成的，所以要小心是否有错译、漏译，有时间可以对着英文原版题检查一下。

然后是观测，因为我今年被观测坑惨了，所以感触特别深。人家拿 BO——Best Observation，我可以拿 WO——Worst Observation。

其实赛前我已经做了比国赛还充分的准备，但结果仍旧不理想，主要是因为今年没有考目视，也没有考望远镜，而是考人马、考天蝎、考猎户、考计算，这些都是当时目视看不到的星座，我完全没有准备，题量、计算量又大，所以就慌了。我的确非常不擅长观测，也没啥机会外出观测。我复习的套路是把重点星座的位置、连线、λ 和 β 星亮度、大约的赤经赤纬，M 天体以及其他重要内容记住，其实 2016 年 IAO 对于人马、天蝎的考查也没有跳出以上这些范围，只是我并没有想到会考当时看不到的星座。2016 年 IAO 的观测 part Ⅱ是电脑播放模拟星空的动画，然后估计地理纬度，其实也不难，但我忘记了天文观测入门第一课的基本内容，北斗两颗指极星连线延长 6 倍是北极星，而不是两三倍。

国际赛更考验一个人的综合素质，包括心理素质。如果有时间，一定要把黄道、赤道、银道上的星座全部复习一遍。

如果天气好，会比国赛难一些，但题目都是比较常规的。如目视是观察恒星颜色、补星图上缺失的亮星、估角距、估赤经赤纬、指赤道和黄道等；望远镜观测，是寻找亮星或者深空天体，可能会提供星图。要学会使用星桥法，学会用秒表估算目镜视场。另外，目镜大多是倒像，要能分东南西北，这些需要以观察经验为基础，所以平时没事多观测。还有个小技巧，就是带两块表，一块是太阳时，一块调成恒星时，以防万一，省了计算的麻烦，另外最好也查一下当天太阳时差。

最后讲到实测，我也考得很糟糕。我是用多做题来增加熟练度和经验的。在考场上，就是要做很多细碎的计算，耐心地计算就好了，按照自己的想法来。如果实在没有思路、不确定、算不出，也不能空着，用学长们的话来说，没有也得炸出一点东西来，就算是解释一遍你对题目的理解也好过什么都没有。实测是 4 小时 2 道题，要多写点东西。另外，我觉得有机会的话，可以去学习一下处理数据，说不定会有一些帮助。

来到国际赛，更要珍惜机会多交些朋友，跟他们打球、聊天、互换礼物……

希望你们一切顺利，但不要把竞赛当作一种负担，所有的痛苦与快乐都是一种享受，最后都会化为最灿烂的笑容。

人生不能设限！

Good luck！

黄盛骞

2015—2018 年就读省实，2018 届 8 班学生，SSAA 第十三任执行社长，曾获省赛特等奖、2017 年国赛铜奖、2017 年 APAO 高年组银牌。

开始写这篇文章的时候，我刚刚结束和天文社的伙伴一起经历的西藏旅行，雪域高原上蔚蓝的湖泊、翠绿的草场、壮美的雪山与难得一见的浩瀚星空都令人难忘。在藏北草原的一个小乡村里，我们悄悄地走出宾馆，只见繁星璀璨，贯穿天际的银河清晰可见。我想起四年前的自己在天文社的招新报名表上写下“星星很漂亮”这样的理由——几年来我一步一步地想要了解更多星空的奥秘，其实一直是出于对美丽星夜浪漫的向往与朴素的热爱。

四年前加入天文社的时候，又怎么会想到自己能在这条路上走得这么远呢?

还记得那是 2015 年 9 月，刚刚开始高中生活的我对学校里异彩纷呈的课外活动充满好奇。一次晚自习时，前桌递给了我一张宣传单，那是天文社的招新报名表。那时我的想法特别单纯——看到班里已经有不少同学报了名，再想象一下仰望星空是一件十分浪漫的事情，我便愉快地填上了自己的名字。几天后，我来到学术报告厅参加天文社的第一次社员大会，只见偌大的报告厅几乎坐满了人——原来和我一样对天文有着美好想象的人还有很多很多。我从学长的介绍中了解到天文社的悠久历史与辉煌成就，亦对未来的学习充满了期待。

可是当我真正地开始学习天文的时候，我发现事情和我想象的不太一样。在第一节社课上，一位学长向我们讲解了“四季星空”，虽然内容很简单，但当时的我却听得有些糊涂。后来的社课难度越来越大，我听不懂的东西也越来越多，还记得我在几个星期里都没有把天体的周日视运动和周年视运动规律搞清楚，更不用说那些没有接触过的数学、物理知识了。一个多月过去，来上社课的同学也越来越少，甚至同班同学里还在学天文的只有寥寥几人。我已经不太记得那时的自己是怎么想的，只是抱着“就算听不懂，感受感受也好”的心态继续坚持了下来。我很庆幸自己没有轻易放弃，不然的话我将与未来的诸多精彩无缘了。

那年 11 月，我第一次参加了广东省的天文竞赛。虽然那时的我连很多浅显的东西都没能弄懂，做往年的竞赛题时只能拿到可怜的分数，我还是把自己能理解的东西都复习了一遍，记了不少天文时事。最后我拿到了 54 分，而一等奖的分数线是 56 分——知道这个结果以后，我深深懊恼于自己犯的一个低级错误。后来，在省赛后不久的一节社课上，我猛然明白了一个虽然简单但困扰了我很久的概念——自那时起，我才开始真正地感受到天文学中的理性之美，它与浩瀚星空的感性之美一起给我带来了深深的震撼。

一个月后，天文社组织了一场规模浩大的“双子座流星雨”观测活动，但是那天天公不作美，厚厚的云层笼罩着天幕。即便如此，我和同学们依然一起躺在空地上看着天空谈天说地，仿佛真的看到了流星……那是我参加的第一次外出观测，即使事实上什么都没有看到，也并不妨碍它给我留下美好的回忆。2016 年的寒假，我参加了 SSAA 的寒假天文集训，在众多杰出的前辈的课上学到或是“感受”到了很多新知识。或许也是在那个时候，我开始渐渐了解春夏之交的全国天文奥赛，并在心里默默地许下愿望——“我想进决赛”。

新的学期开始了。我在学长的鼓励下站到了天文活动室的讲台上，给同学们讲“天球坐标系”。即使在寒假时我已经准备了很久，等到真正开始讲时依然会有些紧张，所幸这堂课上得还算顺利，这也给我增添了不少信心——虽然我不知道同学们是否都听懂了。一个多月后，国赛预赛如期而至，彼时的我已不再像参加省赛时那样几乎什么都不懂了，但依然有很多地方没有明白。我怀着忐忑的心情走进考场，尽力地完成了自己比较有把握的题目。几天后，我在决赛名单上不可思议地看到了自己的考号——我成功了！

一个月紧张的准备后，我和同伴们踏上了前往山西的旅途。第一次参加 CNAO 的经历让我难忘，还记得太原郊外那个璀璨的星夜，还记得在联欢晚会上我们唱响 *My Love*，还记得我们和很多有着共同爱好的同龄人一起玩耍嬉戏……可惜我的比赛结果并不如人意——在望远镜观测考试里，我居然连望远镜没装目镜都没有发现，无论怎样调节也看不到远处的物体，这让我越来越紧张，最后沮丧地交了一张白卷……后来我还是“幸运”地得到了鼓励奖，但观测考试中的失误给我带来了很多启示，让我明白了成功应当属于最细心、最冷静的人。

无论如何，这几天的经历都让我前行的脚步更加坚定，我对自己说，下一年一定会再来，为了弥补过去的缺憾，也为了一起仰望别处的星空。

一个月之后，天文社的换届大会开始了。在那之前的一个星期我只想竞选副社长，因为我并不相信自己有足够的能力领导这个优秀的团体。但在换届的前一天，我越来越觉得自己不能连尝试的勇气都没有——于是，我鼓起勇气告诉黎凯昕学姐我想竞选执行社长，她很快回复了我：“真棒。”第二天的换届大会上，我述说了自己对 SSAA 的感情与想让它变得更好的决心。竞选结果还是出乎了我的意料——我真的成了新一届的执行社长。邝金熙是学术社长，毕蓝天和张恒康是副社长，我们一起接过了 SSAA 的接力棒。

每每想到这个社团过去的成就，我都感到自己的肩上扛着一份沉甸甸的责任。我不但要把接力棒平稳地交给下一届，还要努力争取更出色的成绩。可惜在这一年的任期里我表现得并不优秀，这让我常常感到惭愧与遗憾。

2016 年 7 月，我和同伴来到北京参加高校科学营，参观了北京大学、国家天文台和兴隆观测基地。可惜在兴隆的这一夜天公不作美，我没能看到期待中的繁星，这让从来没有看到过银河的我更加憧憬着能亲自看一眼。后来在一趟夜晚的航班上，我终于实现了这个心愿——舷窗外，银河与天蝎座的钩子清晰可见。

回到学校，新的学年开始了。我和天文社的骨干们给高一的同学们准备了天文科普手册，希望能吸引更多的同学加入天文社。尽管报名的人数没有我们想象中的多，但依然达到了很壮观的规模。在第一次社员大会上，轮到我给学弟学妹们介绍这个社团了——想到这里，我总觉得有些不敢相信。在讲台上，我和同伴努力地向同学们讲解天文知识，尽管我们希望能讲得通俗易懂，但对很多同学来说社课的内容仍然不容易理解——这不就像是一年前的我吗？我常常和学弟学妹们说，听不懂没关系，坚持下去，多感受多思考，总有一天会慢慢弄懂的。

在 11 月的省赛中，我出乎意料地获得了高年组的最高分，并在随后举行的复赛中继续保持了第一名。这给了我不小的鼓励，因为在我刚当上社长的时候，我就在心里悄悄地立下了自己未来一年多的三个愿望：省赛特等奖、国赛金牌和进入国际赛。在这次省赛里我们夺得了 9 个特等奖中的 4 个，证明了我们具有不凡的实力。

12 月，我和天文社的骨干们组织了一场参与人数众多的流星雨观测活动。策划活动、联系酒店、联系车辆、组织报名……筹备活动的过程考验了我们的组织能力，但当活动成功举办的时候我们都很开心。还记得那时的我几乎每天都在看天气预报，祈祷着外出观测那天是晴天——上苍真的给了我们一个大大的惊喜，那一天真的是万里无云的好日子！在从化郊外，我们用望远镜看天体、躺在地上数着流星，一直到深夜才依依不舍地回去；天亮之前我们又跑了出来，心满意足地看到了更多的流星。那一夜的经历充满了浪漫与美好，而我也一直想念着这样纯粹地看星星的时光。

又是一年寒假集训，又是一年国赛预赛。2017 年，我们有 9 名同学进入了决赛：我和毕蓝天、陈倚天、付智豪、张煦、朱煜恺、邝达君，还有高一的姚文浩和张海桐。决赛地点是我们梦寐以求的观星圣地——新疆。我付出了很多时间与精力来准备比赛，但我的心里依然没有底，更不知道我们这支队伍能否在比赛中取得更好的成绩。我按照自己的经验和同伴们一起去天象馆进行模拟观测、用望远镜观察各种天体、讨论各种理论问题……终于到了去比赛的日子，我们天还没亮便从学校出发，下午终于抵达了这座北疆的边陲小城——伊宁。

初夏时节在伊宁度过的时光常常让我想念，我想念着在赛里木湖畔打雪仗的惬意，也想念着在沙漠期待着云散星明的单纯。我变得更成熟、更稳重，不再像前一年那样出了大的差错，却还是没能发挥出更好的水平。最终我以铜牌第一名的成绩结束了我参加国赛的历程，虽然没能实现当初的心愿，但也算是无愧于自己的付出了。这一年的比赛里，我们整支队伍的成绩都不太理想，我为此而感到深深的懊恼、自责，我认为自己愧对了前辈和老师的期待。如果这一年的时间能再来一次的话，我是不是能做得更好呢？

一个月后的换届大会如期举行，我很欣喜地看到，又有不少学弟学妹在我和同伴们的影响下对天文有了更深的热爱。SSAA 平稳地交到了下一届的手中，我也要开始为一年后一个更大的挑战而努力了。

在这一年的国家集训队名单里，我找到了自己和陈倚天同学的名字——幸运的是我又有机会接近当初的第三个心愿了，SSAA 近十年参加国际赛的薪火相传也有机会延续下去了。后来，我如愿获得了前往俄罗斯参加亚太赛的机会。11 月，我从高三的“苦海”中短暂地脱离出来，前往俄罗斯新西伯利亚——一年多以前我对异域星空的向往，终于在这一刻得到了实现。在俄罗斯比赛的日子同样过得非常开心，于我而言，比赛结果已经不重要了，好好珍惜、好好享受最后一次参加天文竞赛的时光才是最重要的。在俄罗斯的冰天雪地里，我收获了一段难忘的记忆，也给我单调的高三生活增添了不少快乐。

2018 年 6 月，高考前一天的夜里，我独自一人来到操场上散步。看到天上那几颗熟悉的星星依然在眨眼，我的心情也变得平静。面对眼前的考验，我只需要像参加天文竞赛时那样，以一种从容的、享受的心态来完成高考，就足够了。在高考考场上，我欣喜地发现坐在自己后桌的正是因 SSAA 而认识的毕蓝天同学。后来我如愿取得了满意的成绩，面对着人生的十字路口，我在学习物理与天文的路上继续走了下去。我不知道自己在这条路上能走多远，但三年前的我不可能想到自己能走这么远，过去的经历让我有勇气在未来充满荆棘的道路上应对更多的困难与挑战。

在省实，我有幸走进天文这座充满魅力的殿堂，并一步步地触摸它感性与理性的美；我结识了不少有着共同爱好的好朋友，一起在星空下留下难忘的美好回忆。很高兴遇见你，SSAA——如果没有你，我也不会成为现在的我。感谢母校，感恩所有支持、帮助、鼓励我的老师和同学。希望 SSAA 的学弟学妹们能把充满活力的天文社接力传递下去，祝愿所有对天文感兴趣的同学都能在这里找到自己真正热爱的东西，祝福 SSAA 越来越棒！

姚文浩

2016—2019 年就读于省实，2019 届南山班学生，SSAA 第十四任学术社长，曾获 2017 年国赛铜奖、2018 年国赛银奖、2018 年 APAO 高年组银牌。

两年时光，一生财富

姚文浩

我与天文的结缘，大约始于小时候喜欢读的那本《十万个为什么》。而我与省实天文社的结缘，则是初三时从学长口中了解到省实天文社拥有的辉煌历史和底蕴。怀着对星空的一片赤诚，我踏进了省实，来到了天文社。

高一一年，天文社的各样活动让我大开眼界。我也感觉自己的天文水平在一次次的天文社社课中得到了显著的提升——在省赛中取得了不错的成绩，在国赛预赛中更是以较高的分数进入了决赛。对于接下来的国赛决赛，我对自己有着不小的期望。

2017 年的国赛决赛在新疆伊宁举行。我有幸见识了赛里木湖以及旁边的雪山，见识了图开沙漠中的星空，参与了与伊宁三中同学们的足球友谊赛。但同时，比赛的题目也让我目瞪口呆。一个名为“黑摩的”的题目考查的是与光行差有关的知识，让我们队伍全军覆没。天文社遭受了一次不小的打击。以往，省实天文社的队员在国赛舞台上摘金夺银并非难事，但这届比赛，我们却只收获了三枚铜牌，创造了“史上最差战绩”。看着其他学校的同学在领奖台上欢声笑语，我们却只能默默吞下失利的苦果。

国赛的舞台教会了我一样东西：谦卑。看着自己喜爱的省实天文社遇到了这样的失败，我不禁感到几分酸楚与不甘。我在心中默默下定决心，一定要带领天文社重回它原有的高度。

天文社换届大会上，我勇敢地站上了学术社长的位置，理由只有一个：我要帮助天文社渡过难关，重新站起来！随后，我思考了一下天文社国赛失败的原因，发现至少我自己存在这两个问题：一是对一些概念理解不深，二是知识量储备不够。于是，在暑假，我一边翻阅着《天体物理概论》、《天文学物理新视野》等书籍，一边做奥赛习题。日子一天天过去，我逐渐感觉自己的知识水平得到了提升。与此同时，我和其他社员一同精心准备着社课，力争将每一节课讲得更好。在国赛之前，我与参加比赛的同学把数个晚自习的时间献给了天文。我们一同做题，一同讨论问题，一同进步。

2018 年的国赛如期到来。这一次，比赛的地点是鲁迅的故乡——浙江绍兴。这一次的国赛，我不再像去年一样感到心虚与慌乱，反而是充满了底气。在大部分题目中，我都能找到些许熟悉感。考场上，我与同学们相互打气；考场外，我们尽情享受着与外校同学交流的快乐。我永远难忘鲁迅故居的百草园与三味书屋，永远难忘兰亭的白鹅与名家书法，永远难忘绍兴的斜风细雨。这届比赛中，广东实验中学紫徽星队拿下了 2 金 2 银 3 铜 2 鼓励奖的好成绩，全体队员更是创历史地共同获得了最佳书写奖。虽然我距离金牌差了 1 分，但这枚银牌在我眼中，却是一份满意的收获。我不由得感慨：功夫不负有心人。

这届国赛也成了我心中最棒的一次比赛经历。后来我有幸入选国家队，并参加了当年在丽江举行的 APAO。但在我心中，印象最深的仍然是 2018 年的那次 CNAO。因为，对于天文社的社员们，这是一个小小梦想的实现，而对于 SSAA，这是一次突破，更是一次重生。

转眼间，比赛结束，我也要从天文社学术社长的位置退下来，成为一名高三学生。纵使对在天文社的经历有着不舍，我还是不得不为我在天文社的时光画上了一个句号，但我总觉得那段时光从未远离我。我在高三时的成绩并不稳定，也碰到了许多困难挫折。每当我在高三晚自习结束后来到省实篮球场，抬起头，看着黑夜中浮现的繁星点点，甚至偶遇流星时，那段在天文社有挫折又有欢笑的时光便会在我的脑海中浮现。这时，无论我多么疲惫，总有动力战胜挫折、继续前行。我也逐渐明白了一些我高一高二未曾领会的东西。与天文的两年相伴，我能够引以为自豪的，不是那一块块比赛奖牌，而是一颗在逆境中依然保持坚定、不放弃的心。我需要做的，只是坚定自己的信念，朝着梦想努力前进。正如夜空中的星点，即使看上去很微弱，也依旧坚定地发着自己的光。

如今，我已高三毕业。虽然我在大学中选择的专业与天文没有太大关联，但我永远不会对天文丧失兴趣。我相信，天文给予我的财富会像天上繁星一样，闪亮很久，伴我一生。愿你也能找寻到这笔财富。找一个晴朗的夜晚，抬头向上看吧，相信你一定会找到它。

李俊霖

2017 年至今就读于省实，曾获 2017 年省赛特等奖，2018 年、2019 年国赛金牌，2018 年 IAO 高年组金牌，2019 年 IOAA 高年级银牌。

满船清梦压星河

李俊霖

仍记得 2019 年 IOAA，我在天象厅里，写下那个站在月面的我和 Apollo11 的距离，合上笔盖，目光投向天象厅内向我飞来的球状星团的那一刻，我知道，一切都要结束了，五年的时光被慢慢写进了回忆里。

时间倒流……

小时候，与天文最接近的应该是一本关于太阳系的书，还记得书里漂亮的彗星和介绍的将创造人类历史最快速度的“新视野号”探测器（那时的书里译名是“新地平线号”）。到了初中，在省附与天文结缘：第一次报名天文的校本课程，但并没有被选上；后来看到了同学参加省赛时拿回的试题，上面一些对天文现象的解释和高深数理知识渐渐激发了我对探索星空的强烈好奇。

初中两年的竞赛，由于水平有限，两次都与决赛无缘。但是初中两年奥赛经历还是让我积累了一定的天文知识，为日后的学习打下了基础。还记得当时背时事会看到当年国际三大奥赛的获奖情况，也跟着同学一起仰望社里的 APAO 大神。当然也未曾想过，当年那个连天平座和天秤座都傻傻分不清的小男孩会走到现在。

到了高中，SSAA 带给了我宽广的视野。每周的社课让我学到了很丰富的理论知识，而社里不定期的观测活动也让我得以在星海中遨游。慢慢地，从听学长讲课到自己尝试着“备课两星期、讲课一小时”；从观星活动的参与者到组织者，我感受到，SSAA 就是一个大家庭，它让我们这一群热爱星空的孩子们聚在一起，感受星空的魅力，并不断寻找知己，渴望将夜空的这一份美丽分享给更多的同伴。

在准备比赛的过程中，我看到了许多有趣而“脑洞”大开的题目：为估计马门溪龙的瞳孔直径而苦苦挣扎，看霍去病倒看北斗七星而思索良久，遥望小猪佩奇踩泥巴跳高高拍手叫好，对着金星人的十四只手指一筹莫展……而后来每每聊到这些，“天爱党”都会心一笑。我还知道了 IAO 和 APAO 会颁发神奇的最佳画熊奖，还了解到，观测比赛的天象厅考试中，你甚至可以在南半球甚至月球、火星上仰望星空。这些时常出现的有趣“脑洞”，为枯燥的理论学习增添了许多乐趣，或许这就是天文奥赛的魅力所在吧。

一直觉得自己非常幸运，第一年进决赛就有机会走到最后，并取得了不错的成绩。第二年再参加，相比于第一年的懵懂和忐忑，多了一份笃定。我一共有幸参加过四次全国天文预赛、两次全国天文决赛，两次进入国家队，一次去了 IAO，一次去了 IOAA。天文奥赛时光，记忆犹新。它带我去过绍兴看繁星春水，去虎峪听夏日蝉鸣，到斯里兰卡赏秋日海滨，去平塘抚春季烟雨，到匈牙利望夏日银拱……

很感激在 SSAA 的岁月，耐心的学长会一丝不苟地解答每一个小疑问，我们会在准备奥赛之时一起练习，一起分享题解；或是在天象厅的星空下练起联欢会的曲目《海阔天空》；在开往平塘天文小镇的路上引吭高歌，导致司机以为我们参加的是歌唱比赛。SSAA 在全国天文社团中是数一数二的：体现在省实天文社在全国“天爱”之中是鼎鼎有名的，北京的“老奥赛党”都称我们为“全国天文的最大势力”；体现在当你很骄傲地说出你来自 SSAA，别人会投来羡慕的眼光；更体现在每年国赛决赛的联欢会上，SSAA 的压轴节目总是能带起全场的大合唱。印象最深刻的一件事是，在 IOAA 比赛中有互送礼物环节，所以我赛前特地订制了一批 SSAA 的明信片，最后那天晚上，我竟然挨个把 100 多张明信片发完了，当向外国友人介绍明信片背面学校的名字的时候，当他们盛赞明信片精美的时候，当骄傲地向他们介绍我们社团的天象馆后他们惊讶地以为我们是天文学校的时候，我的眼里竟激动地泛着一丝泪光。这是身为一名“SSAAer”最幸福的时刻吧。

很多人说天文奥赛是没有功利的，的确如此。辛辛苦苦做出一道 90 分的实测大题拿到 IOAA 金牌，可能并不能直接把你带到中国的最高学府。但是天文奥赛的意义也是无可替代的。天文奥赛让我认识到了许许多多有意思的朋友，我们可以无话不谈互相“吐槽”一些我们专属的“梗”，也可以躺在星空之下相对无言而心满意足；我也认识到了很多之前只在“天爱”杂志上看过名字的大神，何曾想自己有机会和他们站在同一个领奖台上；我也深刻认识到了所谓“天外有天人外有人”。去国际赛，有幸见到许许多多来自其他国家抱有同样的爱好的同龄人，发现他们都非常的真诚、热情、友善，都爱仗剑走天涯去世界各地观星，而每一次国赛、国际赛主办方都会给予足够重视，还特别安排许多参观的行程，因此，我能够尽情地感受比赛的氛围，了解当地的文化，交到更多志同道合的朋友，我觉得这是比赛之外更大的意义所在。天文奥赛也让我有了一段探索的时光，没有功利性的辅导机构，一切知识、资料、习题、书本都需要你和小伙伴们一起探索寻找，并乐在其中；而星空则是让我学会了淡然处世，真诚待人，遇到再大的困难，都能沉下心来，学会仰望星空，学会脚踏实地做好每一件事。

还记得 IOAA 晴天观测考试前，来到考试的操场边上，领队让我们关掉头灯，静静地看天空，做最后的准备。原本嘈杂的行进队伍霎时安静了下来，银河像一条洁白的飘带横亘头顶，“夏三角”静静地注视，大地静谧，静得可以听见远处树林里的蝉鸣，静得甚至可以听见露水亲吻衣裳的声音。点点星光闪烁，忘我地看着一个个熟悉的星座，它们像是从星图里跳了出来，成群的星星从天幕向我涌来，早已忘却了 50 米开外气氛紧张的考场。波与粒光年外喃喃自语，这一片广阔的天地似乎只有星光与我作伴，忽然明白，沧海桑田，人生无常，我们不能忘了仰望星空，或许只有星空这一能够贯穿古今直至未来的图腾，才能让我们对宇宙自然产生无限的敬畏，才有资格承担起我们的终极梦想。

“醉后不知天在水，满船清梦压星河。”

非常感谢这一路上陪伴我、帮助我、鼓励我的所有人。首先是在天文奥赛一路上一直支持我的父母，每次比赛前都鼓励我让我享受比赛；感谢省实天文社的指导老师黄建伟校长、曹隆坤老师、张铁牛老师、黄嘉永老师、陈欣欣老师、胡彦栋老师和省附的林智恩老师，是你们的指导鼓励与无微不至的照顾让我得以顺利地一路前行；感谢 SSAA 的学长，是你们寒假集训的悉心教导与平日耐心的解答让我少走了许多弯路，让我体悟到了天文社的代代传承；感谢我参加奥赛以来的班主任陈镜辉老师和李福健老师，他们一直鼓励我并在赛后给予我辅导与帮助；感谢北京天文馆的老板们和国家队集训的老师们，尤其是两年国际赛的领队张博、曹侠、日斤、戴老板，让我在异国他乡感受到领队满满的爱，愿天文知识竞赛越办越好；感谢在天文奥赛中遇到的形形色色的小伙伴们，能结识一群志同道合的伙伴真好；感谢两年国家队的队友在外的互相帮助，当然我们现在也都成了相当好的朋友；最后，当然是留给一直以来并肩作战的第十三届、第十四届“SSAAer”，若干年以后，再想起这段泡在天文活动室和天象厅里的美好时光，嘴角也定会不自觉地上扬吧！

最后，那就让我用国赛后写的一篇小感想作结：

敬献天文奥赛

第一次邂逅，是在那年3月聚清园的木棉树下。回想，或许任何为人称道的美丽，都不及我看你的第一眼。那个懵懂的初一小男孩，或许并不知道，这惊鸿一瞥，便一眼万年。

从第一年的懵懂相约，到第二年的擦肩而过，彷徨。触手可及，我却未曾真正获得你的青睐。就像水星之于太阳，烈日灼心中，本是那么接近，而我知道，我未曾进入你的心。

心之所向，素履以往；生如逆旅，一苇以航。

坐在仲夏夜的星空之下，在宇宙中驰骋，在跨越银河遥相呼应的恒星间穿行，思你。我开始不断努力，努力追寻，向着，你在我梦中那星辰明月般的垂眸；只望，在茫茫星海中，博你一顾。

和你越来越近，当那张通往梦想的车票紧握在手，跳动的心如同双黑洞合并前闪烁的律动。我开始憧憬，轻轻呼唤你——那是我多少年的梦。

终于能和你，在绍兴的繁星春水间徜徉，在平塘的山峦丘壑里漫步，一同看黑洞旁的波与粒子呢喃自语，一起为火星天文馆的落成拍手叫好，一起看斯诺克天文大师们切磋技艺，一起漫步山间看天坑的瑰丽奇景……你教会了我海量的知识，我们一起守望了一个又一个静谧的星夜，经历了许许多多欢声笑语。

退役仪式上的不舍历历在目，但我们无须告别，因为你未曾离开。你始终会是我生命里，那个不一样的存在。

那就把这份爱永远存在心底。始终铭记，是你让我在漫漫长夜依然保留着希望，保留着不甘舍弃而努力跳动的心。

Of course I still love you.

Of course I will love you forever.

献给天文，献给那些在天文活动室里奋斗的时光。

摘 要 篇

此篇主要选取了参加全国天文竞赛的学生的优秀日记、天文专题夏令营的日记、天文社大会社长们的发言稿等，呈现出 SSAA 学子们不一样的内心世界。

陈缘

SSAA 十四届副社长，曾入围 2013 年和 2014 年全国天文奥赛（CNAO），两次获全国银牌，并于 2014 年获 CNAO 最佳书写奖。2015 年 7 月被北京大学天文系录取。

梦醒时分

——致无法忘怀的 2014 CNAO

陈　缘

月照花林，风扶细柳，这是北京的夜。

契阔谈宴，觥筹交错，这是梦的终章。

——题记

一　前　奏

我喜欢这种热闹的感觉。不是聒噪，而是共鸣。

闹钟响的时候，天才蒙蒙亮。打开手机，一条提示蹿入屏幕：“倒数日 2014 CNAO 还有 0 天。”广州的春，永远都是阴天夹着细雨。刷微博刷不出新消息，大家都还睡着。可对于我，还有全国各地的许多人来说，这却是不平凡的一天。这一天，我们带着无限憧憬，踏上了梦的旅程。

大约 7 点，我在白云机场和省实的另外 4 位同学会合。邓淇升似乎已经等候多时，洪巽阳如约背来了吉他。只不过一切似乎没有想象的那般顺利，继去年东航把我的行李落在广州之后，我们的领队老师和另外 3 名同学成功地把自己落在了广州——他们因没有赶上飞机而改签了。于是我们 5 个只好带着残缺的队伍先一步飞往北京。2014 年 4 月 16 日早上 8:20，飞机准时升空。

11:10，飞机安全降落在北京首都机场。简单吃过午饭，我们来到 T2 航站楼，到达大厅 2 号门，与前来接机的詹想老师会合。同道的还有华附北斗、新疆天山的同学。或许是因为初来乍到，大家都很矜持，只和同队的伙伴交流着。

经过大约两小时的车程，我们终于抵达了驻地——坐落于北京顺义的安利隆山庄。这里群山环绕，漫山遍野都是绿色。酒店红砖白墙，传统的北京色调。领过房卡、胸牌、参赛手册以及附送的星图和徽章之后，我们住进了各自的房间。房间不大，但足够宽敞，最有特色的是它的阳台，虽有栏杆相隔，却是相通的，只需轻轻一跃便可去到隔壁。放下行李，我和伙伴们简单逛了下驻地。通往饭堂的路上有一条大沟，里面铺满了落叶和碎石，颇有野战的趣味。

各支参赛队伍陆续抵达，老朋友或拥抱或说笑，新人则更愿意站在一旁感受这融洽的气氛。大家互相询问房间号，为接下来的串门做准备。看着他们，我不禁想起一年前紧张胆小的自己，而这次，我绝不会再留下遗憾了。

很快到了晚饭时间。作为主活动场所，饭堂前面照例贴上了天文奥赛的巨型墙纸。取好饭菜，大家围桌而坐开始了各种闲聊。没过多久，刘君达、邓淇升、谢宇霆“掉节操”的照片就被公之于众了，真是实至名归的“洗剪吹组合”。

按照之前的约定，我和来自淮北一中的李梦雪同住。她本来有一箩子话要说，却被我拉着开始为明天的考试准备。晚上 8 点，望远镜试用照常进行。酒店大厅里架起了 4 台口径 90 mm、焦距 700 mm 的考试用镜。除了认真熟悉望远镜的人，也不乏某些忙于串门、自拍的闲杂人等，不过大家都来者不拒。最终省实和华附、天津的同学围在一台镜子旁边。相比去年的矜持，这回我主动上前将望远镜对准三楼天花板的喷水头，却发现它的寻星镜极难校准，于是我们又就这个问题争论了一番。但接下来的事实证明，我们的争论毫无意义，因为考试的时候寻星镜全部都被摘掉了，只能采用三点一线的方法瞄准目标。

将望远镜再次拆装一遍之后，我们跑到酒店外想熟悉一下可见天体。无奈天公不作美，连绵的乌云遮住了大部分星光，只有木星、火星、南河三、轩辕十四等亮星若隐若现，不到 10 点我们就回房间去了。

早起和一天的奔波已经让我疲惫不堪，加上第二天还有理论考试，洗漱完毕之后我就睡下了。酒店软到不能再软的枕头和薄到不能再薄的被子简直对我们的睡眠构成严重威胁，不过由于实在太累，房间里很快就安静了下来。

这是没有梦的一晚。或许我本身就活在梦里。

二 主 调

We show，we know，we write，we fight.

新的一天。拉开窗帘，没有想象中的阳光遍地。

吃过早餐，开幕式正式开始。饭堂的桌子被移开，只剩下紧密排列的椅子。省实虽是第二个上场介绍，却还是选择坐在后面。首先是主办方北京天文馆的致辞和介绍，下面的相机快门已经对着李日斤和戴岩老师此起彼伏地响了起来。接着我们伟大的朱进馆长宣布：“2014 年全国中学生天文奥赛正式开始!”台下一阵欢呼。

第一个上台介绍的是福建北岭星辰队。他们来自福建省的不同学校，其中有 5 个来自黎旭翔的母校福州一中。话筒被一个个传下去，队员们的互黑自然是少不了的。接下来便是我们了。我特意将社旗从学校借了出来（省实社团的社旗都是统一保管的），还让洪巽阳用篆体把所有队员的名字写在了横幅上。身为天文社的一员，带着它总会有一种归属感和幸福感。

我和邓淇升拉着社旗大步走上前去，其他人拉着横幅跟随。身为队长，我先正经地将“广东实验中学博冠紫微星队”介绍了一遍。然而好戏还在后头，在自我介绍结束之后，我们喊出了口号：“仰望星空，脚踏实地……欢迎阿邓淇升!”后来升爷坦言自己被“阿”完后神清气爽，并且强烈呼吁下次一定要在考试之前把他“阿”掉。

在我们队之后，陆续登场的有和北岭星辰队并称 CP 的南岭星河队、三句话不离物理竞赛的华附北斗队、各种“女神”云集的人大附中队、高伯伯带领的夏之星空队、女生比例最高的新疆天山队，当然还有压轴出场人数最多的希望队。来自全国的 16 支队伍轮番亮相，不知不觉两个多小时就这样过去了。

为了在下午的理论考试中保持好状态，大家都早早吃完饭回去睡午觉了。下午的理论考试分两地进行，高年组在酒店三楼会议室，低年组则在饭堂隔间。这次的理论考试几乎全是几何题，日食、人卫、月掩星、球面三角，完全不是省实的菜。一开始我还特意把字写得十分工整，到后来越做越抓狂，也顾不了那么多了。更令人“喜大普奔”的是，目视笔试接踵而至，月亮的位置和 UMiβ 的高度角估算……完全没有复习的我陷入了深深的绝望中。

晚上8点，所有选手来到会议室候考。我们神一般存在的领队老师在2012年抽到倒数第一，2013年抽到倒数第二，今年总算有些进步，抽到倒数第三。望远镜考试前，回想起这个学期自己为了来参加国赛，几乎都要和班主任“反目成仇”了，结果发挥还是不尽如人意，我的心情十分低落。为了给自己加油鼓劲，我开始在参赛手册的备忘录上进行文艺创作。记得去年，望远镜考试因为下暴雨拖延到凌晨，我、黄伟庭还有杭高的4位同学光荣地成为最后一批选手，还被朱馆长拍照留念发到微博上。我怕去年因等待时间过长而神志不清的悲剧再次发生，就趴在座位上睡起觉来。同学们有的复习，有的闲聊，也有的打打闹闹，气氛依然是一片欢乐与祥和。

大约11点的时候，会议室里只剩下20来个人，程思浩成了“厕所队”的领队老师。省实的5位同学和杭城之星队组成了倒数第二批队伍，延续了“百年好合”的传统。

国赛的最后一项考试总算来了。我们先来到酒店大厅，分发考试试卷。稍待片刻，我们被领出酒店，右转走上一条黑咕隆咚的路。带队老师打开手电，夜晚的寒意阵阵袭来，大家都沉默不语。转头望去，酒店外的大功率照明灯渐离渐远，天上乌云密布，漆黑一片。右边是看不清的山和树，不时传来奇怪的声音，让人不禁浑身打战。

队伍突然停了下来，左边传来窸窸窣窣的声音。蹲下身子一瞧，铁网后面是一个开阔的场地（其实那是篮球场），前方有两个被灯光照亮的白板子，上面各贴了5个小方块，应该就是让我们辨认的5张图片了。对着白板几十米远的地方，十个手电的光不停地晃动，考试正紧张进行。这时我突发奇想地伸出右手，洪巽阳十分默契地把手搭在上面，接着其他省实的同学都伸出手来，“One two three，yesh！”5只手一齐往下摁，伴随着一阵自嘲的笑声。

最紧张的时刻终于到了。我们进入场地，走到各自的望远镜前。监考老师递给我一个手电，简单询问几句后，只听一声响亮的女音：“考试开始！”大家立刻行动起来。自入社以来，黄伟庭没开镜盖的事儿就一直被传为“佳话”，所以一上前我就把盖子掀了。寻星镜被卸掉了，而折射镜又找不到合适的构造用三点一线。好在自己也没学多少高超的技巧，对三点一线情有独钟，没过多久就找到了目标，换上短焦目镜开始辨认图片。前四个目标很快被攻克，到了第五个，我只能隐约看见4颗很亮的星，不断调焦仍无改善。时间已到，我蒙了一个“发射星云”上去，后来恍然大悟：“原来那是昴星团，应该写‘疏散星团’才对！”虽然极为懊恼，却也无可奈何。国赛的三场考试就这样过去了，真是一场痛快的洗礼。

躺在床上，已是凌晨1点。没有精力再去回想那些不尽如人意的事，只能在祈祷中昏昏睡去。

Nobody can be always perfect，but we can choose to enjoy.

三　副　歌

这是我们的选择。不分对错，只念得失。

熬夜的后遗症开始显现，经历了极为痛苦的“起床之战”后，我们乘车前往焦户庄地道战遗址参观。我对博物馆一直没什么好感，但天文奥赛是个例外。看着大家不约而同地返璞归真，良有趣味。不少人玩起了吹泡泡，升爷则把社旗卷在身上装和尚，引来一阵狂拍。体验完高度只有1.49米的原始地道后，我们踏上了归程。

午饭前是合照时间，悲剧的是那里的台阶梯度不够，不少站在后面的人脸被挡住了一半。之后CP队和各大天文社也陆续拍了自己的合影。吃完午饭，我们急忙回到房间睡觉，为下午的选拔赛养精蓄锐。

下午1点半，会议室里“大神”云集。没有参加选拔赛的同学们开心地去摘草莓了，而我们则要面临4个小时的煎熬。检查我护照的是戴岩老师。我当着他的面把第二志愿APAO给画掉了，这是自己斟酌之后的选择。4个小时，脑袋真是运转得剧痛。收卷的那一刻，真是一种解脱——接下来的时光，就真的是由我们来主宰啦！

吃完晚饭，天气依旧不甚晴朗。我们聚在一起练歌，这首《夜空中最亮的星》是省实专门为联欢晚会准备的。小洪操起吉他，真有“转轴拨弦三两声，未成曲调先有情”的韵味。清脆的吉他声悠然响起。好久没有这么尽兴地唱歌了，仿佛陶醉在星空之下，忘掉一切尘俗与忧伤。唱完这首，意犹未尽，我们又唱起*My Love*。

我们的歌声吸引了许多人围观。来自杭高的文静女孩单昕睿主动过来交流。她的学长——彬彬有礼到极致的董梁同学则到处要签名。华南师范大学附中的两位“大神”——张天鹏和王远皓索性坐到床上，抄起几本书翻看。我本来想问问去年IOAA的趣闻轶事，却总是把“你”说成“你们”，最终只好作罢。谢宇霆正玩着吉他，突然一群人冲进来说邓淇升在二楼被“阿”掉了，大家忙围上去看视频。没过多久，邓淇升和刘君达“驾到”，大家又扬言要把邓淇升再“阿”一次……

这时候，房间里已经聚集了10个人。“狼人”这一必不可少的游戏自然被“提上日程”。林诗韵、于悦洋、王芮莹、我、张天鹏坐在一侧，李梦雪、邓淇升、刘君达、谢宇霆、翁建彬坐在对面，胡德邻毛遂自荐当“法官”。说实话，这是我见过的最称职、最牛的“法官”。每到一轮，他总能想出不同的主持词，什么“被我点到的情侣，睁开你们的眼睛吧，请深情对视十秒，共同谱写永恒的爱的篇章”，“预言家，请睁开眼睛，纷繁的褂下会发生些什么？去寻求上帝的旨意吧”，“今夜，又有一人横遭不幸，但他走得并不孤独，因为他的爱人将陪伴他走过奈何桥”……简直让人哭笑不得。

玩游戏的时候也是笑料百出。“洗剪吹”3人组一直在互黑，丘比特指的情侣没几个靠谱，张天鹏喜欢“杀掉”自己的学妹，翁建彬当了n次好人，林诗韵却默默做了5回“杀手”。后来戴岩老师也友情加入，游戏一直进行到凌晨1点。

我们睡下的时候已过2点。晚上的欢乐将之前考试的不快一笔勾销。虽然最终可能会留下不少遗憾，但我能来这里与你们相聚，或许已经是最大的福分。

坐在你们中间，我便拥有了整个世界。

四 高 潮

故地重游，执念依旧。我曾发誓，定要等那云开雾散。

兴隆国家天文台是我们第二个也是最后一个参观地。一年前的暑假，我在北师大参加天文夏令营的时候曾在这里住了一晚。晚上我们满心期待地来到室外，却发现天上只有乌云，没有星光。我在天台上坐了整整一个小时，最终还是没有等到想象中的星河。这次又来到兴隆，盘山公路的景色还很熟悉，天气的恶劣比起那天却有过之而无不及，雨一直淅淅沥沥地下个不停，仿佛又回到了那个灰色的夜。

4车人被分成两批。我们首先参观了主楼的展厅，里面有沙盘、LAMOST模型，还有一些实物展示。四周墙壁上挂着精美的介绍牌，头顶则是古代二十八星宿的示意图。接着我们被带到了一个类似于瞭望台的地方，在那儿可以看到基地内的大部分望远镜。令人始料不及的是，山里的气温非常低，身上穿的衣服无法御寒，不少同学都被冻得瑟瑟发抖。

穿过LAMOST，我们来到2.16米望远镜前参观。这次的介绍老师竟然还是上次那位，虽然一切都没变，我的收获却更加丰厚。去年懵懵懂懂听介绍的运转、光路、CCD、光纤传输，这回都豁然开朗了。

离开那儿，我们前往饭堂用餐。熟悉的摆设、熟悉的饭菜，无不让人倍感怀念。在这儿我遇到了一位来兴隆实习，天文系在读的大姐姐，原本想趁机打听打听情况，不料下一批同学将至，我匆匆扒了几口饭菜就跟着队伍离开了。

我们的兴隆之旅就这样结束了。不免有些单调，最终也还是没能进去LAMOST一饱眼福。但这也预示着我还会来第三次、第四次，甚至更多次，因为那个夏夜，我已经在天穹之下发誓，一定会等到它云开雾散的那一刻。

回到驻地已是下午4点。我竟被告知在几个小时后的联欢晚会上，省实是开场秀！前几天的疯狂已经让我的嗓子有些支持不住，但不得不在晚饭之前又和着吉他唱了几遍。下午，天空竟变得异常晴朗，金色的阳光斜入房间挑逗着眼皮，仿佛是要送来一份告别的大礼。

晚饭之后，压轴好戏总算开始了。6位主持人携手上前，其中有年龄最小的姬晨轩、身着漂亮裙子的舍友李梦雪，还有总是一身黑色的“大神”张可名。晚会由两段引爆全场的视频开始，这是孙凤梧、黎旭翔两位“大神”自己录制的，给我们带来了美好的祝福。

只听主持人说道：“下面有请广东实验中学博冠紫微星队的同学带来合唱——《夜空中最亮的星》！”

我又带着队友走上了台。这一刻，我每天睡前都在幻想，幻想了不知多少个日月，终于要成真了。它却又显得那么不真实，好像还在梦中，灯光泛起朦胧的黄色，让人似醒非醒。我有好多心愿要在这里实现，想说话、想唱歌、想跳舞，一瞬间不知干什么好了。其实在下午，我足足花了一个小时，写了一首给天文社的“情诗”。能在全国的天文爱好者面前表达我对SSAA的感激之情是我最美的夙愿。现在，它就要实现了。

我听到了自己柔和下来的声音：“大家好，我是SSAA省实天文社现任的副社长陈缘。这次比赛结束之后，天文社就要换届了，而我也将和许多前辈一样，结束两年的天文社生涯，转身奔向高考的‘战场’。这两年来，省实天文社对我的恩情无以言表。而今年也恰好是她成立的10周年，所以，我想将下面这首小诗献给她，聊表纪念。”

熟悉的吉他声响起……

这一切，我还记得

——献给挚爱的SSAA省实天文社

还记得，那是盛夏的省实
不知是谁，将一份轻薄的宣传单递过
如一片落叶随意飘到我的掌心
却镌刻了两年的光阴

还记得，那是金秋九月的省实
开学典礼上，顶着国际桂冠的光环
传说中的前辈走上了领奖台
我竭力张望，目光中饱含着敬畏与憧憬

还记得，那是暑气未消的省实
狭窄的地理室中
坐满了闻风而至的孩子
四季星空在黑板上铺开
注视着我们懵懂的双眸

还记得，那是深秋的省实
我迫不及待地走向课室
那里有循循善诱、和蔼可亲的老师
其实他们只是和我们隔楼相望的前辈
却仿佛一位母亲看着蹒跚学步的孩子
笑容中满是见证成长的欣慰

还记得，那是严冬的省实
他们目送我们走进考场
接受天文之路上的第一次考验
知道成绩的那一刻
喜悦的泪水顷刻间决堤
躺在窗前，闭上眼
满是追梦的回忆

还记得，那是初春的省实
同行的伙伴渐渐离去
台上的人依然坚守
他们只是希望
留下来的人，能推开那扇门
去闯一闯外面的世界

还记得，那是雷雨交加的省实
我带着他们的祝福来到云南
我无法知晓
这五天的喜怒哀乐
该用怎样的真心去报答

还记得，那是阳光明媚的省实
没有人知道
我是多么不愿迎接离别之日的朝阳
注视着夕阳下，他们远去的背影

我的双眼瞬间就化为失焦的镜头

还记得，那是盛夏的省实
这是崭新的轮回
独自站在讲台上
凝视着一个个追梦的足迹
是那样的熟稔而又亲切

十年的路，我不知道她还能走多久
曾有人说，梦想是注定孤独的旅程
但我觉得，我是最幸运的一个
我不会忘记
曾与我一起追星的伙伴
和互相勉励的挚友
我们曾在星空下默默地发誓
对天文的爱要用一辈子去践行

十年，十年的沉淀
她教会我的绝不仅仅只有天文
除了祝福，我只想说
能在十六岁的年华遇到你
已是我最美丽的意外

我已经感觉到自己的声音有些发颤。记得去年颁奖之后有一个发言环节，我在上面说着说着眼泪就下来了。今年不敢造次，又变回一副很欢脱的样子，开始献唱准备许久的《夜空中最亮的星》。麦克风不是很给力，我们只好把头凑在一起。小洪的吉他伴奏十分出色，真是一场忘情的演出。或许我们不是唱得最好的，但我们绝对是最用心的。

上来主持的是声音特别萌的姬晨轩。他给我们的点评是“感人至深”，我的心甜得快要融化了。后面的节目更上档次——妖娆的拉丁独舞。接下来有天津于悦洋的独唱、华附王芮莹的诗朗诵，当然还有詹想老师重磅出击的深情演唱。下一个节目比较新奇，是由奥赛老一辈高博老师带来的脱口秀《天奥的黑历史》。接下来是南岭星河队带来的《省道330的日子》和校歌联唱。

天文奥赛联欢晚会有一个传统项目——抢凳子。米德的赞助让这次游戏更加“凶残”，6台双筒望远镜摆在一旁，等待着每轮的获胜者领它回家。大家很快凑来9把椅子。第一轮的获胜者是一位穿着橙色短袖的男生，而被他淘汰掉的张可名在每轮幸存下来之后，都会和别的幸存者握手，真是有趣的习惯。去年玩抢凳子游戏的时候，省实的同学都低调地坐在后面，今年我可按捺不住了，踊跃报名参加第二轮比赛。前几回合都有惊无险。只剩下3把椅子了，我看见队友们激动的目光，自己也不禁紧张起来。音乐忽然中断，我稳稳地坐在了一把椅子上。好了，这下只剩下我和广雅的一个男生，主持人戏称我们俩是“雌雄对决”。我们手搭着那可怜的椅子，紧张兮兮地走了两圈。过度紧张的我们直接在椅子前停下来不动了。就在这时，音乐戛然而止，说时迟那时快，我们俩一起往椅子上坐去，结果我还是以微弱的优势把他挤掉了。面对主持人的“采访”，我只能捂着嘴不停地笑，真没想到自己也能赢！

晚会继续进行，福建队带来歌曲 *Counting Star*，外加林哲锐同学劲爆的健美操。殊不知长江后浪推前浪，奥赛最大看点——“中国洗剪吹”这回可是没让观众失望。3 人倾情演唱的《奔跑》，邓淇升、谢宇霆的交谊舞，当然还有最重要的——“阿”掉邓淇升！3 人简直下不了台了，还好有主持人来“救驾”。

接下来是新疆队的串场。还记得他们取材于奥赛新鲜出炉的“逗比”笑话么？不过这倒是让坐在旁边的两位华附大神“冷”得够呛。接茬儿的高兴老师则让全场瞬间沸腾。大家围在一起齐声高唱《海阔天空》，高老师弹着吉他连唱 3 首，嗓子都哑了，真是把“尽情”二字诠释得淋漓尽致。

晚会接近尾声，李嘉轩和章俊龑为了纪念去年的 APAO，带大家唱起了南非世界杯的主题曲 *Waka Waka*。最后，我们一起高歌 *My Love*，台上的人（包括我）个个面目狰狞、撕心裂肺，而那一刻忘我的疯狂，却伴随着歌声，铭刻在每一个人的心中。

晚会结束了，今夜的精彩却远未结束。一出餐厅，久违的澄澈星空映入眼帘。大家连忙跑回酒店前的空地上，那儿已经有许多大神架起望远镜在寻找深空了。由于晚上气温太低，许多同学最后还是坚持不住跑回屋里，但仍有两个熟悉的身影一直守在望远镜旁——杭高的董梁和单昕睿。他们甚至还拿来星图一一对认，这样的对天文的热爱真让我们自愧不如！

我回到房间，和伙伴们拆开赢来的双筒扫深空。在胡德邻电子星图的帮助下，我们成功看到了 M44 和两颗接近冲日的小行星——谷神星与智神星。夜已深，大家却毫无睡意，于是又开始了“狼人”的征程。这回不仅有戴岩蜀黍（叔叔），还有詹想、黄孝慈两位老师前来助阵，他们认真玩游戏的样子真令人忍俊不禁。

游戏还在不停地进行着，1 点、2 点、3 点……不知是否有人和我一样，多么希望那天的夜永不消逝。

至少回忆会永久，像不变的星空陪着我。

五 结 尾

遗憾，但绝不后悔。

“咚咚咚！”“起床啦！八点半闭幕式！”

我们从床上惊醒。啊，脑袋好痛，仿佛做了一个很长的梦。没有时间吃早餐，我们简单洗漱过后便匆忙来到餐厅。省实照例坐在后排，穿着学校的礼服。

总算到了宣布成绩的时刻，戴岩老师走到麦克风前，满脸滑稽的笑，一看就是要卖关子了。大家都默不作声，心里却是紧张得难受。鼓励奖过后，省实折了一将，铜牌又折两将。今年的铜牌比去年少很多，银牌却扎了堆。一年前我只祈求拿牌，不料人品爆发夺得银奖第一，今年可千万别再是银牌！同学一个个被念到，银牌还未过半，邓淇升和洪巽阳已经“中奖”。可惜的是，就在银牌快要念完之时，“广东实验中学”再次响起，我也随之“光荣牺牲”。无奈，只得甘做“千年老二”。幸好翁建彬压线获得金牌，省实没有全军覆没。

接下来是 4 个最佳奖项的颁发。本来我此次参赛有两个心愿，一是金牌，二是最佳书写。金牌梦落空，另一个也没什么指望了。戴岩老师的卖关子技能再一次升级："TA 是高年组的选手。""哦。""她是一名女生。""嗯。""她来自南方。""呵呵。""她就是……"同伴们齐刷刷地盯着我。"来自广东实验中学的……""不会吧……""陈缘！""天啊！"我从椅子上一跃而起，连蹦带跳地来到台前。朱馆长递给我一份他亲自书写的奖状和一个精致的奖杯。羡煞旁人的是，最佳奖得主还可以与馆长单独合影。其实这些我都不陌生，因为去年的最佳书写也花落省实，只是当自己实实在在感受到这分量之时，那种自豪与欣慰，怕是一辈子都不会忘记了。

不出意外，高低年组最佳成绩分别由来自青海的陈箐泽和来自甘肃的李嘉轩获得，最佳观测却因为并列太多而没有颁发。宣布完成绩之后，闭幕式也结束了。代表队合影留念，伙伴们抓紧时间收集签名、嘘寒问暖，离别的时刻就要到了。

回到房间，看着凌乱的物品，心里竟猛地一颤。捡起、装好，捡起、装好……仿佛在整理着琐碎的记忆。是啊，全化为记忆了。我望了望同样在收拾东西的梦雪，忽然觉得还欠了她许多话、许多笑、许多拥抱。环顾四周，亦觉得欠了这风景许多端详、许多凝视、许多回眸。收拾完毕，我拿起参赛手册和两支笔，一个个房间拜访。似乎已经太晚了，但我还是推开了最后一间空房的门。那些没有签上字的空栏，恐怕永远都没有机会填满了吧！

11 点，最后的午餐。餐桌上我们细数 5 天的回忆，展望美好的未来。12 点，大家分别坐上开往天文馆和机场的大巴。那一段路我不忍拿来睡觉，不断和旁边的人找话说。想必其他人会觉得我烦吧，可是我是真的不愿意让这场梦醒啊！错过的分秒，都是我没有机会补偿的遗憾。

车在前行，梦在消逝。只想再多看一眼他们的容颜。

六　余　声

北京，我要和你再一次约定。

我们并没有像其他队伍一样在闭幕式当天就离开北京，而是决定逗留一晚，次日早上再回广州。目送着伙伴们淹没在机场人流之中的身影，我们也转身前往附近的酒店住下。下午，我们来到北京天文馆，还偶遇了戴岩老师。由于恰逢周日，天文馆已经关门，我们便去《天文爱好者》读者接待部买书。值得一提的是，邓淇升竟一次性揽下 6 本书，堪称"买书标兵"。

天色未晚，我们一行人按照建议前往南锣鼓巷。还没走几步，各种小吃店就已经让人垂涎欲滴。"小米鸡排"成为这场吃货战役的第一炮。独具匠心的装潢、别出心裁的设计、琳琅满目的商品、热闹喜庆的气氛，这所有的一切无不让初来的人陶醉其中。我们选择了一家有炸酱面的小餐馆解决正餐，也顺便歇了歇早已麻木的双脚。

吃饱喝足之后，我们对这条神奇小巷继续进行探索。除了卖炸鸡、饮料、冻酸奶的小吃店，"灯红酒绿"的酒吧和各种招牌老字号之外，这里也不乏创意文化的气息。我们正巧路过一个明信片专卖店，这里面积不大，却很有电影小说中的意境——小店充斥着柔和的黄光，两旁木架上摆着用暗黄色纸装订而成的本子，走道间堆放着小首饰和迷你音乐盒。最里面的架子上则是各式各样的明信片，一律是古朴的黄色，好像回忆的颜色。一抬头，发现天花板上挂满了写好的明信片。它们的主人是多么羞涩，又是多么聪明，把自己此时此刻的所感所悟封存起来，永远留在回忆之中！

出了小店，戴岩老师出现在人群之中，原来是邓淇升专门请他来陪我们逛街。有了戴老师的指引，我们的探索也更有目的性。我们先后走进一家青花瓷手工店、文宇奶酪店和位于鼓楼旁的姚记炒肝店。在这儿，我们又见到了省实天文社的前辈——在北师大读天文系的简明（萌）杰学长。他送给我们一人一张明信片，不过给我的那张几乎全是省略号……最后我们又去了几家特产店买了些果脯和特产。等走出南锣鼓巷的时候，已是晚上10点。夜幕中，我们和戴老师、简学长告别，虽然相处时间不长，心里却是满满的不舍与怀念。

这真的是最后一夜了。看着电视，打着扑克，玩着“谁是卧底”，8个人就这么聚在一起。没有提成绩，也没有说结束。一切都是那么自然，没有丝毫伤感与慨叹……

当我知道自己再次无缘国家队时，就知道这是自己天奥路中最后的时光。真羡慕高一的孩子，他们有的从初中就参加国赛，有的还有一次机会。两年，或许对我这样一个高一才接触天文的人来说，这所有的回忆已足够宝贵。我有如此多无私奉献的前辈，有如此值得热爱的天文社，有如此拿得出手的“工作业绩”。两年，SSAA不仅让我学到了丰富的天文知识，也让我学会领导、平衡、奉献，让我明白了什么叫沉淀，什么叫精神，什么叫传承。两年的追逐，不仅让我彻底爱上了天文的浩瀚与绝美，更塑造了我的理想——尽自己所能走上真正的天文之路。

这是我一生中最后的一次国赛。虽然相见恨晚，却也知足。我所见的风景或许不如有些人所见的旖旎，但至少让我庆幸自己一直以来的坚守。这篇记文也许在别人眼里显得很冗长，却饱含着一个离别之人无限的留恋。这一万字，倾泻的是所有我不想遗失在时间长河里的回忆。琐碎而细微，捧起，却是一刹那的金光耀跃。

梦醒了。这是一场延续了两年的梦。高三是一个全新的挑战，接下来的路还需要付出更多的努力与毅力。但我想，我不会再害怕与彷徨，因为我与天文还有更大的约定。“这世上最大的感恩，就是不辜负。”我知道自己无论如何，都不能辜负那一颗为星空而搏动的初心。

梦醒时分，只是又一个梦的开始。

若有来世，定要和你再续前缘！

林诗韵

SSAA 2014年社长，入围2014年和2015年全国天文决赛。下文是她参加2014年全国决赛的日记，记录了一个女生的寻梦之旅。

寻梦之旅

林诗韵

“隆隆隆”，伴随着飞机起飞的轰鸣声，带着深深的留恋与不舍，我们冲上云霄，挥手告别了北京——这个承载着我们5天的欢乐与梦想，留给我们每个人毕生难忘的回忆的地方。

5天的时间转瞬即逝，总感觉太短太短，因为对于每一个天文爱好者来说，追寻梦想的旅程应该是一辈子……

或许，对于我这样一个初学天文的人来说，接触天文的时间还不满一年，根本没有资格谈及自己对天文的了解有多深，也根本没有资格说自己是一个多么忠实的天文爱好者。我能做的，或许只有用一点拙劣的文字来谈谈自己的心声。

2014 年 4 月 16 日　　阴

寻梦的旅程总是充满波折的，而这或许就是上天给我们的考验吧。第一天早上，5 点半起床，赶上了早班地铁，风风火火地奔赴机场，兴高采烈地准备登上那一架飞往目的地的飞机。但是，这周全的安排也阻挡不了残酷事实的发生——我们误机了！万万没想到，人生之中第一次误机居然是在这如此重要的日子里。没办法，只能自认倒霉了。好在几经奔波，最终还是平安地到达了首都机场。当我们坐上那拉风的天文科普大篷车时，心中洋溢着激动之情。毕竟，这大篷车可是我们这几个误机的“小朋友”的“特权”啊，哈哈！

不知穿过了多少幽静的乡间小道，只知道扑面而来满眼都是绿色，路旁的柳絮随风飞舞，春意盎然的景色让人不禁对这旅程充满了期待。全国各地的小伙伴们，我们来了哟！

晚上，熟悉了望远镜后，大家就都不约而同地走到草坪上，一同守候着那一片星空。只可惜天公不作美，厚厚的云层挡住了繁星闪烁的光芒，只能隐隐约约地透过云缝看见几颗亮星。实在有点小小的失落，不过没关系，能来到这里已经很不错了！

2014 年 4 月 17 日　　雨

今天早上，一早起来就看见了窗外灰蒙蒙的天，哦，下雨了，看来今天的观测要泡汤了。第一次来国赛，北京就迎来了今年的第一场春雨，是应该说我们给北京带来了春的希望，还是应该说北京留给我们这一群“靠天吃饭”的人深深的失望呢？

下午的理论考试后，紧接而来的就是目视观测的笔试了。然后，休息了数小时后，又迎来了望远镜的观测考试。如此紧凑的考试节奏，真让我这个初来乍到的小妹妹有点吃不消呢！这不，望远镜考试中，在规定时间内我就只看到了一个目标！多么痛的领悟啊！以后还是要苦练自己的观测技术。嗯，第一次国赛，就当是给自己积攒经验吧！

2014 年 4 月 18 日　　阴

第三天了，5 天的旅程在不知不觉间就已经过了一半，我却似乎感觉，在这里留下的东西，还很少很少。

今天晚上，天气依旧阴沉沉的，却阻挡不了我们一颗颗欢乐的心。国赛期间所有的考试都已结束，我们也是时候开始疯玩了。小伙伴们串门的欢乐、互留签名的期待、玩游戏时无所顾忌的笑声，一点一滴都在这里上演。

“因为我们没有什么不同，天黑时我们仰望同一片星空”，或许有人会认为，研究天文的都是一些不喜欢与别人交往的“闷葫芦”，总是沉醉在自己高深莫测的学术之中，将世界忘掉。但是，他们却忘了，我们其实并没有什么不同。正是因为这一片星空，才让我们有了更好地生活在这个世界上的理由。而所有的天文爱好者，都必定是热爱生活的人。我们彼此，心灵相通。

我们每个人的脸上都挂着相同的微笑，因为我们不远千里来到这里，找到了我们的知音。

2014 年 4 月 19 日　　晴

一大早，带着兴奋与期待，我们坐上了开往梦想中圣地的大巴。用学姐的话来说，我们简直就是去朝圣啊！因为今天，我们就要去兴隆观测站了——传说中的国家天文台。激动之情难以言表，对于每一个学习天文的人来说，能有机会一睹国家天文台的风采，实在是人生一大乐事，是值得永远珍藏的回忆。不过这趟旅程还是留下了一点遗憾——没能进入 LAMOST，只在外面匆匆仰望了它的雄姿。

晚上，就是万众瞩目的联欢晚会了。不过，今年的联欢晚会再怎么精彩，也被灿烂的星空抢去了所有的风头。也许是我们虔诚的热爱天文之心感动了天地吧。最后一个晚上，北京的星空终于不负众望——放晴了！对于每一个参加决赛的选手来说，这可能就是北京赐予我们的最好的礼物了。无论明天的闭幕式上得到了什么奖，都比不上能在今晚仰望满天繁星，因为星空是我们唯一的信仰。高悬头顶的北斗七星，正是为我们指引方向的明灯，让我们在前行路上不再迷茫。

2014 年 4 月 20 日　　晴

这是寻梦之旅的最后一天。

今天是个伤感的日子，短短的 5 天行程很快就要结束了，刚刚结识的小伙伴们又要面临分别的感伤，心中充满的或许就只有不舍了吧。闭幕式上紧张的颁奖环节，更让我们的心提到了嗓子眼。铜牌——第一次参加国赛的成绩，自己还不是很满意。虽然留下了很多的遗憾，但没关系，明年再来，我还有时间。我知道，CNAO 也一定会等我的。

最后的午餐。在一如既往的谈天说地中，我们结束了行程的最后一项内容——午饭。吃完这顿饭，我们就要各自回到自己的学校了。不管怎样，友谊还在。在欢乐的碰杯声中，我们互相许下约定——明年再见！

冲破了层层云雾，蓝天在身旁触手可及。在飞机上，我想了很多很多。也许，就像陈冬妮老师所说的，天文比赛是一项没有功利性的比赛，我们的目的可能并不是为了获得多么高的荣誉，大家欢聚一堂，只是为了结识来自天涯海角的朋友，只是为了交流心得，只是为了能在同一片星空下分享欢乐，仅此而已。我很庆幸，自己能在这最美的年华里，与天文邂逅；也很欣慰，能在星空下，留下自己最质朴的印记。神秘莫测的夜空向我们张开了它温暖的怀抱，让我们领略到天上的街市何其美丽，而我们也必定会用自己的一生去爱它。

再见，北京，这个承载了我们 5 天的欢乐与梦想的地方；再见，2014 CNAO，我们明年再会！

谭毅滢

SSAA 2014 年副社长，入围 2011 年、2014 年和 2015 年的全国天文决赛。“仰望星空，脚踏实地”是她追星之旅的真实写照。

仰望星空，脚踏实地

——记2014年全国天文奥赛

谭毅滢

三月，正是初春，人容易犯困的季节。薄薄的云一层一层地飘来，渐渐捂住了整个天空，连月光都被缠住了，仅能淡淡地照亮小部分的天空。我独自坐在教室里，浏览着预赛可能会考的时事资料——嫦娥、玉兔等。尽管我从1月份的天文社集训开始准备国赛，但是在第二天的预赛过后，我仍然是垂头丧气地走出考场。

将近一个星期的等待是漫长的，直到周四的晚上，我才获悉自己进入决赛的消息，而且是压着分数线进的，而省实共有8人进入决赛。自此以后的两个多星期，我更加努力地准备决赛，时不时的望远镜操作练习也几乎成了唯一的消遣。终于，在决赛名单公布18天后，我们来到了北京。

事实上，我是第二次来北京了。上一次来北京是同样的原因——2011年全国天文奥赛。当时我才初一，刚开始接触天文，便深深地被那虚拟的转动的天球和斑斓的繁星迷住了。第一次参加国赛预赛，靠着各种零散的基础知识，我竟误打误撞地进入了决赛。正是那一次在北京，我第一次看到了满天的星星，看到了亮星耀眼的光芒，从几十、几千、几万光年外经过漫长的旅行最终进入我的双眼。然而，初一时的我知识面毕竟太窄了，而且根本没有接触过理论的部分，在决赛中并没有取得什么成绩。老师安慰我说："我们下一年再来。"但我并没有进入下一年的国赛决赛中。今年，我升上了高中，开始系统地学习天文，在不懈的努力下，终于再一次进入了决赛，或许是为了再睹繁星满天的美景，也或许是为了不辜负老师的期盼。

虽然来北京的过程有点曲折，但无论如何终于是来到了。当晚，我们就在熟悉望远镜了。这是一架折射式的望远镜，口径为70 mm，焦距为900 mm，目镜有两个，焦距一长一短。北京的天气也不好，厚实的云把月亮完全挡住了。想拿望远镜去看星星是不现实的，于是，我们就在宾馆的大厅里练习。我对了一下寻星镜，并尝试把望远镜对准楼上的栏杆，感觉不错。因为第二天要笔试，大家都早早回房间睡觉了。

第二天早上是开幕式和大合照，吃过午饭就是3个小时的笔试了。像平时一样，我复习以后睡了20分钟的午觉，在1:45来到了考场，等了15分钟后考试开始。不知道为什么，我竟然一点紧张的感觉也没有，心中就像平常自习时一样平静。时间在安静的考场里悄悄溜走，我做完选择题，抬头看挂在墙上的钟，幸好时间把握得不错。接下来就开始做简答题了。时间继续一分一秒地溜走，我深吸了一口气，果断放弃了不会做的部分，争取更多的时间完成会的部分。时针已经接近"5"字了，但延迟了10分钟，监考老师才收卷。看着卷子被老师拿走，看着空荡荡的桌面，我突然意识到笔试——最艰难的部分已经结束了。

接下来是观测的笔试。还记得3年前，目视观测是在黑夜中进行的，老师用指星笔指着天上的一颗亮星，让我们写下它的名字。但现在天气不好，目视只好改成了笔试。半个小时也很快过去，只剩下晚上的望远镜观测了。

几乎从9点开始，第一批同学才出去考试。据说我们的老师每年抽到的都是倒数的号码，今年也不例外，最终我是倒数第二批去考试的，这时距离第一批已经有1个多小时了。老师先把我们带到宾馆的大厅分发考试试题，接着就把我们带到考场的外面。几束光从树缝中射出，我能看到考场的大概位置。此时天空中一点光也没有。前一批同学出来了，随后我们走进了考场。这是一个篮球场，贴好图片的白板放在了球场的另一端。我的考官是一个和蔼的白发老人，见我手足无措的样子，便提醒我目标在对面。我恍然大悟，操作开始灵活起来。大概对准了白板后，我调好了焦距，开始细调望远镜，白板很快出现在视场中央，但它太小了。我换了一个高倍的目镜，终于看清了图片上的内容。和蔼的考官还善意地提醒我可以用身份牌垫着纸来写字。十分幸运，在只剩 2 分钟的提醒之前，我已经完成了试题，开始核对答案。或许在所有考试中，这是最让我感到自信的一场考试了。

第三天早上，我们去参观了焦户庄地道。这是抗日战争期间留下的游击战遗址，记录了抗战期间焦户庄村民和民兵们的英勇抗战事迹。而下午是选拔赛的考试，时间长达 4 个小时。实话说，我并没有准备这场考试，因此也毫无兴奋或惋惜可言。

结束了全部考试，参赛选手之间的交流开始活跃起来。不断有人拜访，询问第四天晚上的联欢晚会事宜。来自不同省份、不同队伍、不同学校的选手们都在互相串门，一下子就变得熟悉起来了。

第四天的日程是参观国家天文台的兴隆观测站。我生平第一次踏入了科学研究的前沿，看到了那么多的大型望远镜。2.16 米的望远镜是重点参观的，工作人员为我们介绍了望远镜的结构、组成和使用方法。令人遗憾的是，郭守敬望远镜尚在调试中，没有开放参观。但随后的联欢晚会又一次调动起了大家的情绪。高博老师讲述的奥赛“黑历史”、高兴老师的吉他弹唱，都点燃了选手们的热情。晚会落幕，但真正的晚会仿佛才刚开始——在北京的最后一晚，天空终于散去了笼罩多日的乌云，露出了澄澈的星空。北斗在头顶闪闪发光，木星要落下了，而火星正在高处，土星的光芒穿透雾霾，在山顶上冉冉升起。这不正是我 3 年前在北京看到的星空吗？借着别人的望远镜，我看到了 M51。在阳台上，我用双筒看到了别名“珠宝盒”的巨蟹座蜂巢星团 M44。凭借星图和同学们的指点，我甚至一步一步看到了灶神星和智神星。一颗流星从天边划过，正好映入了我的眼帘。这是多么奇妙的晚上！

奥赛已经结束了，我也离开了北京。但是，天文之路永无尽头，在繁星的照耀与注视下，我将坚实地、一步一步走到远处。仰望星空，脚踏实地。

翁建彬

省实 2012 届省班学生，超级学霸，多次获得省天文奥赛一等奖，入围 2014 年全国天文决赛并获金奖。2015 年 7 月被南京大学天文系录取。

永不及的梦

翁建彬

这就是你动了凡心的地方了，这成了你永不及的梦。

——三毛

我的天文路开始于高一。在我的家乡佛山禅城，学校天文社团并不发达，或者说甚至没有。那时我对天文一窍不通，更没有去探索天文的想法。这一切的改变发生在我来到广州，来到广东实验中学后。当时，作为高一新生的我，在两位天文社长来到我们班宣讲的时候，被他们的“大神”气质所折服，虽然对天文毫无概念，但仍然抱着试一试的想法报了名。

第一节课，感觉还不错；第二课，挺难的，有点吃力；第三课，更枯燥无味了……然而奇怪的是，即使其他人有这样的感受，但是我对天文的兴趣却与日俱增。虽然从零开始，什么都不懂，可是每一个新知识点、每一个计算、每一个推导都让我极其兴奋，我喜爱这个过程，也许这就是探索的魅力、科学的魅力。接下来，我经历了省赛，欣喜地获得了天文路上的第一份荣誉。然而，在国赛的预赛上我却“大热必死”，没有进入决赛，这是因为经验的缺乏，当然也是自己的能力不足。当时我郁闷了好几天，而身边不少和我一样高一才开始接触天文而没有通过预赛的同学，他们选择了放弃继续学习天文，这令我感到极其遗憾与痛心。他们本应有机会体验到天文的美丽，可惜因为过迟的相逢和过早的挫败，使他们与天文只有短暂的接触。或许不是主流学科的天文，注定只和小部分人有缘。

幸而我只是高一，高二尚有参赛的机会。我决定坚持，因为我喜爱天文，不愿意自己的中学天文路缺少闪光。我在紧张的正课之间的空余时间里，一点点地慢慢积累，虽慢，却总是在进步，功夫不负有心人，最终在2014年的国赛中，我顺利地进入了决赛。而在这期间，我们学校的天文社也进行了换届，默默无闻的我，或许凭着那一股对天文的热爱，幸运地成了学术部长。升上高二后，我十分努力地招收社员，甚至有一个班的20多人被我说服加入了天文社。因为在不到一年的时间里，我已经十分痴迷于天文的美丽了，它带给了我许多的快乐，而我也常常痛惜学习天文的人太少了，我不愿独享那份快乐，希望这份美丽能让更多人看见。接下来，身为学术部长的我和社长们一道，孜孜不倦地给社员上课，还带他们观星，至今，我们利用课余时间已经上了30多节正式课，进行了一次观测活动。最终，我和一位高二社长带着高中的5个社员进入决赛，其中还有两个是高一开始学习天文的。我感到十分高兴，因为我知道，国赛的经历肯定会让他们领略到天文更多的美，更坚定他们继续在天文路上走的决心。虽然我也未曾进入过决赛，但我相信如此。也正是出于这个原因，我希望更多的社员进入决赛，不是为了荣誉，而只是让他们更爱天文，这是我作为一个天文社骨干一直孜孜以求希望达到的目标。

终于，国赛于2014年4月16日来到了，虽然在路上遇上了误机需要重买机票的情况，不过后来坐上了北馆的科普大篷车来到了比赛的场地——安利隆山庄，还是十分高兴。一下车，就碰上了各地的小伙伴，我们互相打招呼，互相开玩笑，不过实际上之前我们从未谋面，只在网络上的天文爱好者交流中互相结识，可是我们一见如故，这就是志同道合的魅力吧。国赛里，让我印象最深刻的并不是激烈紧张的各种比赛，而是各位天文爱好者的交流，以及最后一个晚上联欢会的同乐。每个晚上的休息时间里，新认识的、已认识的小伙伴们聚在房间里谈天说地，或进行着各种小游戏，甚至和北馆的老师们也玩在了一块。在联欢会上，我们又展现了各自的才艺。当时，省实是第一个节目表演者，当副社长朗诵起诗歌怀念高中天文社的日子，当高兴老师用我家乡的语言——粤语唱出 Beyond 的经典金曲《海阔天空》和《光辉岁月》，当最后的大合唱 *My Love* 响起，当我回想自己不足两年的天文路，眼泪不止一次忍不住要流下来，我唯有对联欢会上所有的伙伴说一句：“愿大家都能追逐自己的梦想，用天文去感染更多的人。”

不过很遗憾，之后选拔出的国家队选手里并没有我。至此，我高中的天文路就该暂时中止去迎接高考了。当得悉名单的时候，我耳朵里听见的都是梦碎的声音，因为热爱，所以希望继续厮守。然而，悲伤总不至于过度，落选里既有自己实力不济的原因，也有自己个人选择的原因。固然痛惜心碎，但这何尝不是一个契机，让我把时间留出来，去追寻更大的梦？我一直梦想，我要努力准备高考，考上北大天文系，以后也从事天文方面的工作，或许失去也会令我的天文路走得更好。

至此，关于国赛的经历我也叙述得差不多了，没有什么细致的描写，更多的是自己的心路历程，若有志同道合者，必能有所共鸣。三毛的《你是我不及的梦》里有这么一句话："这就是你动了凡心的地方，这成了你永不及的梦。"三毛爱的是沙漠，她一生都在追寻，没有终点；我爱的是天文，我渴望着用一生去追寻，似乎也永没有终点。为何我眼里常含泪水，因为我爱天文爱得深沉。结识天文之前，我的心里或许还十分迷茫；自从接触了天文，我找到了自己的梦想，我第一次希望我的人生能献身于科学，能对科学有自己的价值。天文的美丽、科学的美丽深深地吸引着我，它们是我永不及的梦。

邝达君

2012—2018 年就读于省实，2014 年获省赛一等奖，曾入围 2014 年全国天文决赛，并获鼓励奖。

追星嘉年华

——2014 北京全国中学生天文奥赛总决赛纪事

邝达君

四月，来自全国各地的中学生天文爱好者们汇聚京城，参加属于他们自己的"追星嘉年华"。而我正是这群人中的一名。这是一场精彩的天文盛宴，一段终生难忘的美好经历。

4 月 16 日 抵 京

午后 1 点多，我随着学校天文社的参赛队友、学长们一起抵达北京。这是我第一次进入天文奥赛的全国决赛，而我又是我们学校参赛选手中年龄最小的，自然是一行人中最兴奋的。上初一时便听说国赛是全国中学生天文同好中"天文学家"们的 PK 场，也是爱好者交流、共赏星空的绝佳机会。虽然当时未能在预赛中脱颖而出进入决赛，但我没有放弃对这一天文盛宴的追逐。于是，今天我来了，来体验这个盛宴。

我们住在京郊的一个山庄里，山庄的三面由高耸的、布满矮草的群山围绕，只有南面是敞开的。若能蔽掉来自西南方城里的光，这里便是绝佳的观星地了。

晚饭后，在回房间的路上，我抬头望天，发现原本布满天空的云层被打开了一道缝。这也许是天空对我们的欢迎吧，它将高悬的、耀眼的木星展示于人们头顶，叫人不得不驻足抬头观望。木星如一位慈祥、知识渊博的老者，正面带微笑地看着地上这一群"追星人"，仿佛在告诉我们星空有多神奇、多深邃，宇宙有多么巨大无边……接着，更多的星星一起出来了，它们闪烁着，如我们久违的朋友，向我们问好。月亮则静静地躺在东南方的地平线之上。

虽然云层只打开了约 10 分钟，却足以让我感到震撼，因为我从未见过如此壮观的群星闪耀。它们的出现，也许预示了快乐与成功，代表了这场属于天文爱好者——"追星人"盛宴的开始。

4月17日　正式比赛日

早上一醒来，就听见窗外隐隐约约的雨声，拉开窗帘一看，果然下雨了，外面露台上湿漉漉的。我心里微微一沉——今天恐怕看不到星星了。

今天是正式比赛日，上午开幕式，下午是理论考试，晚上则是观测操作考试。同舍的学长已经换好衣服准备去吃早餐了，我赶紧起来洗漱换衣。早餐后，我独自回房间，利用开幕式前的一点时间再看看书。

这是我第一次参加所谓“理论天文”的考试，听上去觉得“高大上”，但我也不知题目到底有多难，仅是之前参加培训时见过几道真题，学了几个公式。说实话，我的数学知识并不广，初三的数学还没接触过，之前向学长们请教过三角函数的几个问题，其余的一窍不通，甚至没听说过，所以对这次比赛也不抱什么希望。但这毕竟是我的“第一次”，我希望利用这难得的机会，多与那些天文“牛人”们交流，通过这次比赛增长一些见识。

上午的开幕式，北京天文馆朱馆长也来了，还讲了话。他说，天文奥赛不仅是PK，更是为了增进天文同好的友谊，提高我们对天文学的学习水平。朱馆长在台上讲话，坐在台下的我却在认真地复习、记公式。这整个上午我几乎疯狂了，把一册只翻过几页的《现代天文学》给读完了！我可不希望到时一道题都不会做。

在一轮疯狂的复习（确切地说是捡漏式的学习）后，我来到了考场。考试的时间挺长的，3个小时，所以我想我会提前交卷了。刚拿到卷子，一见到选择题，我心中暗喜：哈！这难不倒我。随着视线往后移动，我开始变得不安起来。那些解答题，一段段文字、一串串数字，我似乎看得懂，却不知从何下手。瞬间，好像有一阵风，卷走了我脑海中的公式，只留下一片茫然。

我硬着头皮开始做那些解答题。我一次次地画图，又不停地按着计算器，每出一个结果，都仔细地审查，如果错了，就重新解一次。虽然自己几乎做不出一道题，但每道题我都认真地钻研了一遍，试着做出来。

就这样，我最终还是把解了几题的卷子提前交上去了。尽管我只解出了几道题，但这是经过认真思考、钻研且努力尝试做出来的，尽管可能做错了，但我还是感到很欣慰。因为这毕竟是我的“第一次”的收获，不管结果如何，我没什么遗憾。

人生最大的遗憾就是不敢在“第一次”中迈出自己的第一步，而我做到了。

4月18日　国家队选拔赛

上午参观完焦庄户地道战遗址，用完餐，下午便是国家队选拔赛考试了。中午我没怎么休息，还是看了些书。

有了昨天比赛的经验，这回我沉着多了，没让公式从脑海中飞走。4个小时的考试，我也没打算提前交卷。拿到试卷，我先认真审题，之后便开始构思解题思路。今天的我坚持了4个小时，努力地完成每一道题。

最终，我解出了好几道大题，心中感觉舒服极了。但愿选拔赛能有个好成绩吧。

4月19日　星星嘉年华

经过两天的紧张考试，终于有一天得以放松休闲了。今天是最快乐，也是我最期待的一天——参观兴隆国家天文台。我第一次听说兴隆天文台是在《天文爱好者》杂志上，看了上面的文字、图片介绍后，我便觉得这是个高端、神奇的天文圣地——巨大的LAMOST、威武的“二米一六”……而今天，我终于有机会前往这一圣地，一睹其风采。

早餐后，我们便出发了。一路曲折，翻山越岭，我们终于来到了兴隆。远远地，便能清楚地望见矗立的山顶的LAMOST，我兴奋得几乎叫出声来——这是我第一次如此近距离地接触专业的天文“武器”！

来到山顶，一股寒风迎面袭来。据这里的工作人员介绍，此地海拔960多米，气候比较寒冷，在晴天时是十分适合观星的。

我们首先参观的是“二米一六”，这是一台施密特望远镜，2.16米是它的口径。它建于20世纪80年代，算是一位老者了，但仍健如壮年，继续承担着重要的研究任务。我一步入这架望远镜的台顶，便被震撼了：无数缭乱的缆线、如房屋顶拱般的赤道仪，还有那座看似笨重的主镜——整个仪器比军队的导弹发射器还巨大、还威武！

虽然这就是我国最威武霸气的天文台了，但与国际一流水平相比，还有较大差距。因此，作为我国天文的未来希望，我们中学生一定要更加努力地学习，振兴我国的天文事业。

下午回到山庄，见西方天空的云层裂开了几道大缝，太阳随后也出来了，金橘色的阳光瞬间布满山野。车里的我们也高兴起来了：也许今晚有机会看到更多星星！我上网查看了一下卫星云图。果然，一团厚厚的云，就是我们头顶上的云，正在向东移动。看来，今晚将是“嘉年华”的主题高潮了。

随着太阳的西沉，木星、火星再次出现在京郊的天空中，直到天文昏影终，天空便开始演奏她的交响曲了：巨大的狮子趴在70°的空中；双子正牵着手在漫步；而北斗，仿佛是把这漫天星倒入凡间的勺子。虽然没有我想象中的多，但能看见4.5等左右的星，已经足以使我沉醉了。我走出房间，来到门口的空地，抬头仰望，正如我当年初次仰望星空一样。旁边有同好把GOTO功能的望远镜搬了出来，指着M51，招呼大家来看。我凑了过去，喔，一团模糊！但仔细看，又可看见大的旋臂和伴星系。太酷了！这可是我第一次用肉眼观察星系。

之后，更多人出来了，大家有说有笑，谈论着学术以及中国的观星圣地。我们还一起欣赏到了ISS过境……这就是追星者的盛宴！

过了11点，天空依旧晴朗，我和高中的学长一起观赏着刚升起的夏季星座。我们只能用肉眼观赏，于是躺在躺椅上，希望能幸运地看到几颗流星。还在深深的盼望中时，一枚橘色的流星划破了星野，并滑行了数秒钟……这是我看到的第四颗流星，它是如此明亮、如此耀眼！身旁广大附中的同学尖叫了起来。显然，我们都被这个惊喜震撼住了！

4月20日　闭幕式

当我还沉浸于绚烂星空的震撼之中时，闭幕式开始了。许多信心满满的同学已经坐不住了，他们急切地想知道自己的成绩。而我，却是毫无信心。

公布成绩了，果然，最终我没能获得奖项。虽然我两手空空，但我的队友们取得了不错的成绩，我为他们感到高兴。

我在心里暗下决心：下一年，我还会准时来赴这场“天文盛宴”的！

后　记

这是一次难忘的经历，有喜悦，有遗憾，更有收获。遗憾的是我没能取得好成绩——也许是我准备得不够充分、学习得还不够深入吧。但收获多于遗憾——我收获了美好的5日“天文盛宴”的记忆，收获了宝贵的经验，收获了许多新的天文知识，收获了一夜绚烂的星空……当然，也收获了友谊。

以下是部分 SSAA 成员参加 2013 年由中国科协、教育部举办的全国专题科学营——天文专题营的纪实。

记属于兴隆的一小时

对于一个从未看过真正星空的人来说，那也许是他唯一能做的蠢事吧。

——题记

当我开始写下这些文字的时候，周围静得只听得到树叶摇曳的簌簌声。偶尔传来阵阵蝉鸣，又或者是草丛中突然的骚动。窗帘拦住了想从房间逃窜的灯光，屋外一片漆黑。这是多么可爱而又多么可恶的黑暗！它凭什么让人无时无刻不抱着希望，却借着时间的利爪将其一点一点无情地撕碎。

只是，我似乎没有责怪它的理由。是你自己选择去承受那种痛苦罢了，明知道会空手而归，明知道是徒劳无功，还要默默地披上衣服，揣上手电，壮着小胆走出门去。

可是我不知道，不知道该怎样狡辩。就是想去，就是要去。明明怕鬼的自己，望着阴森森的前路，竟不知哪来的勇气，暗下狠话：我非要亲眼看到它云开雾散才罢休。我愤恨，我不甘心，为什么每一次好不容易到了地儿，却只能眼睁睁地看着自己与星空有着一云之隔？

于是，我悄悄推开咿呀的门，我在这儿，在兴隆国家天文台的某一个天台上，度过了那黑暗的一小时。

怕沙子沙沙作响的声音出卖了自己，我只好一步一步小心翼翼地走。关上手电，周围顿时黑了下来。望望四周，找不到光污染的足迹。然而仰天长望，却怎么也看不见星星的影子。好黑，甚至分不清哪片是云，哪片是天，或许只是满天乌云而已。

眼前的这一切，让我不禁想起了去年的那个冬夜。12 月 14 日晚，在 32 楼的楼顶上，2 米高的群墙挡住了外面惹人厌的灯光。那勾起我无限憧憬的冬季星空和那午夜时分划破天际的蓝色火流星。那一刻，我以为终于可以看到一次壮丽的流星雨了。那是自己等待了多久的大自然的礼物啊！谁知，仅仅 10 多分钟之后，乌云就铺天盖地而来。怎么可以这样！我在心里愤怒地喊道："真是的，我在这里等一个晚上，我就不信你不晴了！"说罢举头死死盯着东方天空，10 分钟，20 分钟……不知不觉，竟到了 1 点。我泄气地蹲靠在粗糙的水泥墙边。突然，不知何处传来了母亲的声音，原来她担心我的安全来找我了。"你到底在这干什么？没看见满天的乌云吗？赶快给我回去睡觉！"母亲忍不住开骂了，"小小年纪就熬夜，再这样你就别想搞什么天文了！看看你的期中考成绩……""别说了！就多等一会儿，一会儿再回去……"我祈求。

如今，半年过去了，我对天文已不像之前那般生疏，成绩也不再成为母亲阻止我学天文的理由。没有母亲的埋怨，但也没有别人的陪伴，现在笼罩在我身边的黑暗，就如那天一样，交织着寂寞与自由，固执与无奈。

来回踱着步，天空一束星光忽然蹿入眼帘。仰头凝视时，又觉得周围闪现出更多的斑点，它们若隐若现，似乎只是自己的错觉罢了。可恨自己不知道方向，无法辨别那颗星是什么。纠结了好一会儿，才无意间借着云缝看到了夏季大三角——原来那是织女星，而那是天津四，那是牛郎……然后，凭着星图和拙劣的方向感，我总算辨明了这里的东南西北。

“夏三角”和方向感让我心中又升起了一种莫名的希望。云会散的，我这么想。“昂首观之，项为之强”，“心之所向”而“怡然自得”，这或许是那十分钟对我最真实的写照。殊不知，在当局者眼里，这或许是抓住了不得了的救命稻草，而实际上，却充满了“回光返照”一般的悲剧。时间蚕食着当初的愤恨，恐惧鲸吞着无名的勇气。乌云悄悄挥起衣袖，夺走了天上最后一点星光。一切如初。

天空黑得那么死寂，仿佛在宣告我的抗议已经彻底失败。我知道。我无奈地苦笑。看看时间，才过了 45 分钟。那么，就再待 15 分钟吧，好好享受这黑暗，好好享受这属于兴隆的一小时。

我在冰凉的台阶上坐了下来。心里有种说不出的滋味。或许是失败的感觉吧，就如上次为了双子座流星雨苦苦等到 1 点半最终还是惨败而归一样。我也觉得自己太傻了，已经数不清被自己的愚蠢和固执欺骗了多少次。可是下一次，我清楚我还是会这么干，因为到目前为止还只有失败。撞痛了，就用更大的力再撞一次，因为有非撞不可的理由。可这又是多么神奇的力量啊！无论什么事，在结束之前都还有希望。我望着惨淡的夜空。我知道我的经历对于某些人来说太微不足道了，学天文还不过一载而已。“是啊，有的是机会。”我自语道。只要心里始终怀着那样的信念，将来终有一天，它会完美地展现在我的面前。

11 点到了。我站起身，扑扑灰，看了天空最后一眼。我相信乌云背后的璀璨星空会一直等着我，等我去发现她的奥秘，去赞叹她的美丽。因为她一直告诉我，无论发生什么，你的心都要永远地燃烧着。

广东实验中学天文社
SSAAer 陈缘
2013 年 7 月 27 日凌晨写于兴隆

科学梦飞扬

——2013 科学营天文专题营活动感想

7 月盛夏，踏上早晨开往北京的第一辆列车，我开始了一段精彩而难忘的科学探险之旅，正如这次活动主题——“科学梦·青春梦·梦飞扬”一样，我始终怀着一个梦想，而在这里——北师大，我将圆梦。

迎接我们省实一行人的是在北师大读本科的省实毕业生简学长。温馨的校园、亲切的学长、友爱的同学给我留下了深刻的印象。7 月 25 日上午，全体参加活动的营员在清华校园体育馆欢聚在一起，进行开营仪式。清华北大领导的讲话，给我们 8 天的科学之旅增添了几分憧憬；而“神十”航天员王亚平和神舟飞船总设计师的讲话，更让我们有了立即开始行程的冲动。仪式的隆重让人难忘，清华校园的优美与舒适让人向往，无数青少年那满怀梦想的心则让人震撼。心有多高，我们的志向就有多高。听了许多名校大师及专业科研人员的讲座报告，我们更加感慨万分。

在接下来的一整天里，我们远赴位于河北兴隆县的国家天文台兴隆观测基地和怀柔观测基地参观。大天区面积多目标光纤光谱天文望远镜 LAMOST、2. 16 米大口径望远镜、1 米EST 望远镜、50 厘米长的德国进口望远镜让我目不暇接，更加让我感受到高科技的神奇力量。我看着天边的点点繁星，心想，伸手触摸星空的梦想又近了一步了。

唯一令我感到遗憾的是，由于天气原因，我没能亲手握着望远镜，去实践，去探求，去观测那浩瀚宇宙的一点一滴。虽然失去了这一次宝贵的亲手实践的机会，但是简学长体谅我们的心情，给我们省实的天文学好者上了一堂有用的天文课，让我初步了解到如何去实验，如何去研究天体的各种奇妙的现象，如何去整理、分析数据。我收获了许多有用而宝贵的知识，这是在平时课堂上不可能学到的，这让我受益匪浅。

仰望星空，探求未知的宇宙奥秘是人类始终的追求，也是我科学梦飞扬的“推动机”。我的旅程未曾终止，还在继续，相信在接下来的几天里会有更精彩的科学盛宴迎接我们，也相信我能圆梦于此。

广东实验中学 2012 届南山班　廖棱锐

注：廖棱锐 2012 年 12 月荣获省天文奥赛一等奖。2015 年 7 月被北京师范大学天文系录取。

不一样的夏天

艳阳高照，微风习习，一行人、几辆车，满载如火热情，充溢欢声笑语，构成了这个不一样的夏天。

窗外景色飞驰，我的记忆如录像机般回放。这几天里，我们参观了北师大校园，体验了北师大的宿舍生活，增进了对大学生生活的了解；这几天里，我们进入清华、北大校园，领略校园文化，激起心中对高等院校的向往；这几天里，我们前往兴隆、怀柔观测基地，聆听对天文望远镜的介绍，获益匪浅；这几天里，我们到访国家天文台，参观鸟巢、水立方……丰富的行程安排带给我们全方位的全新体验，对于人文、科学，外象、自身，我们都有了更深刻的理解和体验。

经过这几天的相处，营员们增进了相互间的了解，很快打成一片，有我们的地方总是喧闹异常。Q版人物曹老师有着小小壮壮的个子、年轻的脸蛋、好玩闹的小孩心性。这个脸上总挂着坏笑的大小子常被我们戏谑为“不靠谱”。“卖萌帝”小简作为志愿者和学长，小瘦个儿，长得就挺萌，但仍坚持卖萌，任种种神奇的声音和面部表情毫不留情地冲刷我们弱小的心灵。“女侠”陈缘，这个钟情于天文的女生极易激动（尤其面对学长和肉时），要想找到她，只需留意那爽朗的笑声和刺耳的尖叫。“姐妹花”——冯圆、钟玥，4个帅小伙——陈卓星、杜敬信、翁建彬、廖棱锐，还有我，在欺负曹老师和制造欢乐中有着举足轻重的地位。

普通的一顿饭，在我们的烹调下变得更加可口。曹老现又傻笑了，说：“我觉得头晕晕的。”“老师，你喝醉了。”“干杯！”曹老师嚷嚷着：“看别桌多热闹，来来来，咱们要比他们大声！”边嚷边用杯敲着桌面，我们都不约而同地用手掩住脸，叹息着：“真丢人呐。”红烧肉上席，一道身影飞扑而过，护住红烧肉的同时抬头对上小简淡定的目光，只见诧异的众人中，小简悠然吐出一句：“你看到红烧肉有点儿激动。”此情此景，小简与“女侠”四目相对，轻渺的话音回荡，只一刹那，众人爆发出笑声……只能说一句，好欢乐啊！

感谢高校科学营，让我收获知识，得到成长，感悟友情，激起热爱。

“曾经沧海难为水，除却巫山不是云。”那些人、那些事、那个不一样的夏天，注定刻骨铭心。

广东实验中学高一（8）班　袁泽萍

下文是2012年省实天文社副社长赵文婷同学在省实天文社总结大会上的发言。

天文社工作总结

在过去一年里，天文社开展了许多活动。这些活动为省实学生提供了一个了解天文的机会，同时，也进一步地提升了省实天文社在广东省天文界的影响力。

天文社是省实一个传统的学术性社团，过去一年中，天文社在学术方面成绩斐然。首先是在去年5月份的天文全国竞赛中，取得了5枚金牌、4枚银牌、7枚铜牌的好成绩。其中，储岸均同学代表中国参加第六届国际天文与天体物理竞赛取得了金奖，熊颖馨同学和李恩亮同学代表中国参加第八届亚太天文竞赛取得了两枚银牌。在刚结束的广东省天文奥赛中，我校天文社的成绩取得了历史性的突破，高中校区获得特等奖1人，一等奖共39人，占一等奖总数的五分之一。

其次，天文社也开展了许多课外活动，如清远观星活动、双子座流星雨观测活动、天龙座流星雨观测活动以及每周四下午放学后开展的天文课程。这些活动吸引了众多同学的积极参与，在省实原有基础上进一步地提高了学生的天文素养，激发了他们对宇宙的探索精神。

取得这些成绩，离不开社团指导老师以及师兄师姐的帮忙。在过去的一年中，黄建伟副校长、张铁牛老师、曹隆坤老师、李素丽老师、刘振中老师以及外邀教师陈欣欣都给天文社提供了许多学术或活动上的指导。詹筑畅师兄和马皓南师兄在毕业之后也不忘天文社，经常询问天文社的情况并前来指导。如果没有他们的帮助，天文社也不能像现在这样在广东省天文界中占有一席之地；如果没有他们的指导，天文社新一届的骨干也不会成长得如此迅速。

同时，在2012年5月份，天文社举行了换届大会，许多优秀的社员在换届大会上积极竞选职位，为天文社注入了新的活力。正因为如此，天文社才能焕发出如初生太阳般的朝气。

回首过去的一年，社联的同学也给我们提供了许多方便。在天文社取得的众多成绩的背后，离不开社联的支持。在此，我要感谢社联的同学，谢谢你们对天文社的支持与帮助。感谢王军老师与社联在开学之初对新骨干不了解社团运行规则时的包容。

在新的一年里，天文社将以更加奋进的姿态、更加优异的成绩回报为我们提供诸多帮助的领导、老师和同学。我相信，在天文社全体骨干的努力下，省实天文社一定会越办越好，越走越远，成为省实学术史乃至广东省中学生界甚至全国中学生界中一颗璀璨的明珠。

赵文婷

2013年1月9日星期三

竞赛获奖篇

本篇呈现给您的是 SSAA 历年来参加各级各类比赛的获奖情况，展现出 SSAA 的辉煌历史。动心的话，来吧，SSAA 欢迎您！

广东实验中学天文社（SSAA）在各级各类比赛中获得的成绩

以下是我校学生在部分年份中参加各级各类天文奥赛取得的各项成绩。

省赛成绩：全省之首

序号	赛事名称	获奖级别	获奖学生
1	2007 年第三届广东省天文奥赛	一等奖 4 人、二、三等奖若干	余泽龙、马皓南、张源、黄子瑶等
2	2008 年第四届广东省天文奥赛	一等奖 20 人、二、三等奖若干	张源、余泽龙、马皓南、陈晗等
3	2009 年第五届广东省天文奥赛	一等奖 22 人、37 人分获二、三等奖	温乐球、黄子瑶、张纪元、陈晗、简明杰、詹筑畅等
4	2010 年第六届广东省天文奥赛	一等奖 28 人、二等奖 24 人、三等奖 13 人	陈焓、简明杰、刘林杰、张运铎、徐望粤、赖之轩等
5	2011 年第七届广东省天文奥赛	一等奖 39 人、二等奖 24 人、三等奖 15 人	张运铎、储岸均、汤逸凡、和诚、胡昊旸、端木清仪、廖智昊、刘林杰、高立尧等
6	2012 年第八届广东省天文奥赛	一等奖 51 人、二等奖 28 人、三等奖 17 人	魏锷晟、陈缘、李若余、汤逸凡、翁建彬、陈昊琨、黄伟庭、林琛尧、吕杰霁、孙天行、陈宇威等
7	2013 年第九届广东省天文奥赛	一等奖 47 人、二等奖 16 人、三等奖 12 人	邓淇升、翁建彬、何芷茵、洪巽阳、陈缘、林梓帆、林诗韵等
8	2014 年第十届广东省天文奥赛	一等奖 43 人、二等奖 23 人、三等奖 27 人	邹泽城、邓淇升、何芷茵、洪巽阳、林梓帆、林诗韵等
9	2015 年第十一届广东省天文奥赛	特等奖 2 人、一等奖 30 人、二等奖 17 人、三等奖 8 人	程宇峰、张植竣获特等奖，黎凯昕、文正、张恒康、张煦等获一等奖
10	2016 年第十二届广东省天文奥赛	特等奖 4 人、一等奖 16 人、二等奖 20 人、三等奖 25 人	黄盛骞、毕蓝天、付智豪、邝达君 4 人获特等奖，姚文浩、朱煜恺、梁轩翰、叶颖慈等 16 人获一等奖
11	2017 年第十三届广东省天文奥赛	特等奖 5 人、一等奖 20 人、二等奖 11 人、三等奖 13 人	李俊霖、张海桐、姚文浩、周子谦、秦培然 5 人获特等奖，范瑶诗、李卓杭、邹志炜、周羿彤等 20 人获一等奖

国赛成绩：全国独占鳌头

序号	赛事名称	获奖级别	获奖学生
1	2005 年全国天文奥赛	团体第四名	许之骥、袁野、文哲思、刘扬、冯铭斌
		金牌	许之骥
		入选国家队	许之骥

（续上表）

序号	赛事名称	获奖级别	获奖学生
2	2007 年全国天文奥赛	团体第一名	黄航、余泽龙、马皓楠、韦丽丹、谭文俊
		金牌	黄航、余泽龙
		银牌	马皓楠
		铜牌	韦丽丹、谭文俊
		入选国家队	黄航、余泽龙、马皓楠
3	2008 年全国天文奥赛	金牌	马皓南、张源
		银牌	黄子瑶、白牧
		铜牌	余泽龙、梁智邦、瞿舸
		入选国家队	马皓南、张源、黄子瑶、白牧
4	2009 年全国天文奥赛	团体第一名	马皓南、张源、黄子瑶、张纪元
		金牌	马皓南
		银牌	张源、黄子瑶、张纪元
		铜牌	白牧、肖获菲、刘林杰、伍文浩
		入选国家队	张源、白牧、黄子瑶、肖获菲、张纪元
5	2010 年全国天文奥赛	金牌	肖狄菲、詹筑畅、刘林杰
		银牌	张纪元、陈晗、赖之轩、阮启洋、林琛尧
		优秀奖	牛欢、黄瑜峰、陈俊言、简明杰、卓岳、魏缪晟
		入选国家队	詹筑畅、刘林杰
6	2011 年全国天文奥赛	金牌	陈昊琨、詹筑畅、刘林杰
		银牌	余卓航、黄伟庭、林琛尧、陈焓、廖智昊
		铜牌	李俊桦、陈俊言、张运铎、赖之轩、简明杰
		入选国家队	刘林杰、林琛尧、简明杰、赖之轩
7	2012 年全国天文奥赛	金牌	储岸均、高立尧、李若余、孙天行、龚啸飏
		银牌	刘林杰、廖智昊、熊颖馨、李恩亮
		铜牌	曾繁进、林琛尧、陈旭豪、邱瑞鸿、黄伟庭、余卓航、汤逸凡
		入选国家队	储岩均、熊颖馨、李恩亮
8	2013 年全国天文奥赛	金牌	黄伟庭
		银牌	洪巽阳、龚啸飏、陈缘
		最佳书写奖	洪巽阳
		入选国家队	黄伟庭、龚啸飏

（续上表）

序号	赛事名称	获奖级别	获奖学生
9	2014 年全国天文奥赛	金牌	翁建彬
		银牌	陈缘、邓淇升、洪巽阳
		铜牌	林诗韵、谭毅滢
		优秀奖	胡德邻、邝达君
		最佳书写奖	陈缘
		入选国家队	邓淇升、洪巽阳
10	2015 年全国天文奥赛	银牌	张植竣
		铜牌	洪巽阳、邹泽城、龚啸飏、林诗韵、邓淇升
		入选国家队	张植竣、洪巽阳
11	2016 年全国天文奥赛	银牌	邝金熙、黎凯昕
		铜牌	陈倚天、程宇锋、肖江枫、文正、毕蓝天
		入选国家队	黎凯昕
12	2017 年全国天文奥赛	铜牌	黄盛骞、姚文浩、陈倚天
		优秀奖	张海桐、付智豪、邝达君
		入选国家队	黄盛骞、陈倚天
13	2018 年全国天文奥赛	金牌	李俊霖、秦培然
		银牌	姚文浩、周子谦
		铜牌	陈韬衡、周羿彤、张海桐
		优秀奖	李卓杭、范瑶诗
		最佳书写奖	全体
		入选国家队	李俊霖、姚文浩、周子谦
14	2019 年全国天文奥赛	金牌	李俊霖、邹至炜
		银牌	严家添
		铜牌	周羿彤、邹子豪
		优秀奖	梁竞昊
		入选国家队	李俊霖、邹至炜、严家添、周羿彤、邹子豪

国际赛：享誉全球

包括金牌 3 枚、银牌 17 枚、铜牌 5 枚，单项奖 6 个，优秀奖 1 个。

序号	赛事名称	获奖级别	获奖学生
1	2005 国际天文奥林匹克竞赛	铜牌	许之骥
2	2007 国际中学生天文学与天体物理学竞赛	银牌	马皓南
3	2007 亚太天文奥林匹克竞赛	银牌	黄航、余泽龙
4	2008 亚太天文奥林匹克竞赛	铜牌	马皓南
5	2008 国际天文奥林匹克竞赛	银牌	张源
6	2009 亚太天文奥林匹克竞赛	银牌	张纪元
		铜牌	黄子瑶
		优秀奖	肖获菲
		最佳观测奖	张纪元
		最佳画熊奖	黄子瑶
7	2009 国际中学生天文学与天体物理学竞赛	优秀奖	白牧
8	2010 国际中学生天文学与天体物理学竞赛	银牌	詹筑畅
9	2010 国际天文奥林匹克竞赛	银牌	刘林杰
10	2011 亚太天文奥林匹克竞赛	银牌	林琛尧
		铜牌	刘林杰
		最佳实测奖	林琛尧
11	2012 国际中学生天文学与天体物理学竞赛	金牌	储岸均
12	2012 亚太天文奥林匹克竞赛	银牌	熊颖馨（高年组）
		银牌	李恩亮（低年组）
13	2013 亚太天文奥林匹克竞赛	银牌	黄伟庭（高年组）
		银牌	龚啸飏（低年组）
		最佳观测奖	黄伟庭
14	2014 亚太天文奥林匹克竞赛	金牌	洪巽阳（高年组）
		银牌	邓淇升（高年组）
		最佳成绩奖	洪巽阳
		最佳画熊奖	邓淇升
15	2015 国际天文奥林匹克竞赛	银牌	洪巽阳
16	2016 国际天文奥林匹克竞赛	铜牌	黎凯昕
17	2017 亚太天文奥林匹克竞赛	银牌	黄盛骞

（续上表）

序号	赛事名称	获奖级别	获奖学生
18	2018 国际天文奥林匹克竞赛	金牌	李俊霖
19	2018 亚太天文奥林匹克竞赛	银牌	姚文浩
		最佳观测奖	姚文浩
20	2019 国际中学生天文学与天体物理学竞赛	银牌	李俊霖

常用星空软件推荐篇

Sky Guide

功能特性：两种查看模式——手动查看和加速计辅助追踪。四处滑动屏幕以手动浏览，或是将屏幕朝向自己举过头顶（即自拍时的姿势），应用即会自动定位到当前位置的星空，显示出对应的星座和天体名称，同时浮出假想的星座图示。Sky Guide 中包含上万篇摘自维基百科的文章，记录着全天的大部分天体，没有网络也可以查看。选中星空中的一颗恒星，Sky Guide 会列出距离、目视星等，赤经、赤纬等参数。

适用人群：Sky Guide 简洁流畅，适用于天文初学爱好者。

要求：Sky Guide 大小 104 MB，适用于 IOS。

谷歌天空地图（Google Sky Map）

Google Sky Map（谷歌星空）是 Google 推出的一款星空观测应用软件，它如同一个微型的天文望远镜，带你仰望星空，探寻宇宙的神秘。目前，Google Sky Map 可查看各种天体，包括星体、星座、星系、行星和月球，允许用户自由设定显示哪些天体。Google Sky Map 完全依赖手机内建的全球卫星定位系统（GPS）及加速器，精确地利用你所在的位置，包括你所面对的方向、手机倾向何方等就可显示你当前所在位置的星空图，而且星空图会跟着你移动的方向移动。

Star Chart

功能特性：使用最先进的全球定位系统技术，描绘三维立体的宇宙状态，有两种模式。①增强模式。需要你的手机内置罗盘，这样，你不需触摸屏幕，只要转动手机方向，就能实时显示当前方向天空的景象。②一般模式。要想实时显示当前方向的星空，你不得不手动滚动屏幕来操作。允许查看地平线以下的星空，具有强大的变焦能力，并且支持任意方向查看星图。

适用人群：此软件误差较明显，只希望观察星景的大致位置或学点天文知识的同学可用。

要求：Android，IOS。

Star Walk

功能特性：画面唯美的付费星图软件。该应用程序包括恒星列表、星座列表、行星列表和梅西耶天体列表，以及关于月相变化的信息，并在维基百科中描述天体条目的链接。Star Walk 同样拥有改变时间的功能。使用 Star Walk 可以从地球上任何地点观察恒星、行星、星座等。此外，你还可以欣赏职业和业余天文学家拍的宇宙高清艺术照片，享受星空的美丽。

适用人群：初步接触天文的爱好者。

要求：Android，IOS。

Star Walk 2

功能特性：华丽的界面和非常详细的天体数据（包括神话故事）。

详细的天体数据包括深空天体，行星、恒星与人造天体，拥有大行星升落预报功能。大行星、人造天体与部分深空天体有3D建模（是Sky Guide的升级版）。

缺点：内存资源占用很大。

Solar Walk

功能特性：与Star Walk同为一个公司出品，App Store上最热门的天文科普应用之一。专门介绍太阳系内天体（太阳、行星、小行星、卫星、探测器）的运行状况。

适用人群：学生、对天文感兴趣的孩子们、热爱宇宙的人。

要求：IOS。

Starry Night

功能特性：星图软件，模拟公元前99999年到公元99999年的各种天文现象，实时模拟星空。PRO Plus版本是Starry Night的最高版本，全天星体都以实际CCD照片作为背景。PRO跟PRO Plus最大的不同就是PRO仅仅是各类星云、星团、星系等用的是CCD映象图片，而Plus则是小到一颗普通恒星使用的都是实际图片。

适用人群：普通天文爱好者。

要求：PC。

Stellarium Mobile

功能特性：Stellarium Mobile是手机上的一个全功能的天文馆，是stellarium的手机版。它在夜空中显示了一个现实的3D地图。它可以根据观测点所处的时间和地点，计算天空中太阳、月球、行星和恒心的位置，并将其显示出来。它还可以绘制星座，虚拟天文现象（如流星雨、日食和月食等）。

主要功能特点：一个非常直观的触摸屏界面；集成的GPS定位；从控制的方向来看，使用的移动设备的加速度计；作为一个实时缩放的星空图显示，有超过600 000份目录；许多星云和星系，其中一些图片的目录；星宿和插图的星座的几个天空文化；逼真的银河；日出而作，日落而光污染模拟真实的地形环境和氛围；3D渲染的太阳系主要行星和它们的卫星；夜间模式（红色）。

适用人群：天文发烧友、有一定基础的天文爱好者，初学者也可尝试。

要求：Andriod、IOS。

移动天文台（Mobile Observatory Pro）

功能特性：可缩放的星图，显示恒星、行星、深空天体等；能够预知任何星体的过境时间；天空中任何（高度和方向）天气的位置；黄昏来临的时间、一天的长度；月相、太阳和行星的表面景象；当前图片太阳和太阳的黑子数；太阳和月亮升起时间的小部件；自动用手机网络或GPS对你进行定位；可用手机对着天空进行实时观测；选择任何时间和日期；星历以及星体的详细信息；任何物体之间的串联日期或月球与行星掩星时间；月球和行星的三维动画；精确计算的日期（从1900年到2100年）。该软件最强大的特点在于强大的常规天象预报（天体相合、冲日、大距、行星留、顺逆行、日月食、流星雨、晨昏蒙影、远近地点、远近日点、太阳数据图片以及月相等），且自带强大的天体数据库，可以查看天体的详细数据。虽然该软件自带星图，但配合 Stellarium Mobile 效果会更好，可以用移动天文台 Mobile Observatory 查看相关天象及数据资料，再用 Stellarium Mobile 模拟观测。

适用人群：天文发烧友，初学者也可用，操作较简单。

要求：Andriod 2.3 可用 1.95 的旧版本，4.0 可以 2.20 的新版本。

星空浏览器 3（SkySafari 3）

一款星空资料数据库，内含 12 万颗星星，220 个星云、星系、星团等资料，支持 iPhone 4 以上设备的陀螺仪应用。也就是说，你可以直接举起手机瞄准星空来实时查看该方向的星空数据。除了星系位置资料，该应用还支持联网查询和关注各种天文事件，比如日食、月食、流星雨等。

关注星座的朋友更不要错过这款应用，该应用提供了几十个星座的艺术插图，直接和星空图重叠在一起，让你可以直观地寻找和查看各大星座。

星空摄影

星空摄影是由国内天文爱好者开发的一款手机应用。它收录了全球各地天文爱好者的优秀天文作品，并提供拍摄璀璨星空的方法和器材的介绍。

“星空摄影”能帮助在城市生活的你拍出漂亮的星空照片。

旋涡天文馆（Vortex Planetarium）

这款软件比较有特色，星空界面比较卡通，星座的图案也比较好看，各种设置条目很清晰。可以查当晚和近期的天文景观以及未来天气，比较实用。

功能特性：可将天空的模式转变成数字望远镜，只要按住它的天空激活按键。查看一个特定的位置，通过手动输入坐标或城市，或使用您的网络供应商或 GPS 的功能。您的位置将被自动设置为使用的网络供应商或 GPS，将被保存以供将来使用。旋涡天文馆能够自动调整到您的时区，能够在指定时间或在实时视图中查看天空。

探索宇宙（SkySafari Pro）

这款软件包含丰富的星座数据库，包括恒星坐标、物理参数和轨道参数等信息，用户可以搜寻天空中的任何天体，包括行星、卫星、小行星和彗星等，还包括大量图片，其数据库之全令人惊讶。可根据观测条件显示不同星等的恒星。SkySafari Pro 还可以作为望远镜的遥控器，以方便寻星。

后　记

广东实验中学师生开展天文观测活动的历史由来已久。建立于1929年3月的中山大学天文台，现在还保留在广东实验中学初中部旁边（注：中山大学搬迁后，天文台归中大附中所有，广东实验中学的前身就是中大附中）。中山大学天文台是广东近代第一座天文台，由留法天文学博士张云教授提议修建并亲任台长。中山大学天文台除负责本校和附中的教学科研任务外，还承担了广州经纬度的首次测定、航空学校天文学的教学等社会工作。

1987年10月21日，《广州日报》专题报道了我校组织全校师生观测日食活动（1987年9月23日）的情况。1988年3月，我校初一级的黄莹同学撰写的论文《日食成因刍议》荣获广州市中小学生科技论文比赛一等奖、广东省二等奖。

1990年1月，广东实验中学在新建的科学楼楼顶建立新天文台。学校花巨资购买了当时最先进的天文仪器，供学校师生开展天文观测活动。陈立德、韦香清、卢少娟、林小莹、刘中礼、彭宪莲、刘敏等老师先后利用新建的天文台，组织学生开展天文观测活动，制订活动方案，编写教材，组织学生观星，参加天文竞赛等。学校还拨专款组织师生到三亚、开封、西安、漠河等地观星，参加全国天文观测和竞赛。

学校在学生中培养了一批又一批天文爱好者，如刘滔（1993届）、罗朝晖（1994届）、刘丹丹和陈经航（1995届）等同学，他们有的还获得全国天文竞赛一等奖。

2004年7月，广东实验中学高中部在芳村省实路一号落成，学校在综合楼楼顶建立天象馆。广东实验中学天文观测活动在郑炽钦校长的大力支持下得到迅速发展。许之骥同学参加2005国际天文奥林匹克竞赛荣获铜牌，使广东实验中学学生天文观测活动的开展获得新动力。

本书历经10多年的积累和沉淀，终于定稿，是广东实验中学天文社师生心血的结晶。在此特别要感谢刘忠毅、施美彬、张铁牛、曹隆坤、刘中礼、林小莹、彭宪莲、李素丽、黄志坤、李国强、黄嘉永、张智林、林琳、董锡、方向阳、廖洁、曲凤、朱锦伟等老师对天文社发展作出的贡献。

最初的版本是2011届天文社社员詹筑畅编辑的《天文奥赛指南》，共3个版本，即针对广东省天文奥赛、全国天文奥赛和国际天文奥赛所编制，最后的第三版即2011年定稿的综合版本，涵盖了高中天文学习期间需要查询的绝大部分内容。随后是2013届天文社社员李俊桦修订后的第四版《天文奥赛指南》。他在第三版的基础上添加了一些如二体运动等知识，同时对编排的顺序做了调整。接着是2014届天文社社员官泽桐在2014年8月份推出的一本专门面向初次接触天文的同学的资料，即《How the Universe Work——SSAA天文学完全指南》。此外，在2014年底又推出了配套的第五版

《SSAA 天文奥赛指南》。至此，一本《How the Universe Work——SSAA 天文学完全指南》和一本《SSAA 天文奥赛指南》的配套，使 SSAA 的学员们在天文之路上有了更为成熟的参考方向标。

本书《SSAA 天文探索》沿用了《How the Universe Work——SSAA 天文学完全指南》的理论知识，同时增加了由曹隆坤等指导老师主笔的天文观测篇，以及各届社员们学习天文的感人故事和参赛的日记等篇幅，并且附加了 SSAA 10 多年来参加各级各类天文奥赛所取得的辉煌成绩，使得本书的内容更加全面和充实，特别是各届社员们的感想和日记，值得在校的天文爱好者们细细品味。

在本书的编辑过程中，得到了许多老师和学生的支持。在这里特别感谢广州大学物理与工程学院院长、广东省天文学会会长樊军辉教授亲自为本书作序，感谢广东工业大学物理与光电工程学院副院长、广东省天文学会秘书长苏成悦教授，广州大学物理与工程学院、广东省天文学会副理事长王洪光副教授，广州大学地理科学学院的党委副书记潘文彬副教授对本书的内容编排提出的非常具体的建议。

本书有些内容稍显简略，而且由于条件所限，有些数据可能会有些出入，敬请查阅更新的数据来补充。本书若出现错漏之处，欢迎大家批评指正。

本书自出版以来，深受广大天文爱好者的喜爱，同时他们也提出不少修改意见。2018 年底，第一版的书已售罄，为了满足广大天文爱好者的需求，我们编委会组织相关师生对第一版进行修订，特别是许博杨、梁竞昊、沈岱三位同学为本次修订付出辛勤的劳动，在此表示感谢！

希望这本《SSAA 天文探索》能给正在天文之路上探索的您提供一盏明灯，能让您在学习天文的路上一路光明，走向成功！

黄建伟

2019 年 9 月 13 日